普通高等教育“十二五”规划建设教材

生物化学实验教程

李关荣　李天俊　冯建成　主编

中国农业大学出版社
·北京·

内容简介

《生物化学实验教程》主要包括三部分内容：第一篇重点介绍了生物化学常用研究技术与原理，包括滴定技术、分光光度技术、层析技术、电泳技术、离心技术以及分子生物学技术基础。第二篇为50个可选用的学生实验项目，涉及生物分子的定性定量测定、酶学分析、层析、电泳以及基础分子生物学技术。最后是一些重要的附录，如实验室安全及防护知识、实验室基本操作和实验室常识、常用仪器的使用、试剂的配制、常用缓冲溶液的配制、常用酸碱指示剂、常用凝胶及层析过滤树脂的规格和性能、常用数据表、化学试剂的分级、常用单位及换算等。

此教程的使用，可进一步提高学生的生物化学实验理论知识、实际操作能力，吸纳方法学的精髓，掌握科学研究方法、技术，提高其科研设计和科研执行能力。本教程适合于植物生产类、生命科学类专业学生和教师使用。

图书在版编目(CIP)数据

生物化学实验教程/李关荣，李天俊，冯建成主编. —北京：中国农业大学出版社，2011.11

ISBN 978-7-5655-0392-4

Ⅰ.①生 Ⅱ.①李…②李…③冯… Ⅲ.①生物化学-实验-高等学校-教材 Ⅳ.①Q5-33

中国版本图书馆 CIP 数据核字(2011)第 158426 号

书　　名　生物化学实验教程
作　　者　李关荣　李天俊　冯建成　主编

策划编辑　张秀环　　**责任编辑**　莫显红
封面设计　郑　川　　**责任校对**　陈　莹　王晓凤
出版发行　中国农业大学出版社
社　　址　北京市海淀区圆明园西路2号　　**邮政编码**　100193
电　　话　发行部 010-62731190，2620　　读者服务部 010-62732336
编辑部 010-62732617，2618　　出　版　部 010-62733440
网　　址　http://www.cau.edu.cn/caup　　**e-mail** cbsszs@cau.edu.cn
经　　销　新华书店
印　　刷　北京时代华都印刷有限公司
版　　次　2011年11月第1版　2011年11月第1次印刷
规　　格　787×980　16开本　15.5印张　270千字
定　　价　24.00元

编委会

主　　编　李关荣　李天俊　冯建成

副主编　成建红　倪　郁　刘　志

编写人员　（按姓氏笔画为序）

万华方（西南大学）
白丽萍（沈阳农业大学）
刘　志（湖南农业大学）
成建红（中国农业大学烟台研究院）
冯建成（海南大学）
李天俊（天津农学院）
李关荣（西南大学）
林　英（沈阳农业大学）
倪　郁（西南大学）
黄海霞（河南科技大学）

前言

近20余年来，生命科学日新月异，迅猛发展，在分子水平研究生物学问题成为了生物学研究的重点和热点。生命科学的快速发展也产生了许多新的边缘学科、新的研究领域、新技术和新理论，并深刻地影响着植物生产、医药环保、食品化工，乃至人们日常生活的方方面面。21世纪是生命科学的世纪。生物化学既是一门基础性学科，也是带头性学科；生物化学既是生物类诸多专业课程体系中最核心、最抽象的基础课，也是引领其他生命科学专业领域的带头性课程。生物化学实验是一门实践性很强的课程，生物化学实验方法和技术广泛应用于众多生物类相关学科，并正在推进它们的发展和进步。重视生物化学实验教学、提高生物化学实验课程的教学质量，不但是生命科学发展人才培养的内在要求，也是提高高校生物类专业办学质量和水平的迫切需要。

为此，我们组织了国内七所高校中长期从事生物化学理论和实验教学、教学经验丰富的教师，参考国内外相关教材，编写了此《生物化学实验教程》。《生物化学实验教程》主要包括三部分内容：第一篇重点介绍了生物化学常用研究技术与原理，包括滴定技术、分光光度技术、层析技术、电泳技术、离心技术以及分子生物学技术基础。旨在让学生系统学习生物化学实验理论知识，增强其对生物化学实验的理性认识，同时填补生物化学理论课因课时限制而未能有效触及的重要实践性内容；第二篇为50个可选用的学生实验项目，涉及生物分子的定性定量测定、酶学分析、层析、电泳以及基础分子生物学技术。这些学生实验项目既与第一篇呼应，又与生物化学理论课内容相辅相成，适合用于对生物类相关专业学生进行生物化学实验技能训练，增强其对生物化学实验技术的感性认识。最后是一些重要的附录，如实验室安全及防护知识、实验室基本操作和实验室常识、常用仪器的使用、试剂的配制、常用缓冲溶液的配制、常用酸碱指示剂、常用凝胶及层析过滤树脂的规格和性能、常用数据表、化学试剂的分级、常用单位及换算等。此部分旨在培养学生良好的实验室行为、实验习惯、科学态度和精神，同时也为学生提供了重要的参考资料。

此教程的使用，可进一步提高学生的生物化学实验理论知识、实际操作能力，吸纳方法学的精髓，掌握科学研究方法、技术，提高其科研设计和科研执行能力。本教程适合于植物生产类、生命科学类专业学生和教师使用。

《生物化学实验教程》的编写成功，得益于西南大学、中国农业大学烟台研究院、湖南农业大学、沈阳农业大学、河南科技大学、海南大学和天津农学院的通力合作。西南大学李关荣编写电泳技术和学生实验项目十五、二十一、二十七、二十九、三十四、四十二，并负责全教材的统稿和内容修正。西南大学倪郁编写层析技术、学生实验项目三十三、三十五、四十一、四十六、四十七和四十九。西南大学万华方编写离心技术、学生实验项目十六至十九。天津农学院李天俊编写附录、学生实验项目四十三、四十四、四十八和五十。中国农业大学烟台研究院成建红编写滴定技术、学生实验项目二、七、十二、二十四和三十七。海南大学冯建成编写分光光度技术、学生实验项目四、五、二十二、二十三、三十六和四十。湖南农业大学刘志编写分子生物学技术基础、学生实验项目二十五、二十六、三十和三十二。沈阳农业大学林英编写学生实验项目一、六、十一、三十九和四十五。沈阳农业大学白丽萍编写学生实验项目八至十、十四和三十一。河南科技大学黄海霞编写学生实验项目三、十三、二十、二十八和三十八。

现代生命科学发展迅猛，书中难免有疏漏和不妥之处，望读者多提宝贵意见，以便再版时修订。

编　者

2011 年 7 月

目 录

第一篇 生物化学常用研究技术与原理

第二篇 学生实验

第一篇

生物化学常用研究技术与原理

滴定技术

滴定分析法又称为容量分析法，是采用滴定的方式，将一种已知准确浓度的溶液(标准溶液)滴加到被测物质的溶液中(或者将被测物质的溶液滴加到标准溶液中)，直到所滴加的标准溶液与被测物质按一定的化学计量关系定量反应为止，然后根据标准溶液的浓度和用量，计算出被测物质的含量。

通常将标准溶液通过滴定管滴加到被测物质溶液中的过程称为滴定，此时，滴加的标准溶液称为滴定剂，被滴定的试液称为滴定液。滴加的标准溶液与待测组分按一定的化学计量关系恰好定量反应完全的这一点称为化学计量点(简称 sp)。在滴定中，一般利用指示剂颜色的变化的方法来判断化学计量点的到达，指示剂颜色发生突变而终止滴定的这一点称为滴定终点(简称 ep)。滴定终点与化学计量点不一定恰好吻合，由此造成的误差称为终点误差或滴定误差。

滴定分析法具有较高的准确度，一般情况下，测定的相对误差小于 0.2%，且操作简便、快捷、所用仪器简单，常作为标准方法使用，是化学分析中重要的分析方法。

一、滴定分析法的分类及对化学反应的要求

(一)滴定分析法的分类

基于化学反应的类型不同，滴定分析法可分为酸碱滴定法、沉淀分析法、配位滴定法和氧化还原滴定法四大类。

1. 酸碱滴定法(acid-base titration method) 它是以酸、碱之间质子传递反应为基础的一种滴定分析法。可用于测定酸、碱和两性物质。其基本反应为

$$H^+ + OH^- = H_2O$$

2. 配位滴定法(complexometry) 又称络合滴定法，它是以配位反应为基础的一种滴定分析法。可用于对金属离子进行测定。若采用 EDTA 作配位剂，其反应为

$$M^{n+} + Y^{4-} = MY^{(n-4)-}$$

式中：M^{n+} 表示金属离子；Y^{4-} 表示 EDTA 的阴离子。

3. 氧化还原滴定法(oxidation reduction titration) 它是以氧化还原反应为基础的一种滴定分析法。可用于对具有氧化还原性质的物质或某些不具有氧化还原性质的物质进行测定，如重铬酸钾法测定铁，其反应如下：

$$Cr_2O_7^{2-}+6Fe^{2+}+14H^+=2Cr^{3+}+6Fe^{3+}+7H_2O$$

4. 沉淀滴定法(precipitation titration) 它是以沉淀生成反应为基础的一种滴定分析法。可用于对 Ag^+、CN^-、SCN^- 及类卤素等离子进行测定，如银量法，其反应如下：

$$Ag^++Cl^-=AgCl\downarrow$$

(二)滴定分析法对化学反应的要求

滴定分析虽然能利用各种类型的反应，但不是所有反应都可以用于滴定分析。适用于滴定分析的化学反应必须具备下列条件：

(1)反应要按一定的化学反应式进行，即反应应具有确定的化学计量关系，不发生副反应。

(2)反应必须定量进行，通常要求反应完全程度≥99.9%。

(3)反应速度要快。对于速度较慢的反应，可以通过加热、增加反应物浓度、加入催化剂等措施来加快。

(4)有适当的方法确定滴定的终点。

二、滴定分析法中的滴定方式

滴定分析法中常用 4 种滴定方式：

(一)直接滴定法

凡能满足滴定分析要求的反应都可用适当的标准滴定溶液直接滴定被测物质，例如用 NaOH 标准滴定溶液可直接滴定 HAc、HCl、H_2SO_4 等试样；用$KMnO_4$标准滴定溶液可直接滴定 $C_2O_4^{2-}$ 等；用 EDTA 标准滴定溶液可直接滴定 Ca^{2+}、Mg^{2+}、Zn^{2+} 等；用 $AgNO_3$ 标准滴定溶液可直接滴定 Cl^- 等。直接滴定法是最常用和最基本的滴定方式，简便、快速，引入的误差较少。如果反应不能完全符合上述要求时，或者被测物质不能与标准溶液直接起作用时，则可选择采用下述方式进行滴定。

(二)返滴定法

返滴定法(又称回滴法)，是在待测试液中准确加入适当过量的标准溶液，使之与试液中的被测物质或固体试样进行反应，待反应完全后，再用另一种标准溶液返滴剩余的第一种标准溶液，从而测定待测组分的含量。这种滴定方式主要用于滴定反应速度较慢（如 Al^{3+} 与 EDTA 的反应）或反应物是固体（如用 HCl 滴定 $CaCO_3$ 固体），加入符合计量关系的标准滴定溶液后，反应常常不能立即完成的情况等。如不能用 HCl 标准溶液直接滴定 $CaCO_3$ 固体，可先加入已知并过量的 HCl 标准溶液与 $CaCO_3$ 固体反应，反应后剩余的 HCl 用标准 NaOH 溶液返滴定。

（三）置换滴定法

当待测组分所参与的反应不能定量进行时，则可采用置换滴定法。即先选用适当的试剂与待测组分反应，使其定量地置换出另一种物质，再用标准溶液滴定这种物质。例如，$Na_2S_2O_3$ 不能直接滴定 $K_2Cr_2O_7$ 或其他强氧化剂，因为在酸性溶液中 $K_2Cr_2O_7$ 可将 $S_2O_3^{2-}$ 氧化为 $S_4O_6^{2-}$ 和 SO_4^{2-} 等混合物，反应没有定量关系。如果在 $K_2Cr_2O_7$ 的酸性溶液中加入过量的 KI，使 $K_2Cr_2O_7$ 还原并定量地生成 I_2，再以淀粉为指示剂，用 $Na_2S_2O_3$ 标准溶液滴定 I_2，从而测定 $K_2Cr_2O_7$。

（四）间接滴定法

有些不能与滴定剂直接起反应的物质，可以通过另外的化学反应定量转化为可被滴定的物质，再用标准溶液进行滴定，即以间接滴定方式进行测定。例如，在溶液中 Ca^{2+} 没有可变价态，不能用氧化还原法直接滴定。但若先将 Ca^{2+} 沉淀为 CaC_2O_4，过滤洗净后，用 H_2SO_4 溶解 CaC_2O_4 沉淀，再用 $KMnO_4$ 标准溶液滴定溶液中的 $C_2O_4^{2-}$，从而可间接测定 Ca^{2+} 的含量。

三、基准物质和标准溶液

（一）基准物质

滴定分析中离不开标准溶液，能用于直接配制或标定标准溶液的物质称为基准物质。基准物质应符合下列要求：

（1）纯度要足够高（质量分数在 99.9%以上）。

（2）组成恒定。试剂的实际组成与它的化学式完全相符（包括结晶水）。

（3）性质稳定。不易吸收空气中的水分和 CO_2，不分解，不易被空气所氧化。

（4）有较大的摩尔质量，以降低称量时的相对误差。

（5）试剂参加滴定反应时，应严格按反应式定量进行，没有副反应。

常用的基准物有 $KHC_8H_4O_4$（邻苯二甲酸氢钾）、$H_2C_2O_4 \cdot 2H_2O$、Na_2CO_3、$K_2Cr_2O_7$、NaCl、$CaCO_3$、金属锌等。基准物在使用前必须以适宜方法进行干燥处理，并妥善保存。

（二）标准溶液的配制

标准溶液的配制方法有直接法和标定法两种。

1. 直接法

准确称取一定量基准物质，溶解后定量转入一定体积的容量瓶中定容，然后根据基准物质的质量和溶液的体积，计算出该标准溶液的准确浓度。例如，准确称取 4.903 9 g 基准物质 $K_2Cr_2O_7$，用水溶解后，置 1 L 容量瓶中定容，即得 0.016 67 mol/L $K_2Cr_2O_7$ 标准溶液。

2. 标定法

标定法又称间接法，有很多试剂不符合基准物质的条件，如 HCl、NaOH、$KMnO_4$、I_2、$Na_2S_2O_3$ 等试剂，它们不适合用直接法配制成标准溶液，可采用标定法配制。其步骤为：先配制成近似于所需浓度的溶液，然后用基准物质（或已经用基准物质标定过的标准溶液）通过滴定来确定它的准确浓度，这一过程称为标定。例如，欲配制 0.1 mol/L 的 NaOH 标准溶液，可先配成近似浓度的 0.1 mol/L 的 NaOH 溶液，然后用已知准确浓度的 HCl 标准溶液进行标定，便可求得 NaOH 标准溶液的准确浓度。这种方法准确度不及直接用基准物质标定的好。

（三）标准溶液浓度的表示方法

1. 物质的量浓度

标准溶液的浓度常用物质的量浓度（简称浓度）c 来表示。物质 B 的量浓度 c_B 是指溶液中所含溶质 B 的物质的量 n_B 除以溶液的体积 V。表达式如下：

$$c_B = n_B / V$$

式中：n 的单位为 mol 或 mmol；V 的单位为 L 或 mL。浓度 c 的常用单位为 mol/L。c_B 也可用 c(B)表示。

表示物质的量浓度时，必须指明基本单元。如某硫酸溶液的浓度，由于选择不同的基本单元，其摩尔质量就不同，浓度亦不相同：$c(H_2SO_4) = 0.1$ mol/L，$c(1/2H_2SO_4) = 0.2$ mol/L，$c(2\ H_2SO_4) = 0.05$ mol/L，由此可见：

$$c(\mathrm{B}) = \frac{1}{2}c\left(\frac{1}{2}\mathrm{B}\right) = 2c(2\mathrm{B})$$

基本单元的选择，一般以化学反应的计量关系为依据。如在酸碱反应中常以 NaOH、HCl、$1/2H_2SO_4$ 为基本单元；在氧化还原反应中常以 $1/2I_2$、$Na_2S_2O_3$、$1/5KMnO_4$、$1/6KBrO_3$ 等为基本单元。

2. 滴定度

在生产单位的例行分析中，为了简化计算，常用滴定度（T）表示标准溶液的浓度。滴定度是指每毫升滴定剂溶液相当于被测物质的质量（g 或 mg）或质量分数。例如，采用 K_2CrO_4 标准溶液滴定 Fe^{2+} 溶液，滴定度为（Fe/K_2CrO_4）0.005 585 g/mL，即表示每毫升 K_2CrO_4 溶液恰好能与 0.005 585 g Fe^{2+} 反应。如果在滴定中消耗

该 K_2CrO_4 标准溶液 23.50 mL，则被滴定溶液中铁的质量为：

$$m(Fe)=0.005\ 585\ g/mL\times 23.50\ mL=0.117\ 59\ g$$

一般来说，滴定剂写在括号内的右边，被测物写在括号内的左边，中间的斜线只表示“相当于”的意思，并不表示分数关系。

分光光度技术

光线有不同的波长，肉眼可见的光称为可见光，波长范围 400～750 nm。小于 400 nm 的光线称为紫外线，大于 750 nm 的光线称为红外线（表 1-1）。如果两种颜色的光按一定的强度比例混合，可以成为白光，这两种色光称为互补光。物质对光线具有选择性的吸收作用，因此，每种物质都具有其特异的吸收光谱。当白光通过溶液时，如果溶液对各种波长的光都不吸收，则溶液透明无色；如果溶液对某些波长的光吸收较少，而对其他波长的光吸收较多，则溶液呈现这种吸收较少而透过较多光的颜色，即溶液呈现的是它所吸收光的互补色，吸收越多，颜色越深。如果溶液对光的吸收没有明显的选择性，即较均匀地吸收时，溶液呈现灰色。

表 1-1　光波波长与区带　　nm

光	波	波长	光	波	波长
紫外光	UV－C	＜280	可见光	黄绿光	560～580
	UV－B	280～320		黄色光	580～600
	UV－A	320～390		橙色光	600～650
可见光	紫色光	400～450		红色光	650～750
	蓝色光	450～480	红外光	近红外光	750～2 500
	青色光	480～490		中红外光	2 500～25 000
	蓝绿光	490～500		远红外光	25 000～40 000
	绿色光	500～560			

分光光度法（spectrophotometry）是利用物质特有的吸收光谱来鉴别物质或测定其含量的一项技术。因为分光光度法具有灵敏度强、精确度高、操作简便、快速，对于复杂的组分系统，无需分离即可检测出其中所含的微量组分的特点，因此分光光度法目前已成为生物化学研究中广泛使用的技术之一。本章重点介绍紫外-可见分光光度法和红外分光光度法。

一、紫外-可见分光光度法

紫外-可见分光光度法是利用分光装置，将光源产生的连续光谱分成含紫外光或可见光的各种单色光，再用单色光照射待测溶液，经检测器检测透过光的强弱，并将其转换成电信号，从而实现对物质进行定性或定量分析的方法。用于分光光度分析的仪器叫分光光度计。

(一)原理

1. 分子中电子跃迁和吸收谱带的类型

紫外-可见吸收光谱是分子内电子跃迁的结果，它反映了分子中价电子跃迁时的能量变化与物质所含发色基团之间的关系。不同的化合物由于分子结构不同，电子跃迁的类型就不同，所以紫外-可见吸收光谱会具有不同的特征吸收峰，其吸收峰的波长和强度与分子中价电子的类型有关。

在紫外-可见区域内，有机化合物吸收一定能量的辐射时，引起的电子跃迁主要有 $\sigma\to\sigma^*$、$n\to\sigma^*$、$\pi\to\pi^*$、$n\to\pi^*$ 四种类型。σ、π 分别表示 σ、π 键电子，n 表示未成键的孤对电子，* 表示反键状态。各种跃迁所需要能量见图 1-1。

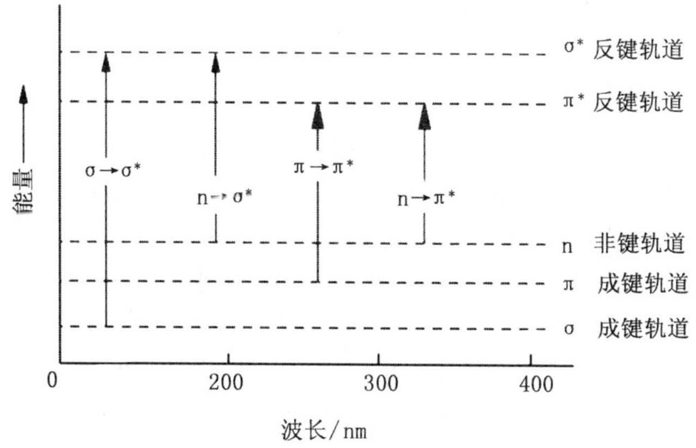

图 1-1 电子能级及电子跃迁示意图

可见，价电子在吸收一定的能量后，将跃迁至分子中能量较高的反键轨道，各种电子跃迁所需能量大小为：$\sigma\to\sigma^* > n\to\sigma^* > \pi\to\pi^* > n\to\pi^*$。

(1) $\sigma\to\sigma^*$ 跃迁　由单键构成的化合物如饱和碳氢化合物只有 σ 电子，只能发生 $\sigma\to\sigma^*$ 跃迁，其吸收发生在远紫外区，波长小于 210 nm。例如，甲烷的吸收峰在 125 nm，乙烷的吸收峰在 135 nm。因此，己烷、庚烷、环己烷等饱和的烃可作为紫外光谱分析用的溶剂。大气中的氧在远紫外区会有强烈吸收，所以饱和烃必须在真空条件下操作，才能测得它们的吸收光谱，因此，远紫外又称真空紫外。

(2) n→σ*跃迁　含有杂原子的饱和化合物都可能发生跃迁。n→σ*跃迁比σ→σ*跃迁所引起的吸收峰波长略长，大多是接近或在近紫外区。例如，甲烷吸收峰在125 nm，而一氯甲烷的吸收峰在173 nm，碘甲烷吸收峰在258 nm。由n→σ*跃迁产生的吸收峰多为弱吸收峰，它们的摩尔吸收系数(ε_{max})一般在100～300范围内，因而在紫外区有时不易观察到。

(3) π→π*跃迁(K带)　含共轭双键的分子均可发生π→π*跃迁。实现π→π*跃迁比实现σ→σ*跃迁所需的能量小，其吸收峰大多出现在200 nm附近。发生在共轭非封闭体系中的π→π*跃迁大多是强吸收峰(K带)。发生共轭封闭体系中的π→π*跃迁产生强度较弱且波长较长的吸收带(B带)，这是芳香族化合物的光谱特征。例如苯的λ_{max}是256 nm，其ε_{max}是215。芳香族化合物的K吸收带称为E带，E带也是芳香结构的吸收带之一，E带为中强带。如果芳香族化合物的紫外吸收光谱中同时出现K带、B带和R带，则R带波长最长，B带次之，K带最短，但吸收强度的顺序正好相反。

(4) n→π*跃迁(R带)　化合物分子中同时存在杂原子和双键时，就可发生n→π*跃迁。例如—C═O、—N═N—、—N═O等基团。

2. Lambert-Beer定律

Lambert-Beer(朗伯-比尔)定律是利用分光光度计进行比色分析的基本原理，它是有色溶液对单色光的吸收程度与溶液的浓度及液层厚度间的定量关系。

在分光光度分析中，有色物质溶液颜色的深度决定于入射光的强度、有色物质溶液的浓度和液层的厚度。当一束单色光透过有色物质溶液时，溶液的浓度愈大，透过液层的厚度愈大，入射光愈强，则光线的吸收愈多，光线强度的减弱也愈显著。

一束单色光在通过透明溶液时，由于溶液吸收一部分光能，使光的强度减弱，若溶液的浓度不变，则溶液的厚度越大，光线强度的减弱也越显著，即光吸收的量与溶液的厚度成正比关系。

若以I_0表示入射光强度，I表示透过光强度，L表示溶液厚度，而I/I_0表示光线透过溶液的程度，称为透光率，用T(Transmittance)表示，则$T=I/I_0$；吸光度(Absorbance)为透光度倒数的对数，用A表示，即$A=\lg 1/T=\lg I_0/I$。Lambert定律证明：

$$\lg\frac{I_0}{I}=K_1L\text{（}K_1\text{ 为吸光系数）}$$

一束单色光在通过透明溶液时，若溶液的厚度不变，则溶液浓度愈高，光线强度的减弱也愈显著，即溶液对光吸收与溶液的浓度成正比例关系。Beer 定律可用下式表示：

$$\lg \frac{I_0}{I}=K_2c(K_2\text{ 为吸光系数})$$

如果同时考虑液层厚度和溶液浓度对光吸收的影响，则有：

$$A=\lg \frac{I_0}{I}=KcL(K\text{ 为吸光系数})$$

此公式为 Lambert－Beer 定律的数学形式。其物理意义是：当一束平行单色光通过含有吸光物质的稀溶液时，溶液的吸光度与吸光物质浓度、液层厚度乘积成正比，式中比例常数 K 与吸光物质的本性、入射光波长及温度等因素有关，称为摩尔吸光系数[mol/(L·cm)]。c 为吸光物质浓度(mol/L)，L 为透光液层厚度(cm)。

消光系数 K 是物质的重要特性，它与入射光的波长以及溶液的性质和温度有关，也与仪器的质量有关。在入射光波长、溶液种类和温度一定的条件下，消光系数是一个定值，通过实验可测得。消光系数越大，该物质吸收光的能力越强，测定的灵敏度越高。

造成偏离 Lambert-Beer 定律的因素主要有：入射光为非单色光，溶液的不均性及光程的不一致性，使得消光度与浓度之间不呈直线关系，这时就应注意选择合适的分光比色条件，才能得到准确的结果。

(1)选择最适合的滤光片或入射光波长，使溶液对这种波长范围的光有最大的吸收，这样才能达到较高的灵敏度。同时，单色光的波长范围应该较窄，即单色光的纯度较高，这样才能较好地符合 Lambert-Beer 定律。

(2)测量时光吸收的大小应适当，过大过小均会带来较大的测定误差。通常光吸收的数值应控制在 0.05～1.0 以内。为此可用调节溶液浓度和使用不同厚度的比色皿。

(3)测量时，根据不同情况选用不同的对照溶液，当显色剂及其他试剂均无色，而被测溶液中又无其他离子时，可用蒸馏水作对照溶液；如显色剂本身有颜色，则用显色剂作对照；如显色剂本身无色，而被测溶液中有其他有色离子时，则用不加显色剂的被测溶液作对照。

3. 紫外-可见分光光度计

紫外-可见分光光度计的波长范围是 190～1 000 nm，其中 190～400 nm 是紫外区，400～750 nm 是可见区。目前商品生产的分光光度计的类型很多，但就其结构原理来说，基本上都是由辐射光源、单色器、样品吸收池、检测系统、信号指示系统五部分组成。其结构如图 1-2 所示。

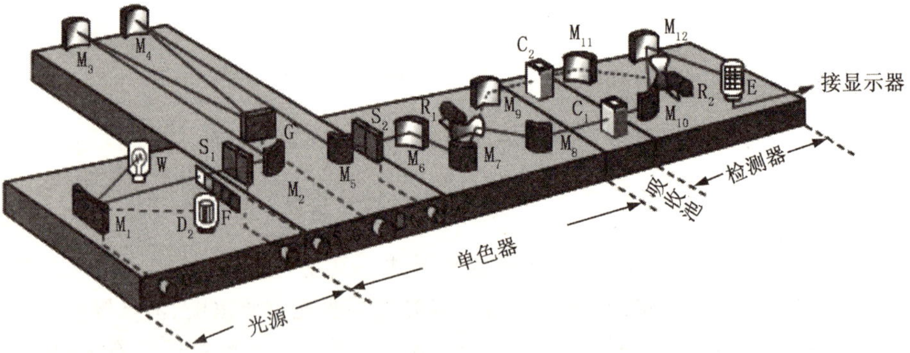

图 1-2 双光束紫外-可见分光光度计的结构示意图

(1)光源　光源的作用是提供激发能,使待测分子产生吸收。要求能够提供足够强的连续光谱、有良好的稳定性、较长的使用寿命,且辐射能量随波长无明显变化。常用的光源有热辐射光源和气体放电光源。利用固体灯丝材料高温放热产生的辐射作为光源的是热辐射光源。如钨灯、卤钨灯。两者均在可见区使用,卤钨灯的使用寿命及发光效率高于钨灯。气体放电光源是指在低压直流电条件下,氢或氘气放电所产生的连续辐射。一般为氢灯或氘灯,在紫外区使用。

(2)单色器　是把混合光波分解为单一波长光的装置,多用棱镜或光栅作为它的色散元件。单色器的主要组成:入射狭缝、出射狭缝、色散元件和准直镜等部分,如图 1-3 所示。

光波通过棱镜时,不同波长的光折射率不同。波长愈短,传播速度愈慢,折射率则愈大。反之,波长愈长,传播速度愈快,折射率则愈小。因而能将不同波长的光分开。可见光分光光度计使用玻璃棱镜;紫外分光光度计则使用石英棱镜。在光源照到棱镜(或光栅)以前,一般先要经过一个入射狭缝,再通过平行光透镜(即准直透镜)形成平行光束投到棱镜上。透过棱镜的光再经会聚透镜,可得一清楚的光谱图。如在聚焦线处放一出射狭缝,转动棱镜使光谱移动,就可以从出射狭缝射出所需要的单色光。整个装置总称为“单色器”。

(3)吸收池(又称比色杯、比色皿、比色池)　吸收池是用来盛放被测样品的。它必须选择在测定波长范围内无吸收的材质制成。按材料可分为玻璃吸收池和石英吸收池,前者不能用于紫外区。吸收池的种类很多,其光径可在 0.1～10 cm 之间,其中以 1 cm 光径吸收池最为常用。

(4)检测器　检测器的作用是检测光信号,并将光信号转变为电信号。常用检

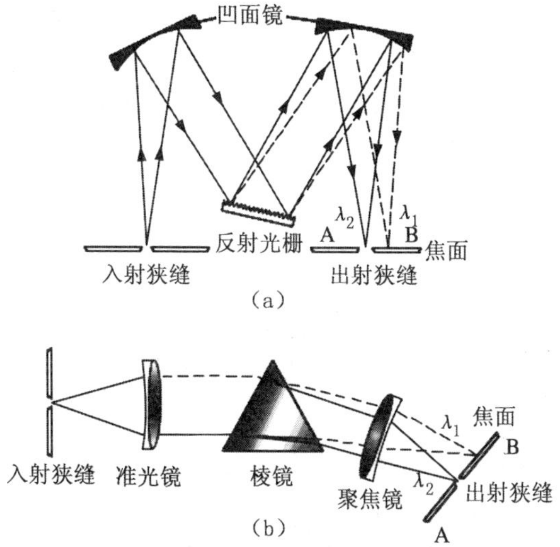

图 1-3　光栅和棱镜单色器构成图

a. 光栅单色器；b. 棱镜单色器

测器有 3 类:光电池、光电管和光电倍增管。检测器的功能是检测光信号,并将光信号转变成可测量的电信号。在简易型可见分光光度计中,使用光电池或光电管做检测。中高档紫外可见分光光度计常用光电倍增管做检测器,它具有响应速度快、放大倍数高、频率响应范围广的优点。而光电二极管与光电倍增管相比,其动态范围更宽且寿命更长。

出现于 20 世纪 70 年代末期的二极管阵列分光光度计采用二极管阵列检测器,而不是采用单一的二极管。二极管阵列中的二极管单元数可达 1 000 以上,每个二极管测量光谱中的一个窄带。这种检测器具有检测速度快、可同时进行多波长测量、动态范围宽、噪声低、可靠性高的特点。它可以在 1 s 内实现全波段扫描,得到的不是某一波长下的吸光度,而是全部波长同时检测,直接给出测量波长范围内的吸收光谱;作 1～4 阶导数光谱测量时,在 2 s 内给出导数值和导数光谱显示。它特别适合于动态系统(如流动注射分析、过程控制、动力学测量等)及多组分混合物分析,是追踪化学反应以及快速反应动力学研究的重要手段。

(5)测量装置　一般使用电流表、波长分度盘和测量读数盘 3 种测量装置,现代的仪器常附有自动记录器,可自动描出吸收曲线。

4. 分光光度计使用中的注意事项

(1)比色杯的使用和清洗　尽管分光光度计比色杯类型多样,但最常使用的是光程 1 cm 的长方体杯。由于 330 nm 以下的光不能透过玻璃，UV 区测量要用石英比色杯。两个比色杯必须配套，以装有纯溶剂的两个比色杯在试验波长下测定的光吸收是否一致而进行挑选、配对。比色杯四面仅有两面系光滑透明，具有光学性质，另两面则无，它们常以磨玻璃为材料，以示区别。比色杯光学表面不能有任何污损，否则会引起光吸收的增加。

每次使用后应立即倒空或以吸液泵吸干。然后以溶剂(常用蒸馏水)冲洗比色杯 3～4 次，最后可用甲醇冲洗，在倒去甲醇后，以洁净空气吹干。比色杯的外表面应以高质量的柔软擦镜纸擦干净，不能使用易磨损比色杯的普通纱布。有时，这样的清净步骤无效时，可试用其他更有效方法，如将比色杯短时间放在 50% 硝酸中浸泡，以水充分冲洗。

(2)波长校正与选择　单色器是一个好的波长校正器。校正分光光度计并非难事，也无须对它经常校正。正确选择波长是测定的关键，可根据被测物的最大吸收峰，选择合适的波长。测定时应固定波长，防止波长改变造成错误结果。可采用辐射光源法校正。常用氢灯(486.13，656.28 nm)、氘灯(486.00，656.10 nm)或石英低压汞灯(253.65，435.88，546.07 nm)校正。镨钕玻璃在可见区有特征吸收峰，也可用来校正。苯蒸气在紫外区的特征吸收峰可用于校正。在吸收池内滴一滴液体苯，盖上吸收池盖，待苯挥发后绘制苯蒸气的吸收光谱。

(3)吸光度校正　以重铬酸钾水溶液的吸收曲线为标准值校正。将 0.030 3 g 重铬酸钾溶于 1 L 的 0.05 mol/L 氢氧化钾中，以 1 cm 吸收池，25℃测定吸收光谱(表 1-2)。

表 1-2　重铬酸钾溶液的吸光度

波长/nm	吸光度	透光率/%	波长/nm	吸光度	透光率/%	波长/nm	吸光度	透光率/%
220	0.446	35.8	300	0.149	70.9	380	0.932	11.7
230	0.171	67.4	310	0.048	89.5	390	0.695	20.2
240	0.295	50.7	320	0.063	86.4	400	0.396	40.2
250	0.496	31.9	330	0.149	71.0	420	0.124	75.1
260	0.633	23.3	340	0.316	48.3	440	0.054	88.2
270	0.745	18.0	350	0.559	27.6	460	0.018	96.0
280	0.712	19.4	360	0.830	14.8	480	0.004	99.1
290	0.428	37.3	370	0.987	10.3	500	0.000	100

(4)紫外-可见分光光度计的维护

室温：放置中高档紫外-可见分光光度计的实验室适宜的环境温度在 20℃左

右，室温最高不宜超过 28℃，最低不低于 15℃。

湿度：实验室相对湿度一般控制在 45%～65%，上限不超过 70%。要定期更换仪器内的干燥剂。当湿度大时应用去湿机对放有仪器的实验室进行去湿处理。

防尘：安装分光光度计的实验室清洁度要求较高，工作室内的尘土对仪器的光学系统和电子系统都会产生不良影响，因而实验室应尽可能减少尘土的污染。

防震和防电磁干扰：分光光度计必须安装有牢固的工作台上，尽可能远离强烈震动的震源，如机械加工、强通风马达、公路上来往车辆等都会影响仪器的正常工作。外界电磁场使仪器电子系统产生扰动，尤其影响光源灯的稳定性，导致仪器的电子系统工作不稳定。因此，仪器的电源最好采用专用线，不要与用电量变化大的其他大型仪器共用电源。

防腐蚀：分光光度计的工作室现化学操作室必须分开，避免化学操作室的酸雾及其他腐蚀性气体进入仪器室；当测量具有挥发性或腐蚀性样品溶液时，应在吸收池上加盖，实验结束时，应及时对样品室进行清理。含有挥发性、腐蚀性的样品或化学试剂不能放在仪器的工作室中。

光源灯的保护：为了延长淘汰灯的使用寿命，仪器不工作时尽量不要开光源灯。停机后不要马上开机，应待光源冷却后，再重新启动。开机后需预热 15 min，然后再开始测量工作。

(5)测定样品液浓度的方法

标准比较法：在相同的条件下，配制标准溶液和待测样品溶液，并测定它们的光吸收。由两者光吸收的比较，可以求出待测样品溶液的浓度。

待测样品溶液的浓度＝标准溶液的浓度×(待测样品溶液的光吸收/标准溶液的光吸收)

标准曲线法：配制一系列浓度由小到大的标准溶液，测出它们的光吸收。在标准溶液的一定浓度范围内，溶液的浓度与其光吸收之间呈直线关系。以各标准溶液的浓度为横坐标，相应的光吸收为纵坐标，在方格坐标纸上绘出标准曲线。比色测定待测样品时，操作条件应与制作标准曲线时相同。测出光吸收后，从标准曲线上可以直接查出它的浓度，并计算出待测物质的含量。

(二)紫外-可见分光光度计的种类

紫外-可见分光光度计，按其光学系统可分为单波长与双波长分光光度计、单光束与双光束分光光度计。双光束紫外-可见分光光度计见图 1-4。

单光束仪器中，分光后的单色光直接透过吸收池，交互测定待测池和参比池。这种仪器结构简单，适用于测定特定波长的吸收，进行定量。而双光束仪器中，从光源发出的光经分光后再经扇形旋转镜分成两束，交替通过参比池和样品池，测得

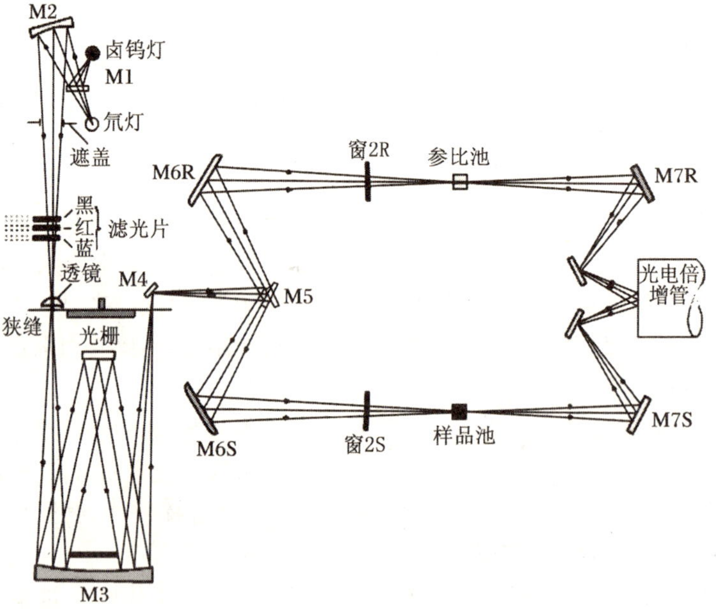

图 1-4　双光束紫外-可见分光光度计光路图

的是透过样品溶液和参比溶液的光信号强度之比。双光束仪器克服了单光束仪器由于光源不稳引起的误差，并且可以方便地对全波段进行扫描。

双波长紫外-可见分光光度计(图 1-5)既可用作双波长分光光度计又可用作双光束仪器。双波长仪器的主要特点是可以降低杂散光，光谱精度高。

常用的分光光度计主要有 721 型、722 型、723 型、751 型、753 型、755 型等。这里主要介绍 721 型和 752 型分光光度计。

1. 721 型分光光度计

721 型分光光度计是比色分析法的常用仪器。它采用单束光的结构，其波长范围为 360 ～ 800 nm，用钨丝白炽灯作光源。721 型分光光度计的单色器、稳压器和检流计 3 部分结合装在一起，使用比较方便。受光器用光电管，提高了对弱光的灵敏度，感光后产生的电流可以放大，用微安表直接读数。721 型分光光度计操作方法如下：

(1) 检查读数电流计的指针是否指在透光度"0"位置上，若有偏离可用电流计上的校正螺旋进行调节。

(2)接上电源，打开电源开关，将仪器预热约 20 min；旋转波长旋钮选择所需波长。

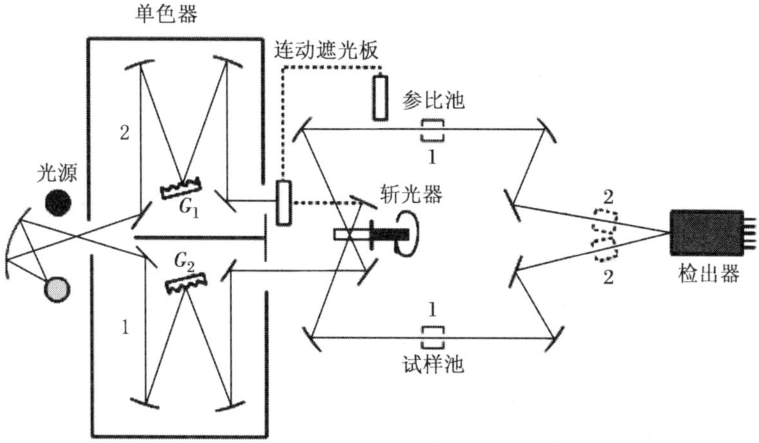

图 1-5 双波长紫外可见分光光度计光路图

(3)打开比色皿暗箱盖,将灵敏选择开关放在“1”档,然后旋转零点调节旋钮,使电流计指针回复到透光度“0”位。

(4)将空白,标准及待测溶液分别放在洁净的比色杯中,依次放在比色杯架上。

(5)将空白的比色杯置于光路,合上暗箱盖,电流计指针偏转,通过转动“100”旋转调节,使指针指在透光度为 100 的位置上。

(6)将标准液及待测液的比色杯依次推入光路,即可从检流计直接指出其吸光度值。

使用完毕后,将开关拨回“关”,切断电源,将比色杯取出,用水洗涤干净,再用蒸馏水洗 2～3 次,晾干备用。清洁仪器外表宜用温水,切忌使用乙醇、乙醚、丙酮等有机溶液,用软布和温水轻擦表面即可擦净。必要时,可用洗洁精擦洗表面污点,但必须即刻用清水擦净。仪器不使用时,请用防尘罩保护。

2. 752 型紫外-可见分光光度计

752 型紫外-可见分光光度计采用单光束自准式光路,色散元件为衍射光栅。由光源发出的连续辐射光线,经滤光片和球面反射至单色器的入射狭缝外聚焦成像,光束通过入射衍射经平面反射到准直镜,产生平行光射至光栅,在光栅上色散后又经准直镜聚焦在出射狭缝上形成一连续光谱,由出射狭缝射出一定波长的单色光,通过标准溶液再照射到光电管上。

752 型分光光度计具有使用简便、精确度高等特点,其波长范围为 200～850 nm。752 型分光光度计具体操作方法如下。

(1)将灵敏度旋钮调到“1”档(放大倍率最小)。

(2)按“电源”开关;按“氢灯”开关,氢灯电源接通;再按氢灯出发按钮(开关内右侧指示灯亮);氢灯点亮。仪器预热 20～30 min(注:有的仪器背部只有一只“钨灯”开关,如不需要用“钨灯”时可将它关闭)。

(3)将选择开关置于“T”。

(4)打开试样室盖(光门自动关闭),调节“0”(T)旋钮,使数字显示为“000.0”。

(5)调节波长旋钮置于所需要的波长。

(6)将装有溶液的比色皿放置比色皿架中(注:波长>360 nm 时,可以用玻璃比色皿;波长<360 nm 时,要用石英比色皿)。

(7)盖上样品式样盖,将参比溶液比色皿置于光路,调节透光度“100”旋钮,数字显示为 100.0(T)。注意:如果显示不到 100.0(T),则可适当增加灵敏度的挡数,同时应重复步骤(4),调整仪器的“000.0”。将选择开关置于“A”。

(8)将被测溶液置于光路中,从数字显示器上直接读出被测溶液的吸光度值。

(9)浓度 c 的测量:选择开关由“A”调至“C”,将已标定浓度的溶液移入光路,调节“浓度”旋钮,使得数值显示为标定值。将被测溶液移入光路,即可读数相应的浓度值。

仪器使用完毕,先关氢灯(钨灯),后光电源。取出比色杯用水洗涤干净,再用蒸馏水冲洗 2～3 次。

(三)应用

分光光度法广泛应用于动、植物蛋白质、氨基酸、核酸和糖类的定性定量分析、农产品品质分析以及各种酶活性测定等。

1. 蛋白质含量的测定

利用蛋白质分子中的肽键或特定氨基酸残基的颜色反应,以及其特有的吸收光谱可以进行定性或定量测定。目前常用的有 Lowry 法、色素结合法、紫外吸收法和双缩脲法等。

根据不同的分析目的,选用相应的提取介质,如蒸馏水、缓冲液、稀碱、稀酸或盐溶液等提取出蛋白质,注意提取过程中应在低温下进行,以防止蛋白水解酶的水解。必要时还应加入蛋白酶抑制剂,根据待测样的吸光度计算出蛋白质含量。

2. 氨基酸含量的测定

通常利用氨基酸与水合茚三酮反应,定量地生成二酮茚胺的取代盐等蓝紫色化合物,在一定范围内,其颜色深浅与氨基酸的含量成正比。

3. 糖类含量的测定

用蒸馏水或70%的乙醇抽提样品后，还需要沉淀其中的蛋白质，经过滤或离心后，用上清液进行测定。常用的方法主要有二硝基水杨酸比色法和斐林试剂比色法测定还原糖，蒽酮比色法和苯酚法测定可溶性糖。

4. 核酸含量的测定

核酸的定量测定是依据核酸结构及性质上的差异进行的。主要有定糖法、定磷法和紫外吸收法等。在实际测定时，选用定糖法的比较多。

5. 酶活力测定

在进行酶活力测定时，常利用酶促反应的底物或产物能吸收不同波长的光来进行测定。

(1)测定适宜波长下的光吸收，可连续追踪反应的变化，例如，测定以 NAD^+ 或 $NADP^+$ 为辅酶的脱氢酶活性，可根据还原后生成的 NADH 或 NADPH 在 340 nm 的吸收峰来追踪，过氧化氢酶活性可利用底物 H_2O_2 在 240 nm 的吸光值变化来追踪。

(2)有些酶反应其底物或产物不一定有明显的光吸收变化，但可以借助偶联反应来指示酶反应的变化。

二、红外分光光度法

红外吸收光谱(infrared absorption spectrum, IR)是利用物质的分子吸收了红外辐射后，并由其振动或转动引起偶极矩的净变化，产生分子振动和转动能级从基态到激发态的跃迁，得到分子振动能级和转动能级变化产生的振动-转动光谱，因为出现在红外区，所以称之为红外光谱。利用红外光谱进行定性、定量分析及测定分子结构的方法称之为红外吸收光谱法或红外分光光度法。

(一)原理

当分子受到红外光的辐射，产生振动能级的跃迁，在振动时伴有偶极矩改变者就吸收红外光子，形成红外吸收光谱。若用单色的可见光照射(采用激光，能量介于紫外光和红外光之间)，入射光被样品散射，在入射光垂直面方向测到的散射光，构成拉曼光谱。

通常将红外光谱区按波长分为三个区域，即近红外区、中红外区、远红外区，见表1-3。

表 1-3　红外光谱分区

区域名称	波长 $\lambda/\mu m$	波数 δ/cm^{-1}	能级跃迁类型
近红外	0.75～2.5	13 300～4 000	OH、NH 及 CH 键的倍频吸收
中红外	2.5～50	4 000～200	各个键的伸缩和弯曲振动，可以得到官能团周围环境的信息，用于化合物的鉴定
远红外	50～1 000	200～10	含重原子的化学键伸缩振动和弯曲振动的基频在远红外光区
常用波段	2.5～25	4 000～400	

1. 分子的振动类型

有机分子中诸原子通过各类化学键联结为一个整体，当它受到光的辐射时，发生转动和振动能级的跃迁。简单的双原子化合物如 A-B 的振动方式是 A 和 B 二个原子沿着键的方向作节奏性伸和缩的运动，可以形象地比作连着 A、B 二个球的弹簧的谐振运动。

多原子组成的非线型分子的振动方式就更多。含有 n 个原子就得用 $3n$ 个坐标描述分子的自由度，其中三个为转动、三个为平动，剩下 $3n-6$ 个为振动自由度。每一种振动按理在红外光谱中都应该有其吸收峰，但是事实上只有在分子振动时有偶极矩的改变才会产生明显的吸收峰。如顺式二氯乙烯在 1 580 cm^{-1} 处有双键振动的强吸收峰。高度对称的化学键，如反式二氯乙烯分子中的双键，由于分子振动前后的偶极矩没有改变，此种双键在红外光谱中无吸收峰(1 665 cm^{-1} 处的弱吸收峰是 845 和 825 cm^{-1} 的合频)。由于对称双键极化度发生改变，因此在拉曼光谱中 1 580 cm^{-1} 处有强吸收峰。

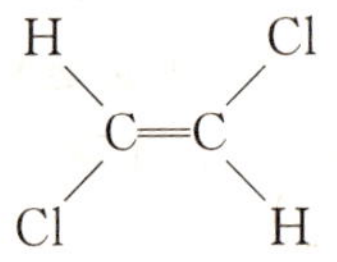

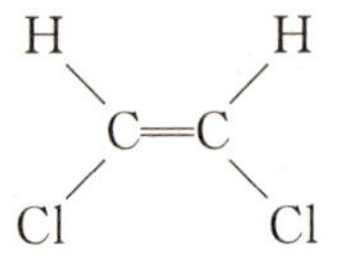

3-甲基-1,2-丙二烯的红外光谱在 2 000～1 925 cm^{-1} 处有丙二烯基团(C═C═C)的特征峰。同样含有该基团的四甲基丙二烯，由于分子对称，在振动中无偶极矩变化而无此吸收峰。

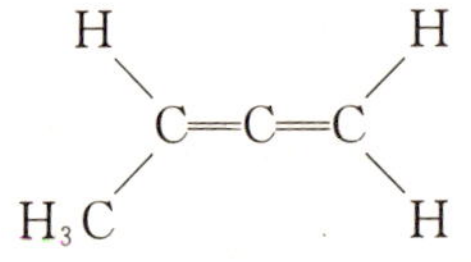

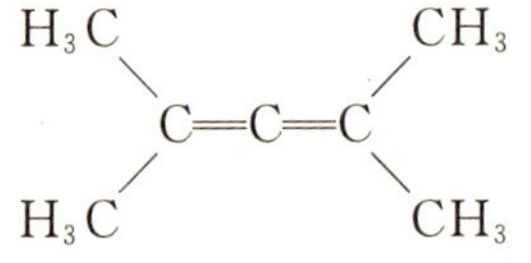

非线型分子中各基团有两种振动：伸缩振动用符号“ν”表示；弯曲振动用符号“δ”表示。

2. 基团频率及影响峰的因素

物质的红外光谱，是分子结构的反映。谱图中的吸收峰，与分子中各基团的振动形式相对应。多原子分子的红外光谱与其结构的关系，一般是通过实验的手段得到的。这就是通过大量的已知化合物的红外光谱，从中总结出各种基团的吸收规律来，实验表明，组成分子的各种基团，如O—H、N—H、C—H、C═C、C═O等，都有自己特定的红外吸收区域，分子的其他部分对其吸收位置影响较小。通常把这种能代表基团存在、并有较高强度的吸收谱带称为基团频率，其所在位置一般又称为特征吸收峰。

(1)影响吸收峰位置的外在因素　外在因素大多是机械因素，如制备样品的方法、溶剂的性质、样品所处物态、结晶条件、吸收池厚度、仪器光学系统以及测试温度等均能影响基团的吸收峰位置及强度，甚至峰的形状。相的不同是吸收峰变动的主要原因之一。但是含极性基团的样品在溶剂中检测，不仅与溶液浓度和温度有关，而且与溶剂极性大小有关。极性大的溶剂围绕在极性基团的周围，形成氢键缔合，使基团的伸缩振动波数降低。在非极性溶剂中，因是游离态为主，故振动波数稍高。

固态与液态也有所不同。分子在固相晶格中排列非常有秩序，因此吸收峰比较尖，峰的数目比在其他相时增多或减少。加之分子间距离缩短，相互之间的吸引力加大，基团的振动波数低于液态。综上所述，同一基团伸缩振动波数降低的顺序是气态→溶液→纯液体→结晶固体。

(2)影响吸收峰位置的内在因素　内在因素实质上就是分子的结构问题。有机化合物的结构千变万化，所以内在因素相当多。主要有取代基的质量、同一分子中数种振动频率的偶合效应、立体因素如空间张力、场效应和环的张力，以及诱导或共轭等电性效应。后者在某些分子中越过空间起到跨环效应。此外还有氢键等。

(二)种类

根据单色器的发展，红外分光光度计的发展经历 3 个阶段。第一代仪器为棱镜红外分光光度计，由于采用岩盐棱镜作为色散元件易于受潮且分辨率低，已淘汰。第二代仪器为光栅红外分光光度计，其分辨率较高，测定的波长可延伸到近红外区和远红外区；但其扫描速度慢，灵敏度低，无法实现色谱-红外联用。第三代仪器为傅里叶变换红外分光光度计，具有很高的分辨率和极快的扫描速度，灵敏度高。这里主要介绍傅里叶变换红外光谱。

傅里叶变换红外光谱法是根据傅里叶变换的基本原理，即利用两束光相互干涉产生干涉谱而经过傅里叶变换测定红外光谱的技术。因其具有很高的分辨率、灵敏度高和很快的扫描速度，仪器的性能价格比也越来越高，同时也是实现联用较理想的仪器，目前已有气相-红外、高效液相-红外、热重-红外等联用的仪器出现。因此应用范围日益广泛。

1. 工作原理

红外光源发出的光首先通过一个光圈，然后逐步通过滤光片、进入干涉仪、到达样品，最后聚焦到检测器上。每一个检测器包含一个前置放大器，前置放大器输出的信号(干涉图)发送到主放大器，在这里被放大、滤过、数字化。数字化信号被送到 AQP 板作进一步的数学处理：干涉图变换成单通道光谱图。

2. 仪器的主要部件

傅里叶变换红外光谱仪包括：红外光源，干涉仪(包含分束器)、检测器、数据处理和记录装置。

(1)光源　目前比较理想的红外光源是能够连续发射高强度红外光的物体，最常用的光源有能斯特灯和硅碳棒。能斯特灯是由耐高温的氧化锆、氧化铱和氧化钍等稀土元素混合烧结而成的，有空心和实心两种，两端绕以铂丝作导线，室温下是非导体，加热到 700℃以上时变为导体，工作温度为 1 700℃左右。其优点是发出的光强度高，稳定性较好，但机械强度差，价格较贵。

硅碳棒是由碳化硅经高温烧结而成，两端绕以金属导线通电，工作温度为 1 200～1 500℃。其优点是坚固、发光面积大、操作方便、价格便宜，但使用前必须用变压器调压后才能用。

(2)干涉仪　干涉仪是光谱仪的心脏，光束进入干涉仪一分为二：一束透过(T)到动镜，另一束(R)反射到定镜。透射光从定镜反射回来(在这里被调制)到达分束器一部分透射返回光源(TT)，另一部分反射到样品(TR)。

反射光从定镜反射回来到分束器，一部分反射返回光源(RR)，一部分透射到样品(RT)。也就是说在干涉仪的输出部分有两部分，它们被加和：TR＋RT。根据动镜的位置，这两束光得到加强或减弱，产生干涉，得到一干涉图。干涉图信号经检测器转变成电信号，通过计算机经傅里叶变换后即得红外光谱图，图 1-6。

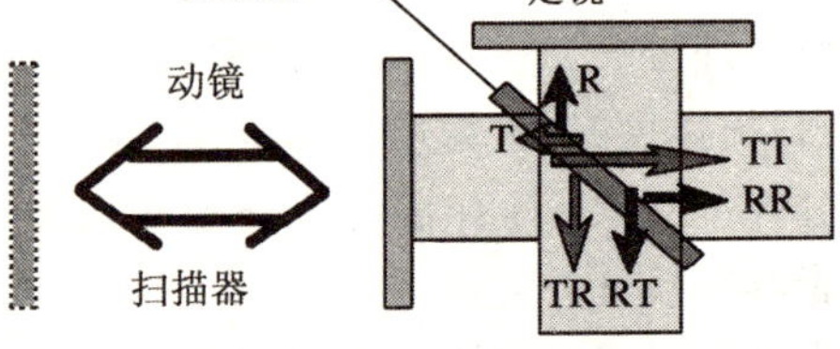

图 1-6　干涉仪工作元件

(3)检测器　傅里叶变换红外光谱仪检测器响应时间短,多用热电型和光电型检测器。热电型检测器的波长特性曲线平坦,对各种频率的响应几乎一样,室温下即可使用,且价格低廉,但响应速度慢、灵敏度低。光电型检测器的灵敏度高、响应快,适合用于高速测量,但需要液氮冷却。

3. 傅里叶变换红外光谱仪的特点

(1)测量时间短,在几秒内就可以完成一张红外光谱的测量工作,其扫描速度较色散型要快数百倍。

(2)能量大,灵敏度高,因为傅里叶变换红外光谱仪没有狭缝和单色器,反射面又大,因此到达检测器上的能量大,可以检测 10^{-9}～10^{-12} g 的样品;对于一般红外光谱不能测定的,散射很强的样品,可采用漫反射附件测定,能够得到满意的光谱。

(3)分辨率高,波数精度可达 0.01 cm^{-1}。

(4)测定精度高,重复性可达 0.1%,而杂散光小于 0.01%。

(5)测定的光谱范围宽,测定范围可达 10 000～10 cm^{-1}。

(三)应用

红外光谱在生命科学、化学等领域中的应用是多方面的,因为其方法简便、迅速和可靠;同时样品用量少、可回收;对样品也无特殊要求,无论气体、固体和液体均可以进行检测。所以它不仅用于分子结构的基础研究,如确定分子的空间构型,求出化学键的力常数、键长和键角等;而且广泛地用于化合物的定性、定量分析和化学反应的机理研究等,它应用最广的还是对未知化合物进行结构鉴定。

1. 红外光谱一般解析步骤

(1)检查光谱图是否符合要求。

(2)了解样品来源、样品的理化性质、其他分析的数据、样品重结晶、溶剂及纯度。

(3)排除可能的“假谱带”。

(4)若可以根据其他分析数据写出分子式,则应先算出分子的不饱和度 U:

$$U=(2+2n_4+n_3-n_1)/2$$

式中:n_4,n_3,n_1 分别为分子中四价,三价,一价元素数目。

(5)结合其他分析数据,确定化合物的结构单元,推出可能的结构式。

(6)已知化合物分子结构的验证。

(7)标准图谱对照。

(8)计算机谱图库检索。

2. 定性分析

定性分析大致可分为官能团定性和结构定性两个方面,定性分析的一般过程:

(1)试样的分离和精制。

(2)了解与试样性质有关的其他方面的材料。

(3)谱图的解析。

(4)和标准谱图进行对照。

(5)计算机红外光谱谱库及其检索系统。

(6)确定分子的结构用红外光谱鉴定化合物。

3. 定量分析

红外分光光度计同其他分光光度计一样,可按照 Lambert-Beer 定律进行定量分析

$$A=\lg(I_0/I)=KcL$$

式中:I_0——入射光强度;

I——透过光强度;

c——溶液浓度;

L——吸收池厚度;

K——吸光系数,即单位长度和单位浓度溶液中溶质的吸收度。

红外光谱图中吸收带很多,因此定量分析时,特征吸收谱带的选择尤为重要,应注意以下几点:

(1)谱带的峰形应有较好的对称性。

(2)没有其他组分在所选择特征谱带区产生干扰。

(3)溶剂或介质在所选择特征谱带区域应无吸收或基本没有吸收。

(4)所选溶剂不应在浓度变化时对所选择特征谱带的峰形产生影响。

(5)特征谱带不应在对二氧化碳、水蒸气有强吸收的区域。

谱带强度的测量方法主要有峰高(即吸光度值)测量和峰面积测量两种,而定量分析方法很多,视被测物质的情况和定量分析的要求可采用直接计算法 、工作曲线法、吸收度比法和内标法等。

层析技术

一、原理

层析法是利用不同物质理化性质的差异而建立起来的技术。20世纪初俄国植物学家M. Tswett发现并使用这一技术证明了植物的叶片中不仅有叶绿素还含有其他色素，以前称为色谱(chromatography)。后来发现，没有颜色的混合物质也可以用此方法分离，故现在常称为层析。层析法已成为生物化学、分子生物学及其他学科领域有效的分离分析工具之一。所有的层析系统都由两个相组成：一是固定相，它是固体物质或者是固定于固体物质上的成分；另一相是流动相，即可以流动的物质，如水和各种溶媒。当待分离的混合物随溶媒(流动相)通过固定相时，由于各组分的理化性质存在差异，与两相发生相互作用(吸附、溶解、结合等)的能力不同，在两相中的分配(含量对比)不同，而且随溶媒向前移动，各组分不断地在两相中进行再分配。与固定相相互作用力越弱的组分，随流动相移动时受到的阻滞作用小，向前移动的速度快。反之，与固定相相互作用越强的组分，向前移动速度越慢。分部收集流出液，可得到样品中所含的各单一组分，从而达到将各组分分离的目的。

二、种类

层析根据不同的标准可以分为多种类型：

(一)根据固定相基质的形式分类，层析可以分为纸层析、薄层层析和柱层析

纸层析是指以滤纸作为基质的层析。薄层层析是将基质在玻璃或塑料等光滑表面铺成一薄层，在薄层上进行层析。柱层析则是指将基质填装在管中形成柱形，在柱中进行层析。纸层析和薄层层析主要适用于小分子物质的快速检测分析和少量分离制备，通常为一次性使用，而柱层析是常用的层析形式，适用于样品分析、分离。生物化学中常用的凝胶层析、离子交换层析、亲和层析、高效液相色谱等都通常采用柱层析形式。

(二)根据流动相的形式分类,层析可以分为液相层析、气相层析和超临界层析

1. 气相层析是以气体为流动相的层析方法,称之为气相层析

根据固定相的性质不同又可以分为气-固层析(GSC)和气-液层析(GLC)。前者是指载体表面含有许多吸附基团的固体吸附介质,后者是指载体表面涂有一层薄薄液体分子制成的介质。

2. 液相层析是以液体为流动相的层析方法,称之为液相层析

根据固定相的性质不同又可以把液相层析分为液-固层析(LSC)和液-液层析(LLC)。液相层析的固定相性质与气相层析相近。

3. 超临界层析是以流体为流动相的层析方式,称为超临界层析(SFC)

它是利用流动相溶剂分子的气态和液态临界点的条件下进行分离的,这种分离方法更具有专一性。

(三)根据分离的原理不同分类,层析主要可以分为吸附层析、分配层析、凝胶过滤层析、离子交换层析、亲和层析等

1. 吸附层析(absorption chromatography)

利用吸附层析介质表面的活性分子或活性基团,对流动相中不同溶质产生吸附作用,利用其对不同溶质吸附能力的强弱而进行分离的一种方法,称之为吸附层析。

2. 分配层析(partition chromatography)

被分离组分在固定相和流动相中不断发生吸附和解吸附的作用,在移动的过程中物质在两相之间进行分配。利用被分离物质在两相中分配系数的差异而进行分离的一种方法,称之为分配层析。

3. 凝胶过滤层析(exclusion chromatography)

利用凝胶层析介质(固定相)交联度的不同所形成的网状孔径的大小,在层析时能阻止比网孔直径大的生物大分子进入网孔。因此大分子通过凝胶颗粒间而先流出。利用流动相中溶质的分子量大小差异而进行分离的一种方法,称之为凝胶过滤。

4. 离子交换层析(ion exchange chromatography)

利用固定相球形介质表面活性基团经化学键合方法,将具有交换能力的离子基团在固定相上面,这些离子基团可以与流动相中离子发生可逆性离子交换反应而进行分离的方法,称之为离子交换层析。

5. 亲和层析(affinity chromatography)

亲和层析是根据生物大分子和配体之间的特异性亲和力(如酶和抑制剂、抗体和抗原、激素和受体等),将某种配体连接在载体上作为固定相,而对能与配体特异性结合的生物大分子进行分离的一种层析技术。亲和层析是分离生物大分子最为有效的层析技术，具有很高分辨率。

6. 金属螯合层析(metal chelating chromatography)

利用固定相载体上偶联的亚氨基乙二酸为配基与二价金属离子发生螯合作用，结合在固定相上，二价金属离子可以与流动相中含有的半胱氨酸、组氨酸、咪唑及其类似物发生特异螯合作用而进行分离的方法，称之为金属螯合层析。

7. 疏水层析(hydrophobic chromatography)

利用固定相载体上偶联的疏水性配基与流动相中的一些疏水分子发生可逆性结合而进行分离的方法，称之为疏水层析。

8. 反相层析(reverse phase chromatography)

利用固定相载体上偶联的疏水性较强的配基，在一定非极性的溶剂中能够与溶剂中的疏水分子发生作用，以非极性配基为固定相，极性溶剂为流动相来分离不同极性的物质的方法，称之为反相层析。

9. 聚焦层析(focusing chromatography)

利用固定相载体上偶联的载体两性电解质分子，在层析过程中所形成的 pH 梯度，并与流动相中不同等电点的分子发生聚焦反应进行分离的方法，称之为聚焦层析。

10. 灌注层析(perfusion chromatography)

利用刚性较强的层析介质颗粒中具有的不同大小贯穿孔与流动相中溶质分子分子量的差异进行分离的方法，称之为灌注层析。

三、应用

层析法是根据物质的理化性质不同而建立的分离分析方法。根据层析峰的位置及峰高或峰面积，可以定性及定量。层析法与光学、电学或电化学仪器连用，可检测出层析后各组分的浓度或质量，同时绘出层析图。层析仪与电子计算机联用，可使操作及数据处理自动化，大大缩短分析时间。由于层析法具有分辨率高、灵敏度高、选择性好、速度快等特点，因此适用于杂质多、含量少的复杂样品分析，广泛应用于医药卫生、环境化学、高分子材料、石油化工等多种行业，尤其适用于生物样品的分离分析。

电泳技术

一、电泳基本原理简介

许多重要的生物分子如氨基酸、肽、蛋白质、核苷酸和核酸都有可解离的各种基团，因此可使其在溶液中以阳离子(cation)或阴离子(anion)存在。即使是典型的不带电的极性物质如碳水化合物，也可以通过将其衍生为硼酸盐或磷酸盐形式而使其带上弱电荷。另外，具有相似电荷的分子，如果其分子量有差异，会有不同的荷/质比。当溶液中的各种离子受到电场的作用时，这些差异就共同构成了各种离子迁移率不同的基础。这就是电泳(electrophoresis)的基本原理。

在电泳过程中，阳离子向阴极(cathode)、阴离子向阳极(anode)移动，其移动速率依赖于电场对带电离子的推动力与样品和周围介质间的摩擦效应及静电阻滞效应的平衡。要进行电泳，样品必须溶解或分散在缓冲液(buffer)中，且任何支持介质(supporting medium)必须也为缓冲液所饱和以传导电流。缓冲液对于维持恒定的解离状态也很重要，因为 pH 的改变会改变待分离分子所带的电荷，特别是当样品离子是兼性离子(zwitterion)的时候。

整个电路中电流是通过两个电极处发生的电解(electrolysis)来的维持的。两个电极分别都是浸入到两个大的缓冲液池中的。在电解中，阴极处产生氢氧根离子和氢气，而在阳极处产生氧气和氢离子。

阴极：$2e + 2H_2O \rightarrow 2OH^- + H_2\uparrow$　　阳极：$H_2O \rightarrow 2H^+ + 1/2O_2\uparrow + 2e$

阴极产生的氢氧根离子引起缓冲混合物中的弱酸组分(HA)的解离增加，从而产生更多的 A^- 以传导电流到阳极。在阳极处 A^- 与氢离子结合重新形成 HA。这样电子就进入了电路。因此，电极间的大部分电流是由溶液中缓冲离子承担的，只有一小部分是由样品离子提供的。

如果在样品混合物中的离子到达电极之前移除电场，各组分可按其电泳泳动度(electrophoretic mobility)的不同而得以分离。泳动度是指带电颗粒在单位电场强度下泳动的速度。泳动度也称迁移率(migration rate)。因此从这个意义上讲，电泳就是一个不完全的电解过程。

电泳可在没有任何支持介质的自由溶液中进行.在此种情形下样品离子和溶液之间的摩擦阻力最小，迁移发生迅速。因为同种分子的带电性质彼此相近，它们会以带状(band)移动，其界面是由迁移率稍有不同的物质所形成的。这种技术称为移动界面电泳(moving boundary electrophoresis)，是由瑞典的 Tiselius 及其同事首先创立的。这是一种特殊的分析手段，要求非常高级的“纹影法(schlieren)”扫描光学设备以检测分离了的界面间的折射指数的变化。移动界面电泳的原理也适用于通过支持介质而实现分离的某些形式的电泳，如盘状电泳(disc electrophoresis)、等速电泳(isotachophoresis)和等电聚焦电泳(isoelectric focusing)。

使用惰性的、相对均质的支持介质而不是自由溶液，使得电泳技术在分离小的无机分子到大分子等带电物质方面有多种用途。在支持介质中样品的分离，引起其组分以不同的区带迁移，随后可用适当的分析技术来检测。这就是所谓区带电泳(zone electrophoresis)，此技术在制备和分析工作中有着广泛的用途。

有很多不同类型的支持介质可用于电泳。如吸水纸、醋酸纤维素(cellulose acetate)薄膜、薄层硅胶或铝胶、淀粉胶、琼脂胶和聚丙烯酰胺凝胶。每种支持介质都有其特定的分离优势。所有的支持介质都有毛细管状结构(capillary structure)，有着良好的抗对流性质(anticonvectional property)。有时使用的支持介质可以进行特定的设计，使其与待分离的样品离子发生互作，如利用荷/质比的差异和引入特殊的阻滞力来适合某种分析。

二、影响电泳迁移率的因素

(一)样品

带电化合物的性质以数种方式影响其迁移率。

1. 电荷

迁移率随着静电荷的增加而增加。电荷的大小通常依赖于 pH。

2. 分子大小

较大的分子，由于其泳动中受到的摩擦力和周围介质对其产生的静电作用力的增加，迁移率会降低。

3. 分子形状

大小相同而形状不同(如纤维状和球状)的分子，由于具有不同的摩擦和静电作用力，表现出不同的迁移特征。通常球状分子迁移快，而纤维状分子迁移慢。

(二)电场

欧姆定律(Ohm's law)：$I=V/R$ 表达了电流 I(单位为安培 A)、电压 V(单位为伏特 V)和电阻 R(单位为 Ω)之间的关系。在电泳过程中,当在两电极间施加特定电压时,通过的电流决定于所用介质产生的电阻。

1. 电压

如果两电极相距 L(m),其间的电位差为 V(V),则其电位梯度(potential gradient)就为 V/L(V/m)。带有 q(C)电量的一个离子所受到的作用力就为 Vq/L(N),迁移率与 Vq/L 成正比。单位电位梯度的迁移率称为离子的泳动度(mobility)。因此,增加电位梯度就会增加迁移率。

2. 电流

两电极间溶液中的电流主要是通过缓冲离子传导的,还有一小部分是通过样品离子传导的。如果每立方米溶液中有 n 个离子,且如果每个电极的平均面积为 A(m^2),电位梯度为 V/L(V/m),带 q 库仑电量的离子向一个电极的泳动度为 α,其迁移速率为 $\alpha V/L$(m/s)。此种离子传送到那个电极的每秒总电量就为 $nA\alpha Vq/L$(C/s)。因此增加电压将增加传送到电极的总电荷。离子迁移的距离与时间成正比。

3. 电阻

一种电泳介质对电流施加了一种阻力,电流是介质、缓冲液及其浓度的函数。迁移率和传送到电极的每秒总电荷都与电阻成反比,即 $1/R=nA\alpha q/L$。

从此方程可见,电阻将随长度的增加而增加,但却随其横切面积和缓冲离子浓度的增加而降低。

在电泳中,分散在支持介质中的功率(W)为 I^2R(W),产热 Wt(J)(t 为时间,s)。温度的增加将引起电阻的降低。此效应部分是由于离子泳动度的增加所致,而泳动度的增加是由于液体对其中离子的移动提供的黏滞阻力随温度的增加而降低。升温将使溶剂从支持介质中蒸发,从而引起电阻的降低。尽管此时迁移率和向电极传送的电量/秒会增加,但缓冲溶液离子浓度的增加将会导致样品迁移的减慢。为了使结果尽可能重现,要使用稳定的稳压装置以自动维持恒压或恒流,尽管有由于热波动所致的、不可避免的电阻变化。

当施加稳定电压时,在电泳过程中,由于随温度增高,介质电阻降低,电流会增加。这样会产生更多的热量,导致更多溶剂的蒸发及其他效应。使用电压可以为低电压(100～500 V),也可以为高电压(500～10 000 V),电位梯度可达 20～2 000 cm^{-1}。高压电泳主要用于分离低分子量的化合物。

当在纸电泳(paper electrophoresis)中使用低电压时,可采用稳压或稳流,因为产热很少,且很容易散失。但是,对所有的凝胶和醋酸纤维素,散热却是一个问题,通常使用稳流,以减少产热。当然必须使用直流电。将电泳装置放在一个密闭的空间中，能减少蒸发。对于高压电泳还要使用额外的冷却系统。

如果一系列的支持介质平行进行电泳，总电阻将会增加，因为 $1/R=1/r_1+1/r_2+1/r_3,\cdots$。式中 R 为总电阻，r_1，r_2 和 r_3 为每种支持介质的电阻。尽管在稳压下，所有支持介质上都有可能获得与用一种支持介质同等程度的分离，但相关的热效应使其不适用。但以恒流进行电泳能克服此问题，但在后一情形下，所加的总电流必须按使用支持介质的数量而增加，假定它们都具有同样的电阻的话。

重要的是，需要测定支持介质的每厘米的电压降（voltage drop）、其每厘米宽度的电流密度和温度，这样才能确保分离效果能够重复。

（三）缓冲液

缓冲液决定并稳定支持介质的 pH。缓冲液也以很多方式影响物质的迁移率。

1. 缓冲液的组成

常用的缓冲液有甲酸（formate）、醋酸（acetate）、柠檬酸（citrate）、巴比妥（barbitone）、磷酸（phosphate）、三羟甲基氨基甲烷（tris）、乙二胺四乙酸（EDTA）和吡啶（pyridine）。一般缓冲液应当不与被分离的物质发生结合而改变后者的迁移率。但在某些情况下，此种结合却是有利的，比如碳水化合物的分离需要使用硼酸缓冲液，因为硼酸能与碳水化合物产生带电的复合物。

由于缓冲液为样品的溶剂，一定程度的样品扩散是不可避免的，特别是对于小分子如氨基酸和糖类的分离，扩散尤其明显。扩散的程度可以通过避免过量上样（overloading）如加狭窄的带状样、尽量缩短使用高电压的时间和分离完成后快速移除和干燥而减轻。

2. 缓冲液的浓度

随着缓冲液离子强度的增加，缓冲液所携带的电流部分会增加，这样，样品承担的电流就会降低。这就使得其迁移率减小。高离子强度的缓冲液还会增加总电流，产生更大的热效应。

在低离子强度的缓冲液中，缓冲液所承担的电流部分会降低，相应地，样品所承担的电流就增加，迁移率就增加。低离子强度缓冲液能降低总电流，产生较小的热效应。但扩散相对较大，分辨率的损失较大。

因此，缓冲液离子强度的选择必须是这两种情况的妥协。通常选择的缓冲液的离子强度为 0.05～0.10 mol/L。离子强度$=1/2\sum cz^2$，式中 c 为离子的摩尔浓度，z 为其所带电荷。

3. 缓冲液的 pH

这对于完全解离的化合物如无机盐没有作用。但对于有机化合物，pH 决定其解离程度。随着pH的增加，有机酸的解离增加，对于有机碱，情况则相反。因此其迁移程度就依赖于pH。这两种效应都适用于氨基酸类等两性电解质(ampholyte)。因此，两性电解质的迁移方向和迁移程度都依赖于pH，pH 1～11的缓冲液可用于产生理想的分离效果。

两个电泳槽中的缓冲液通常与用于使支持介质饱和的缓冲液是一样的。这种电泳称为连续缓冲系统(continuous buffer system)。但是，在有些形式的凝胶电泳中，缓冲液作为了支持介质的一部分，凝胶中使用的缓冲液可能与电泳槽中的缓冲液不同，此为不连续缓冲系统(discontinuous buffer system)。

(四)支持介质

尽管支持介质是相对惰性的，其确切组成可能引起吸附(absorption)、电渗(electro-osmosis)和分子筛效应(molecular sieving)，每种效应都可能影响到物质的迁移率。考虑了这些性质如何影响样品离子，就能决定采用何种支持介质用于某种分离。

1. 吸附效应

这是支持介质对样品分子的滞留，如同吸附层析(absorption chromatography)中一样。吸附引起样品的“拖尾”(tailing)，使得分离组分成“彗星状”(comet)而非清晰紧凑的带，既降低了迁移率，又影响分辨率。

2. 电渗效应(又称电内渗，electro-endosmosis)

电渗是指在电场中液体对固体支持物的相对移动。此现象来自于缓冲液的水分子与支持介质表面间的相对电荷。此电荷可以产生于缓冲液中的离子被介质表面吸附和滤纸上存在的静相羧基和琼脂上的磺基。这就产生了使此固定了的阴离子向阳极移动的一种动力，从而导致缓冲液中的水合氢离子(hydroxonium ion，H_3O^+)携带中性物质随溶剂流向阴极移动。此种电渗将加速阳离子的移动而减缓阴离子的移动，从而对蛋白质颗粒(通常带负电)的泳动起阻碍作用。通常情况下电渗可以忽略，但如果需要测定物质的等电点(如用等电聚焦法)，则须使用低电渗或无电渗的支持介质。

3. 分子筛效应

此性质发生在分布有随机缠绕的分子链而成为筛子状结构的凝胶之中。

琼脂、淀粉和聚丙烯酰胺凝胶中分子筛效应的原理是：大分子的移动随孔径大小降低而受阻，因为所有分子必须跨越过孔洞。如果使用Sephadex类凝胶，情况则不同了，因为在这种情况下，小孔排除大分子，使其不能进入凝胶颗粒内部的静止相，这样造成其在孔洞外移动，而小分子在孔内紧密结合。

三、一般电泳技术

(一)电泳装置

电泳的设备主体有两件:电源部件(power pack)和电泳系统(electrophoresis unit)。这里只描述低压电泳设备。高压电泳是更为特殊的技术,将在后节描述。电源部件提供稳定的直流电源,有电压和电流输出控制。低压电泳的电源部件的输出电压为0～500 V,输出电流为0～150 mA,要么恒压,要么可恒流。电泳系统包括电极、缓冲液池(buffer reservoirs)、电泳介质承载物和透明的绝缘盖。可以使用不锈钢电极,但有些缓冲液能使其发生锈蚀。铂(platinum)电极更好。两个缓冲液池通常分别分成两个相互连接的部分,其中一部分含有电极,另一部分有与缓冲液相接触的支持介质。分开设置缓冲液池是必要的,因为电极处pH的任何改变都不会影响支持介质中的缓冲液。支持介质(电泳前总是被缓冲液所饱和)与缓冲液池中的缓冲液通常是由数层滤纸或纱布的连接而接触的。这些滤纸或纱布片可分散在低压纸电泳中,通过将滤纸片直接浸入缓冲液而保持接触。上了样品的支持介质通常水平放置在一个由绝缘材料(如perspex有机玻璃)组成的平板表面上。有水平电泳系统可用于纸电泳、醋酸纤维素薄膜电泳、凝胶电泳和薄层电泳。凝胶和薄层应被一层绝缘材料覆盖以避免蒸发。对于高压电泳需要金属冷却板(metal cooling plate)。还有简单的垂直电泳系统(vertical electrophoresis unit)可用于低压电泳。在特殊的装置中可使用淀粉胶板的垂直电泳。在制备性聚丙烯酰胺凝胶电泳中,在水平板和垂直柱上可分别上样。而对许多分析研究中使用垂直管状胶,这些管状胶装在玻璃管中,将这样的胶管放在特殊设计的电泳装置中,然后进行电泳。电泳系统在使用过程中应该盖起来,以减少蒸发和保持绝缘。

(二)常用支持介质的性质、选择和准备

1. 纸

层析纸就适合于电泳,不需要准备,只要剪裁到适宜大小即可。当使用纸时,总会有些吸附作用。可通过使用比样品的等电点更碱性的缓冲液而减少其对样品的吸附,尽管使用纸总是存在一定程度的电渗。

低压纸电泳是最简单、廉价的或许是使用最广泛的电泳技术。已经证实,纸电泳对于分离许多带电的物质,如氨基酸、肽类、蛋白质、核苷酸、核酸及带电的碳水化合物衍生物,都能取得较为满意的效果。在低压纸电泳中小分子有相当的扩散,较好的分辨率可用高压,从而缩短分离时间和减少扩散而获得。现在,以纸为支持介质的分离技术已经被其他形式的分辨率更高的介质所取代。

2. 醋酸纤维素

高纯度的醋酸纤维素商品上以均匀的薄膜条提供，它有着均质的微孔结构(micropore structure)。即便是对于大分子，也少有吸附发生。因此，醋酸纤维素适宜于作为分离放射性同位素标记的化合物(radio-labelled compounds)和免疫扩散(immunodiffusion)及免疫电泳(immunoelectrophoresis)这样的微技术(micro-techniques)的支持介质。但它不适合制备性工作。醋酸纤维素比纸的亲水性差，容纳的缓冲液少，因此在更短的时间里可获得较好的分辨率。醋酸纤维素膜降低了缓冲液量的另一个特征是，在特定的恒压或恒流条件下，将会有更大量的热产生，特别是使用高压时，因此必须小心避免蒸发而使薄膜条干燥。醋酸纤维素还有一个优势：薄膜条在分离和染色后，可用清洗剂(clearing agent)使背景变得透明，从而有助于定量分析。通常醋酸纤维素分离的物质范围与纸电泳相同。但它在临床检验方面分离血液蛋白，包括糖蛋白、脂蛋白和血红蛋白上有特殊的用途。

3. 薄层电泳(thin-layer electrophoresis，t. l. e)

像薄层层析一样，可在玻璃板上制备薄层的硅胶(silica)、硅藻土(kieselguhr)、铝土(alumina)或纤维素。将此薄层板水平放置到电泳系统中，然后通过以连接纸芯与缓冲液池相连的缓冲液的扩散，而使薄层达到饱和。薄层电泳与薄层层析一样，快速、分辨率好，灵敏度高。

当薄层电泳与薄层层析结合使用，就形成了蛋白质和核酸水解物的便捷的双向分离技术。上述薄层介质甚至可用于高压分离。

4. 块状电泳(block electrophoresis)

这是主要用于制备的电泳方法。可上大量的样品(高达 1 g)，但其较差的分辨率限制了其用于分析目的。用缓冲液将表面可以吸水的干粉调制为糊状物，然后制成块状用作支持介质。使用的原料必须要有足够的导热能力、能抗对流、不吸附样品、表面无固定化的电荷。最常用的原料为粒状马铃薯淀粉，但也可用纤维素、琼脂糖、葡聚糖(sephadex)、粉末塑料(如聚氯乙烯)和磨碎的玻璃纤维。将浓的糊状物倒入到长方体的塑料或玻璃容器中，在表面上加厚层滤纸以除去过量的水分。样品加到在块上切出的槽中。块两短接触滤纸片，并与电极槽接触。分离过程中，块状物保持在容器中，同时用盖子盖上。在冷室中过夜、电流约为 25 mA，进行电泳分离。在确定了分离取区带的位置后，切出各区带，用过滤洗脱或离心法获得各组分。

块状电泳对于许多大分子如酶、血液蛋白、核蛋白及核酸的制备性分离，是强有力的手段。

5. 凝胶

这是水不溶但亲水的半固体状的胶体。可从许多粉末状固体(如淀粉、琼脂、聚丙烯酰胺)制备后立即可用。这些半-刚性的凝胶的分子筛性质,有助于分离大的电离物质如蛋白质,这些物质有相似的电荷性质,但形状和大小有差异。较小的分子只能用 Sephadex 类胶才能分离。

淀粉胶是在适当的缓冲液中通过对部分水解了的淀粉混合物加热后冷却而制成的。这引起淀粉中的支链淀粉(amylopectin)组分的分支链相互缠绕,形成半-刚性凝胶。适合于制作淀粉胶的缓冲液的选择经常是经验性的,很多缓冲液都能成功地用于制作淀粉胶。弱的高孔度胶可通过在缓冲液中加入不到 2%的(W/V)的淀粉而制成,而强的低孔度胶可通过加 8%～15%(W/V)的淀粉而制成。但是,没有办法准确确定淀粉胶的孔大小,不同批次的相同浓度的淀粉产生的孔大小是不一致的。使用的淀粉胶块通常为长方形平板,其大小可变。典型的水平淀粉胶大小为 20 cm×10 cm×0.6 cm,而垂直淀粉胶大小为 25 cm×12.5 cm×0.6 cm。淀粉胶在有机玻璃托盘上铺制,储存在 0～4℃条件下。淀粉胶可用于制备或分离目的,也可用于连续或不连续的缓冲系统。淀粉的分子筛性质使其成为分离复杂结构分子的混合物和生理活性蛋白的良好选择。淀粉胶的一个重要用途是分析同工酶谱(zymogram),因为电泳后易用组织化学方法检测。

琼脂是廉价、无毒、化学上不明确的、复杂的粉状混合物。它含有两个基于半乳糖的聚合物,即琼脂糖(agarose)和琼脂胶(agaropectin)。琼脂在 40℃以上溶于缓冲液,在 38℃左右开始形成凝胶。缓冲液中 1%(W/V)的琼脂胶含水量高,纤维结构良好(因而具良好的抗对流性质)、孔大及摩擦阻力低。这使得电泳中离子的移动非常快,对大分子的分离特别有利。琼脂胶的不足之处在于其电渗严重,除非在使用前的纯化中除去其硫酸成分。琼脂胶很适合分离后的化学染色。其低的扩散阻力,使其在用等速电泳和免疫电泳分离和检测抗原性蛋白非常理想。纯化了的琼脂糖胶现在已广泛用于核酸和高分子量的蛋白质的分离,因为它缺少分子筛和电渗效应。

聚丙烯酰胺凝胶从高度毒性的人工合成化合物制备后,立即可用。丙烯酰胺单体($CH_2{=}CHCONH_2$)(acrylamide, Acr)在有催化加速剂(accelerator)-链引发剂(initiator)混合物存在时,与交联剂(通常是 N,N′-甲叉双丙烯酰胺,CH_2-$(NHCOCH{=}CH_2)_2$,bisacrylamide, Bis)发生共聚合。此混合物中含有新制的 0.1%～0.3%(W/V)过硫酸铵(ammonium persulphate)作为催化剂和同等浓度的一种碱,如 N,N,N,N′-四甲基乙二胺(tetramethylenediamine, TEMED)或二甲氨基丙腈(dimethyl-aminopropionitrile, DMAP)作为引发剂。TEMED 是最常

用的，其浓度成比例的增加能加速凝胶聚合的速度。使用前需要脱气（degas），因为分子氧抑制化学聚合。而使用核黄素（riboflavin）和 TEMED 的光聚合（photo-polymerization）需要痕量的氧。其他的化学物质如去污剂、酶的底物或酶可溶于缓冲液中加入到凝胶中。凝胶作用是由于乙烯基的聚合，见图 1-7。

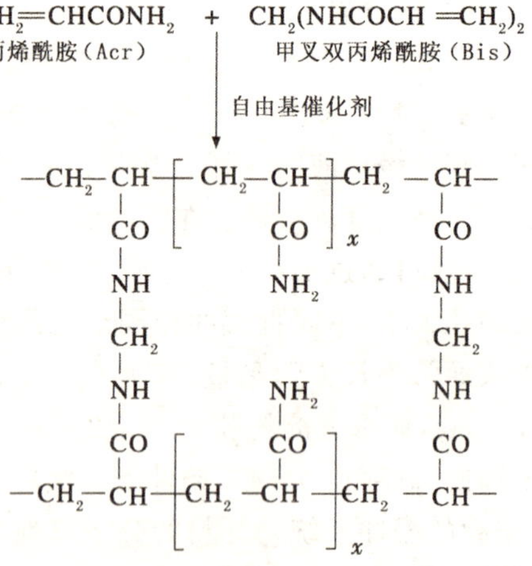

图 1-7 聚丙烯酰胺凝胶的形成

凝胶的孔度决定于丙烯酰胺单体与交联剂的相对比例。凝胶可用胶浓度（T）和交联度（C）描述。胶浓度为丙烯酰胺和甲叉丙烯酰胺占溶液的总百分浓度，交联度为甲叉双丙烯酰胺占单体和交联剂总量的比例。也即：$T=(\text{Acr}+\text{Bis})/$总体积$\times 100\%$；$C=\text{Bis}/(\text{Acr}+\text{Bis})\times 100\%$。可制备 T 为 3%～30%的凝胶，其对应的孔径分别为 0.2 nm 和 0.5 nm。为了维持胶弹性，交联度应符合下式：$C=6.5-0.3T$。也就是说，胶浓度 T 的增加必须伴随交联度 C 的增加，反之亦然。较低浓度的胶具有较大的孔径，对大分子的通过阻力较小。通常 30%的胶浓度适合于分离分子质量约为 10^4 u 的分子，而 3%的胶浓度适合于分离分子质量约为 10^6 u 的分子。

可制作具有高度重复性的胶。可选择一定的孔隙度以促进带电相似但大小和形状不同的分子的分离。这些特征使得此法特别适合分离蛋白质或核酸的混合物。

凝胶可用做制备，通常为平板胶，也可用做分析目的，平板胶或柱状胶（后者可小到毛细管大小）都可以。使用不连续的缓冲液系统有时能够增加分辨率。分辨率的进一步增加可使用丙烯酰胺-琼脂糖混合胶或使用间断或连续浓度梯度的丙烯酰胺凝胶（对应于一个孔径梯度，pore gradient）来实现。使用孔径梯度可以阐明待分离的物质的相对分子大小，因为其穿越凝胶的能力与分子大小成反比。

实际上，聚丙烯酰胺凝胶电泳（PAGE）是确定蛋白质分子量的一个特别重要的技术。在此技术中，首先要对大分子进行处理，以使其产生均匀的荷/质比，这样，随后在凝胶中的分离将只以分子大小进行。此种处理液中包括尿素、β-巯基乙醇（β-mercaptoethanol）和一种去污剂。尿素引起蛋白质解离为亚基；β-巯基乙醇能打破二硫键；如果变性无关紧要的话，使用强离子去污剂最好，如阴离子去污剂十二烷基硫酸钠（sodium dodecyl sulphate，SDS）和阳离子去污剂十六烷基三甲基溴化铵（cetyltrimethylammonium bromide，CTAB）。去污剂能辅助增溶，同时使蛋白质变性（断裂分子内和分子间的氢键、破坏蛋白质的二、三、四级结构）为棒状结构。更重要的是，能够在多肽链上每隔一定距离结合一个去污剂离子基团，大多数蛋白质与 SDS 的结合比例约为 1∶1.4（W/W），使各种蛋白质-SDS 复合物都带上相同密度的负电荷，其数量远远超过了蛋白质分子原有的电荷量，从而掩盖了不同种类蛋白质原有的电荷差别。聚合前在凝胶缓冲液和上槽液中也要加去污剂。可使用掺有去污剂的连续或不连续的缓冲液系统。此种蛋白质分子量确定方法要求事先了解蛋白质的亚基结构，如果所研究的是混合物的话，要了解其中各种蛋白质的迁移特征。此法还需要进行泳动度-分子量基准的标定性分离。SDS-PAGE 的标定曲线表现出迁移距离与蛋白质分子量的常用对数值呈线性关系。

去污剂在从细胞膜的脂蛋白复合物中释放蛋白质也非常有用，疏水的膜内脂质组分被去污剂的非极性组分所溶解。粗膜蛋白的增溶可以使用非离子型去污剂如 Lubrol W 或 Triton X-100 来进行，它们不使蛋白质变性，但在后续电泳后比使用离子型去污剂产生的分辨率要低。

聚丙烯酰胺凝胶还有其他一些特征，也有利于大分子的分离，如极小的吸附能力、无电内渗、适合一般性的原位定量分析（在紫外线下不吸收物质）和各种类型的组织化学分析。

（三）操作程序

1. 介质饱和

如果支持介质不是凝胶，电泳前必须用缓冲液饱和，因为缓冲液传导了大部分的电流。上样前介质的饱和可避免样品从原点的扩散。电泳纸可浸入缓冲液中，然后沥出过量的水分；醋酸纤维素薄膜可让其表面向下漂浮在缓冲液中而浸润，快速的浸没会产生难以除去的气泡；薄层介质最好以毛细管作用来实现饱和。

2. 上样

加样通常用微吸管（micropippette）在合适的原点点一个小点或狭线。如果混合物中各组分带相反的电荷，它们会向两个电极迁移。在这种情况下，点样原点应在支持介质的近中部。当混合物中的所有组分要么全带负电或全带正电时，组分会向一个电极移动。点样原点应在距此电极最远的一端的介质部分。要将样品引入到凝胶板中，可用一滤纸片将样品加到胶表面的狭缝中。如果凝胶为柱状，可在其上端上样，加一层20%的浓蔗糖溶液或在少数情况下将样品掺入到一层称为样品胶(sample gel)的宽孔径胶中。上样体积各异。对于毛细管中进行的微电泳加0.1～1.0 μL，对于制备目的，可高至5 μL。上样液的浓度在1～3 mg/mL的范围内。

尿素或SDS可加入到蛋白质混合物中，以促进其溶解。一种前沿指示染料(tracker dye)，如溴酚蓝(bromophenol blue)经常加在凝胶电泳的样品中，这样通过观察此染料的迁移可获得系统的一些行为。

3. 电泳

上样后，按需要的电压接上电源，并维持足够的分离时间。在整个电泳过程中，必须仔细看护仪器，即使使用的是稳压稳流设备。因为如果支持介质准备不好，可能发生产热过多(如电泳纸烧焦)。当在低压时可能有产热时，将整个电泳装置放在冷室(0～4℃)是可取的。低压电泳分离通常在2 h内完成，尽管纸电泳分离蛋白质需要时间要长些。高压电泳分离需要不足1 h。当电泳完成后，先关闭电源，然后再移出支持介质。

4. 支持介质的移出

纸张、醋酸纤维薄膜和薄层板可直接取出，空气干燥。除非有不耐热的物质存在，通常可在110℃烘箱中直接干燥。管状聚丙烯酰胺凝胶可用注射针管(hypodermic syringe)在支持玻璃管的周壁打水，让凝胶在轻柔水压下而慢慢滑出。凝胶板很容易移下，不需要特殊的方法。如果必要，移下的凝胶可浸润在固定液(fixative)中，如7%的醋酸，以减少扩散。

5. 检测、回收和定量

电泳后电泳图谱(electrophoretogram)上样品中分离出来的未知组分，可通过与在同样条件下分离了的已知纯净物质的迁移特征的比较来鉴定。在这一方面，电泳与层析是一样的。

通常分离出来的每个物质可以在原位(*in situ*)检测和鉴定。如果被分离的物质本身就能吸收紫外线，或在紫外线照射下能发出荧光，而支持介质本身无此性质，就可利用此性质来检测。如在含有小比例交联剂的透明聚丙烯酰胺凝胶上，核酸和蛋白质可以通过在260/280 nm范围内的紫外吸收来鉴定。如果分离出来的物质能与某些试剂形成能在紫外线诱导下产生荧光的复合物，也可使用紫外线鉴定。如氨基酸、肽和蛋白质可与荧光胺(fluorescamine)或丹磺酰氯(dansyl chloride)形成能在紫外线诱导下产生荧光的复合物。

大多数生物分子是无色的，必须以某些试剂处理，特异性地产生稳定的有色物质。许多用于层析检测的方法也适合于电泳检测。过量的染料或显色剂必须通过用合适的溶剂洗脱或经进一步电泳而从支持介质中除去。染色前，电泳谱可用固定剂处理以减少区带扩散(表 1-4)。

表 1-4　电泳胶上常用的染色法

物质	试剂	备注
蛋白质	苯胺黑(nigrosine)的乙酸或三氯乙酸溶液	非常灵感
	溴酚蓝-$ZnSO_4$-乙酸	可定量
	丽丝胺绿(lissamine green)的乙酸溶液	可定量
	考马斯亮蓝 R250	可定量，非常灵感
糖蛋白	过碘酸氧化后用 Schiff 试剂处理	可定量
脂蛋白	苏丹黑(Sudan black)的 60%乙醇溶液	
肽	ClO_2 或 NaOCl 氯化后 KI-淀粉或联苯胺-乙酸溶液处理	与所有含氨基的物质反应
核酸	甲基绿-派若宁(pyronine)	RNA 为红色，DNA 为蓝色
多糖	碘	
酸性黏多糖	甲苯胺蓝(toluidine blue)的甲醇水溶液	

在未被固定的电泳谱上原位检测酶类，大多利用了组织化学原理。即区带处的酶将特异的底物转变为有色的不溶产物。非电离性底物可以在凝胶制备中固定到胶中，电泳后酶活性的检测是通过与一种更适合的缓冲液温育而完成的。或者电泳后，用一种含有底物的支持介质与电泳胶谱接触，适当温育后显现酶活性位置。如果分离的化合物有放射性，支持介质可进行放射自显影(autoradiography)或用放射色谱扫描器(radiochromatogram scanner)扫描。

将分离出来的物质从支持介质中移出，对电泳胶谱进行定性分析也是可行的。最常用的回收方法是将支持介质分成标准而均一的长度，处理每段介质，让其释放出待测组分。用缓冲液从电泳纸上洗脱物质，效果较差，因为滤纸有较高的吸附性。醋酸纤维素能溶于丙酮，从而将染了色的物质留在溶液中。淀粉胶很容易洗脱，可用机械泡软(mechanical maceration)(有时包括淀粉酶处理)或通过反复冻融泡软的方法。大分子可用电透析法(electrodialysis)(将胶放在透析膜中，然后置于一个电泳系统中)从淀粉胶中回收。在半冻状态下将聚丙烯酰胺凝胶切成条，在冻融时它不会破碎，但却能通过电透析而洗脱出来。放射性物质可以洗脱到含适宜闪烁计数液的小瓶中，用于计数。事先用适合的试剂如（H_2O_2）在60℃处理，可减少其在凝胶中的淬灭（quenching）。应避免产生大量的洗脱液，特别是洗脱酶时，因为稀释会降低其比活。对某些形式的胶谱，也可用电泳法回收物质，即电泳直到样品跑出支持介质末端，如对制备性管状胶，只不过在柱子的基部要有一个特殊的附着接收装置。用于原位和洗脱液定性分析的基本方法，也能用于定量分析。当然，在定量分析中，必须要考虑分离出来的物质的不同的消光系数（extinction coefficient）。严格意义上讲，染色法定量由于吸收和染料洗脱的差异而变得复杂，但即便如此，其用途还是很广泛。如果一种染料的吸收是定量性的，可用密度测量法（densitometry）进行原位定量分析。得到的密度图（densitogram）为吸收值对距离的作图。定量分析时，峰面积与浓度呈正比。这种情形对于符合 Lambert-Beer 定律的狭浓度范围时特别盛行。要求对仪器进行标定，这可用标准量的已知物质的分析来实现。完成的光密度图可以方便地照相而永久保存。

四、特殊电泳技术

（一）高压电泳

当低分子量的物质用低压纸电泳分离时，要发生相当大的扩散。这可通过高压电泳来克服，高压电泳产生更高的分辨率，实现非常快速的分离（10～60 min）。已经有高达 10 000 V，500 mA，产生高达 200 V/cm 电位梯度的高压电源装置可以使用。

高压电泳产热很大，需要直接的冷却系统。这通常是用冷却板（cooling plates）来实现的。两个通常是铝制的冷却板用聚乙烯（polythene）与支持介质绝缘。冷却板被一可充气的压力垫（inflatable pressure pad）与绝缘的支持介质紧压在一起。有一种仪器的冷却板大小为 50 cm×50 cm，可使用大张电泳纸（通常 Whatman 3 mm）。冷水通过冷却板上的沟槽循环，对于大冷却板，要求流速在 10～15 dm^3/min，以散失产生的热。在热带国家，冷却水先要冰冻；在水比较硬的地方，推荐使用水软水剂（water softener）以避免冷却板上的沟槽生水锈。要避免冷却板上出现温度梯度，因为1℃的温差会引起迁移速率发生3%的变化，这会影响重复性。整个设备的完全绝缘至关重要，因为使用的是致命电压。常规安全措施必须严格遵循，尽管商品仪器装置有自动防止故障发生的断流元件（图 1-8）。

对于蛋白质水解物的分离，通常，在第一项进行高压电泳，紧接着在第二项进行层析。此双向系统能获得不同蛋白质的特征“指纹”（fingerprints），这与双向薄层电泳一样。

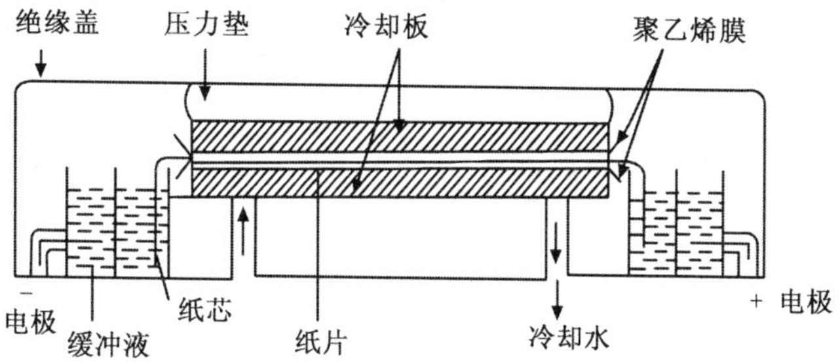

图 1-8 冷却板高压电泳系统

(二)不连续(盘状)电泳(discontinuous or disc electrophoresis)

盘状电泳来自于样品离子在大孔径的聚丙烯酰胺凝胶中等速电泳,浓缩为非常薄的盘状(discs),这发生在其进入小孔径胶分离之前。巧合的是,通常使用的也是不连续的缓冲系统,且最终分离的区带也是盘状的。盘状电泳的最初方法使用的是垂直柱状聚丙烯酰胺凝胶,采用了两个阶段的凝胶装配,见图 1-9。

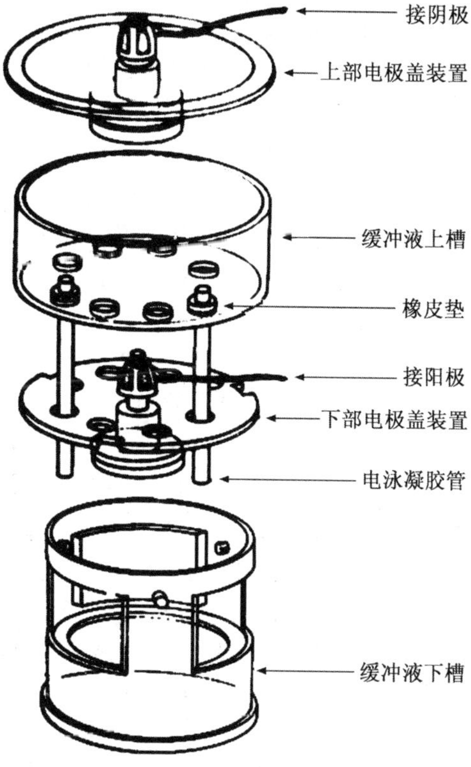

图 1-9 盘状电泳装置

此电泳装置由含缓冲液的上槽和下槽组成，两槽之间通过一系列的玻璃管相互连接。每只玻璃管的下部 2/3 处装有小孔径的分离胶(separating gel)，其上部装有大孔径的浓缩或成层胶(stacking or spacer gel)。所选择的缓冲液使待分离的物质都带负电，都向下部的正极移动。下面以分离蛋白质为例来说明此法的原理。

首先在缓冲液中搅拌溶解分离胶(B)的单体、交联剂和催化剂，溶液用真空脱气，然后倒入到下端戴帽的玻璃管中，形成高度达 8～10 cm，直径为 1 cm 的柱。聚合前用注射针小心在其上覆盖一层缓冲液或蒸馏水，避免在凝胶界面形成弯月面(meniscus)，这样聚合后，在分离胶的顶部形成一个平床。聚合后，去除覆盖液层，同时制备浓缩胶(A)(1～2 cm)，以同样方式加到分离胶的上面。下槽装好缓冲液，以大孔径的样品胶或浓的蔗糖溶液形式加与浓缩胶同样 pH 的样品。然后在样品上覆盖一层缓冲液，取下胶管下部的帽子，在上槽中加少量前沿指示染料。在恒压下进行电泳。

浓缩胶孔径大，对大分子的通过阻力很小。因此，在浓缩胶中蛋白质的迁移与在自由溶液中相近。上槽缓冲液与浓缩胶都含有弱胺碱 Tris，但上槽缓冲液含有弱酸甘氨酸，浓缩胶中含有强酸 HCl。因此浓缩胶的 pH 比上槽缓冲液大约低 2 个单位。在 pH 8.3 时，上槽缓冲液中的甘氨酸大都以 Gly 兼性离子存在，大约占 95%，只有 5%为 Gly^-。上槽缓冲液中的 Gly^- 移动到浓缩胶中时的迁移率要比浓缩胶中的氯离子小得多，因此 Gly^- 走在 Cl^- 之后。当 Gly^- 进入到浓缩胶时，由于其较低的 pH 环境，更大比例的 Gly^- 发生质子化形成更多的兼性离子，其迁移率进一步降低。但 Cl^- 在前快速移动，Gly^- 在其后尾随。这样在此两种离子间形成了一个界面。因为 Cl^- 和 Gly^- 都带负电荷，这就在含较少可移动的 Gly^- 区域产生一个高电位区，而在有较多可移动的 Cl^- 区域产生一个低电位区。因此尾随离子将趋向于跟上前导离子。样品中的蛋白质负离子的迁移率居二者之间，即位于前导离子和尾随离子之间。这样的净的结果就是，蛋白质负离子在前导离子之后按它们泳动度的降低顺序而被浓缩或堆积。一系列特别狭窄的蛋白带，每条带大约 10 μm 厚，随前导 Cl^- 进入到分离胶中。当尾随离子到达分离胶时，因为分离胶中 pH 为 8.9，接近甘氨酸的 pK_{a2}，Gly^- 的数量和迁移率都增加，现在 Gly^- 的迁移率超过蛋白质负离子，并跑到前面与 Cl^- 形成一个狭窄的界面。蛋白质负离子不能作为狭带的尾随离子而起作用，因为受到凝胶的分子筛效应的限制。随着最后的氯离子离开分离胶，pH 升高，它们被更碱性的 Gly^- 所置换(即 Tris/Gly 缓冲液，pH 9.5 代替了分离胶中原来的 Tris/HCl)。蛋白质所带负电荷增加了，它们在均匀的电场中按其荷/质比迁移，并受到分子筛效应的限制。在恒压条件，4～

5 mA/管，电泳通常在 1 h 内完成(图 1-10)。

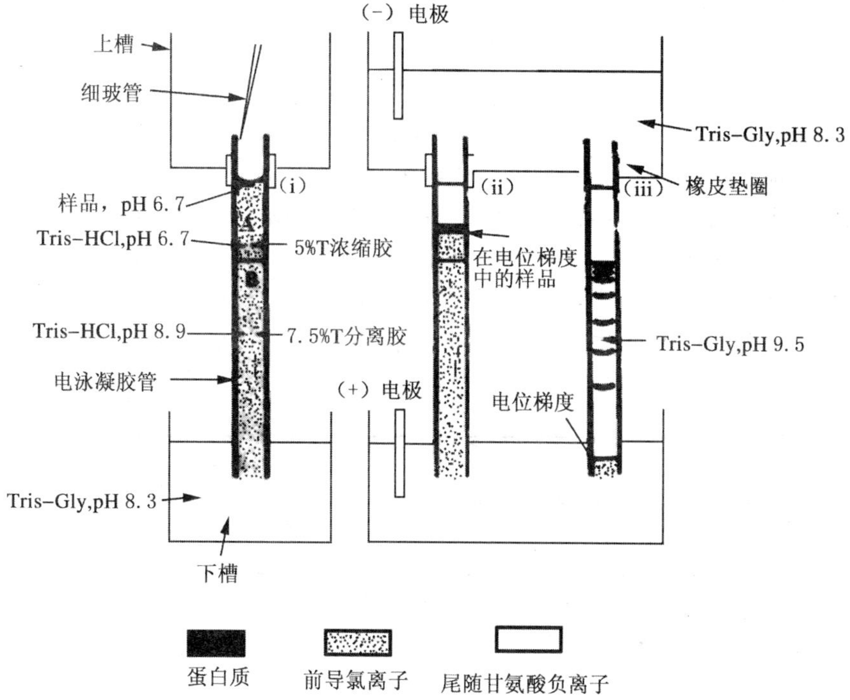

图 1-10　盘状电泳原理

盘状电泳的模式现在有很多变化。有些系统使用复杂的凝胶梯度(0～25% T)或丙烯酰胺-Sephadex 夹心胶。在许多情况下,省去浓缩胶也不会显著影响分辨率。同样,使用连续缓冲系统也能成功分离样品。

(三)等速电泳(isotachophoresis)

这是一基于移动界面电泳原理的技术,与不连续电泳有些相似之处。此技术的名称来自于希腊语,指的是待分离的离子都以同样(iso)的速度(tacho)移动(phoresis)而分离。任何带电的物质(包括无机离子)都可用等速电泳分离。样品中电离组分的分离,通过按其泳动度的大小顺序堆积成明显的区带而实现,产生很高的分辨率。

对于一个负离子混合物的分离,要选择一个比样品离子泳动度更高的前导负离子(如氯离子)和一个比样品离子泳动度更低的尾随负离子(如谷氨酸根离子)。所有的负离子必须有一个共同的阳离子(如 Tris)。同理,对于一个正离子混合物

（如金属离子）的分离，需要前导正离子和尾随正离子和一个共同的阴离子。通电时，前导离子向相应电极移动，样品离子将按其泳动度的大小顺序随后移动，尾随离子在样品离子后移动。一旦达到平衡，所有离子都将以同样的速度，按其泳动度的大小顺序以清晰的带向前移动。因为每个带的长度与其中离子存在的量成正比，分离后可以定量（如通过测定紫外吸收值）。

有商品设备可用于分析型等速电泳，在10～30 min内就能实现完全分离。因为使用的电压高达30 kV，需要使用恒温控制的冷却水浴（cooling bath）。其分离是在毛细管中完成的，在此毛细管中，样品是在前导离子注射后注射进去的，然后再注射尾随离子。分析型等速电泳是在水溶性环境中进行的，只含前导离子、尾随离子电解质和样品。使用含聚丙烯酰胺凝胶柱，等速电泳也可用于制备型分离（图1-11）。

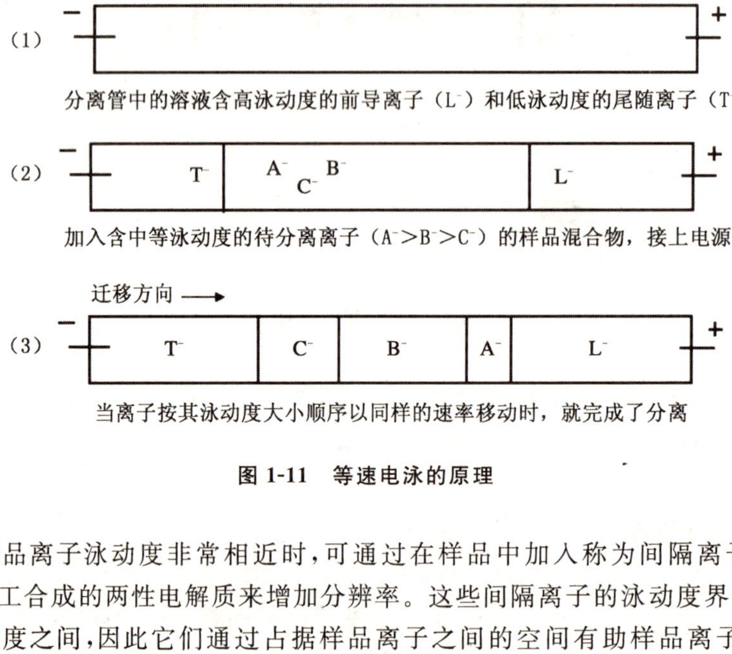

图1-11　等速电泳的原理

当样品离子泳动度非常相近时，可通过在样品中加入称为间隔离子（spacer ion）的人工合成的两性电解质来增加分辨率。这些间隔离子的泳动度界于样品离子的泳动度之间，因此它们通过占据样品离子之间的空间有助样品离子的分离。间隔离子与等电聚焦中使用的两性电解质相似。

等速电泳用于分离无机离子、有机酸、蛋白质和核酸等物质。低至数微克的样品都可以定量分离，大量的样品可进行制备分离。等速电泳不但广泛使用于研究型实验室，现在也进入工业用途，如污染控制（检测排除水中的去污剂和无机离子）、食品、酿造和制药等领域的质量控制。

(四)等电聚焦(isoelectrie focusing,IEF)

此技术有时又称电聚焦(electrofocusion),也是基于移动界面电泳的原理而不是区带电泳。两性的物质如氨基酸和肽可在电场中的分离,在此电场中既有一个电压又有一个 pH 梯度。其阳极区为酸性,阴极区为碱性,两电极间维持有一个稳定的 pH 梯度。待分离样品的等电点位于所选择的 pH 梯度范围内。样品物质开始在 pH 低于其等电点时带正电,会向阴极移动,但随着其移动,周围介质的 pH 持续增加直到到达其等电点。此时样品物质以兼性离子存在,无净电荷,其移动停止。同样,样品物质开始在 pH 高于其等电点时带负电,会向阳极移动,直到到达其等电点而停止不动。这样,两性物质就聚焦成狭窄而静止不动的带。由于样品总是向其等电点移动,因此上样的位置并不重要。样品的分离有非常高的分辨率,此技术特别适合分离同工酶,因为等电点相差 0.01 个 pH 单位,就足以分离。

两电极间的稳定 pH 梯度是通过使用低分子量的载体两性电解质(carrier ampholyte)混合物来维持的。这些载体两性电解质的等电点覆盖了一个预设的 pH 范围。这些载体两性电解质通常为人工合成的脂肪族多氨基-多羧基酸类,可以购买到宽 pH 范围(3～10)和狭 pH 范围(4～5)的载体两性电解质。商品载体两性电解质有 Ampholine(LKB)、Bio-Lyte(Bio-Rad)和 Pharmalyte(Pharmacia)。

等电聚焦分离可在垂直柱上或在水平板上进行,但在两种情形下,都需要特制的设备(purpose-made equipment)。最先使用的是柱状系统,现在已经大都被平板系统所取代,尽管柱状系统仍然是很有价值的制备性的等电聚焦技术。在柱状系统中,在冷却水处理了的垂直玻璃柱中,装入悬浮在蔗糖密度梯度溶液(以避免扩散)中的载体两性电解质混合物。柱子的上端(正极)与一个含酸性溶液(如磷酸)的液池相连,下端的负极与一个含碱性溶液(如氢氧化钠)的液池相连。当打开两个液池的阀门时,两个溶液从各自一端扩散进入到柱子中,这样在酸性的正极和碱性的负极之间就建立起了一个 pH 梯度。然后关闭阀门,通上电流,引起载体两性电解质迁移,直到它们到达无净电荷的 pH 区域。在这些位置它们将静止不动,从而使此 pH 梯度得以稳定。然后打开一个阀门,让样品从柱子的上端进入,带电的样品组分发生迁移,直到其等电点区而聚焦。当分离完成时,关掉电源,样品组分通过柱子基部的阀门而流出。柱子基部也可与一个分部收集器(fraction collector)相连,以进行进一步的分析(图 1-12)。

充满载体两性电解质的聚丙烯酰胺凝胶垂直柱也可用于等电聚焦,且能将分离时间降至 1.5～3 h。但是,使用最广泛的等电聚焦系统为充满载体两性电解质的聚丙烯酰胺凝胶平板,胶板夹在两玻板或塑料板之间。通常使用的是聚丙烯酰胺凝胶,但高质量的琼脂糖凝胶也可用,特别是分离分子量很高的蛋白质,因为它

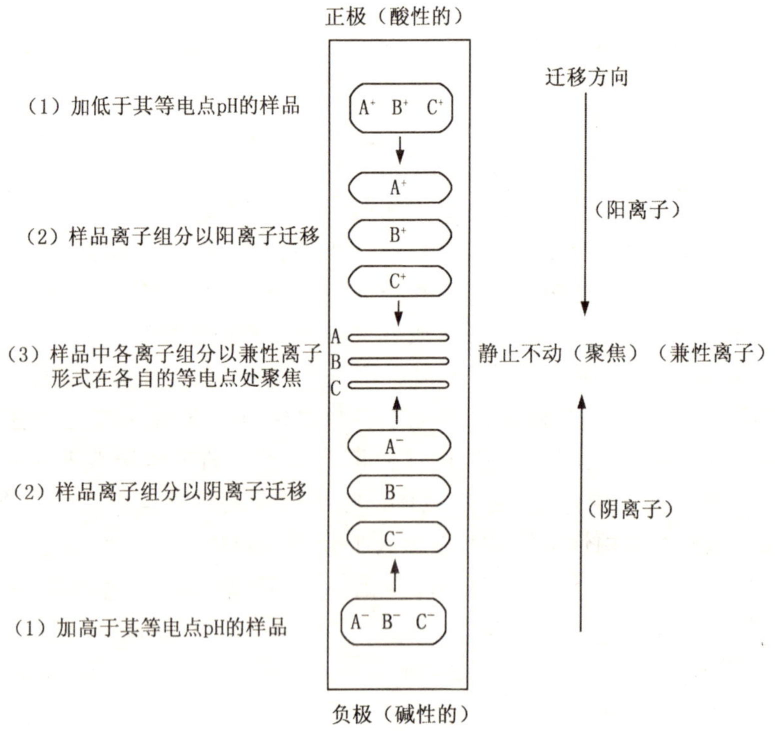

图 1-12　等电聚焦的原理

避免了聚丙烯酰胺凝胶的分子筛效应。

适宜 pH 范围的载体两性电解质溶液与凝胶混合而聚合。也可以购买到预制好的、立即可用的、夹在塑料片上的含不同 pH 范围的两性电解质的聚丙烯酰胺凝胶片，每片这样的胶一次可跑多达 24 个样品。

为了实现快速分离，使用较高的电压（可达 2 000 V）。使用的电源装置应有稳定的功率、电压和电流输出以减少热量波动。有较大的热量产生，需要冷却板。用厚滤纸条组成的连接纸芯浸润在适宜的酸或碱（如磷酸或氢氧化钠）中，然后沿胶板的正负两极平铺。固定在一个盖子上的铂金丝电极与纸芯的全长接触。高盐的样品溶液使用前必须脱盐，以避免扰动 pH 梯度。样品可用小片滤纸蘸取样品稀溶液后，将这些小滤纸片平放在凝胶表面，让其被凝胶吸附而加到凝胶表面。只要有数微克的蛋白质就可用于分析。然后将绝缘盖放在凝胶之上，打开冷却系统，通电 30 min。此时样品已经扩散进胶，关闭电源，小心移去滤纸片。然后继续电泳 1～2 h。如果要测定样品组分的准确的等电点，可在电泳后用表面电极每隔 1 cm 测定胶条的 pH 来确定。

当电泳结束时，应立即在固定液（10％三氯乙酸）中浸泡 30 min，固定样品以避免扩散。然后在染色液（如考马斯亮蓝 R-250 特别适合蛋白质）中染色 10 min。然后在脱色液（含 25％的乙醇和 8％的乙酸的水溶液）中漂洗数次，以除去过量的染料。部分干燥后，染了色的胶片可夹在两片塑料纸之间而保存。

凝胶等电聚焦主要用于分析分离蛋白质，但也可以利用颗粒胶平床进行制备型等电聚焦，在 14～16 h 内完成分离。等电聚焦只适合分离两性物质，主要用于分析蛋白质和肽，是目前此类物质分离最有效的方法。此技术的高灵敏度和高分辨率，使其得到广泛的采用，尽管其设备和原料成本较高。聚丙烯酰胺凝胶等电聚焦是最常用的分析分离形式，因为它方便而快速。此技术广泛用于临床、法医学和人类遗传病实验室分离鉴定血清蛋白、也应用于食品业、农业以及酶学、膜生物化学、微生物学、免疫学、细胞学和分类学等相关研究。

（五）双向电泳（two-dimensional electrophoresis，2-DE）

双向电泳是等电聚焦电泳和 SDS-PAGE 的组合，即先进行等电聚焦电泳（按照 pI 分离），然后再进行 SDS-PAGE（按照分子大小），经染色得到的电泳图是个二维分布的蛋白质图。

双向电泳蛋白质组研究的核心技术。双向电泳由 O'Farrell's 于 1975 年首次建立并成功地分离约 1 000 种大肠杆菌（E. coli）蛋白。目前，随着技术的飞速发展，已能分离出 10 000 个斑点（spot）。当双向电泳斑点的全面分析成为现实的时候，蛋白质组的分析变得可行。

样品制备（sample preparation）和溶解同样事关 2-DE 的成效。样品的制备应尽可能扩大其溶解度和促进其解聚，以提高分辨率。采用化学法和机械裂解法相结合，以尽可能溶解和解聚蛋白。IEF 样品的预处理涉及溶解、变性和还原等过程，以完全破坏蛋白间的相互作用，并除去如核酸等非蛋白物质。离液剂 2 mol/L 硫脲和表面活性剂 4％CHAPS（3-[（3-Cholamidopropyl）dimethylammonio]-1-propanesulfonate，即 3-(3-胆胺丙基)二甲氨基-1-丙磺酸）的混合液能促使疏水蛋白从固定 pH 梯度（Immobilized pH gradients，IPG）胶上的转换。三丁基膦（tributyl phosphine，TBP）取代 β-巯基乙醇或 DTT 完全溶解链间或链内的二硫键，增强了蛋白的溶解度，并导致转至第二向的增加。在保持样品的完整性的前提下，可利用超离心或核酸内切酶去除核酸（DNA）。另外，添加苯甲基磺酰氟（phenylmethylsulfonyl fluoride，PMSF）等蛋白酶抑制剂，可保持蛋白完整性。此外，低丰度蛋白（low abundance protein）在细胞内可能具有重要的调节功能，分离低丰度蛋白是一种挑战。亚细胞分级和蛋白质预分级、提高加样量(已达到 1～15 mg 级的标准)、应用敏感性检测，可以提高其敏感性。如一种多肽免疫 2-DE 印迹(MI-2DE)是利用几种单克隆抗体技术来分析和检测的。碱性蛋白核糖体蛋白及组蛋白的分离较难。因为碱性 pH 范围内凝胶基质的不稳定及逆向的电渗流(electro-osmotic flow，EOF)的产生，对 pI 超过 10 的碱性蛋白，可通过产生 0～10％的山梨醇梯度和加入 16％的异丙醇来缓解。亦可用双甲基丙烯酰胺来增加基质的稳定性。

2-DE 面临的挑战 2-DE 面临的挑战是高分辨率和重复性。高分辨率确保蛋白最大程度的分离，高重复性允许进行凝胶间比对。对 2-DE 而言，有 3 种方法分离蛋白：

(1) ISO-DALT (isoelectric focusing followed by separation with respect to molecular mass expressed in daltons)以 O'Farrell's 技术为基础。第一向应用载体两性电解质(carrier ampholyte, CA)，在管胶内建立 pH 梯度。随着聚焦时间的延长，pH 梯度不稳，易产生阴极漂移。

(2) 非平衡 pH 梯度电泳(non-equilibrium pH gradient electrophoresis, NEPHGE)用于分离碱性蛋白(pH＞7.0)。如果聚焦达到平衡状态，碱性蛋白会离开凝胶基质而丢失。因此，在等电区域的迁移须在平衡状态之前完成，但很难控制。

(3) IPG-DALT 发展于 20 世纪 80 年代早期。由于固相 pH 梯度(Immobilized pH gradient，IPG)的出现解决了 pH 梯度不稳的问题。IPG 通过 immobiline 共价偶联于丙烯酰胺产生固定的 pH 梯度，克服了 IEF 的缺点，从而达到高度的重复性。目前可以精确制作线性、渐进性和 S 形曲线，范围或宽或窄的 pH 梯度。新的酸性 pH 3～5 或碱性 pH 6～11 的 IPG 凝胶梯度联合商品化的 pH 4～7 的梯度可对蛋白质形成蛋白质组重叠群(proteomic contigs)从而有效分离。

分离后的斑点检测分离后的斑点检测(spot detection)亦很重要。所采用的检测策略和分离后所采用的方法的相互作用是很重要的。此外，还需考虑反应的线性、饱和阈/动态范围、敏感性、对细胞蛋白群的全体定量分析的适应性、可行性。目前，没有一种蛋白染色覆盖广泛的浓度和 pI 及分离后分析技术。银染已成为一种检测 2-DE 的流行方法，可检测少到 2～5 ng 的蛋白，因此较考马斯亮蓝 R-250 敏感。多数糖蛋白不能被考马斯亮蓝染色，一些有机染料不适于 PVDF 膜。放射性标记不依赖其代谢的活性，并仅适于对合成的蛋白质检测。另有一种改良的 2-DE(差异凝胶电泳)，即应用两种不同的染料荧光标记两个样品，使在同一凝胶上电泳后的凝胶图像为两个，避免了几种 2-DE 的比较，可在纳克级进行检测。较早期相比，2-DE 有两个主要的进步：首先，极高的重复性使有机体的参考图谱，可通过 Internet 获得，来比较不同组织类型、不同状态的基因表达；其次，高加样量使得 2-DE 成为一项真正的制备型技术（表 1-5）。

表 1-5 电泳技术的应用小结

电泳类别	分析型	制备型	氨基酸	肽类	蛋白质	血液蛋白	同工酶	核苷酸	核酸	核蛋白	有机酸	无机离子	蛋白质分子质量测定
低压纸电泳	+		+	+	+	+		+					
高压纸电泳	+		++	++				++			+		
醋酸纤维薄膜电泳	+		+	+	+	+	+	+			+		
薄层电泳	+		+	+				+					
块状电泳		++			+	+			+	+			
淀粉胶电泳	+	+			+	+	+						
琼脂胶电泳	+				+	+			+				
琼脂糖胶电泳	+				+	+			++	++			
免疫电泳	+				+	++							
聚丙烯酰胺凝胶电泳	+	+			++	+	+		+	+			
SDS-PAGE	+				+								++
盘状电泳	+				+						+		
等速电泳	+	+	+	+	+	+		+	+		++	+	
等电聚焦	+	+		+	+	++	++						

+：一般应用；++：特别有用。

离心技术

离心是用于分离、制备活体生物、细胞器、生物大分子以及小分子聚合物的常用实验技术。该技术在生物科学，尤其是在生物化学和分子生物学方面被广泛应用。

一、离心的原理

溶液中的生物样品在巨大离心力的作用下，因其颗粒质量、大小、形状或密度不等从而以不同的沉降速度沉降，最终彼此分离。沉降速度除受待分离颗粒的影响外，还受到离心机转速、离心机旋转半径及颗粒所在的介质黏度和密度的影响。

离心力(centrifugal force，简称 F)是指溶液中的沉降粒子在做圆周运动时产生的向外的力。

$$F=m\omega^2 r$$

式中：m——沉降粒子的有效质量；

ω——粒子旋转的角速度$\left(\omega=\dfrac{2\pi V}{60}(\mathrm{r/s})\right)$；

r——粒子的旋转半径。

离心力通常用相对离心力(relative centrifugal force，RCF)或 g 值表示。$\mathrm{RCF}=1.12\times10^{-5}n^2r$。其中，$r$ 代表旋转半径，n 代表离心机转速(rpm)。同一离心管各部位的 r 并不是均一的，在计算旋转半径时，用平均半径，即最大半径与最小半径的平均值。远离离心机转子的外侧处 RCF 较大，靠近转子中心轴部位的 RCF 小。速度增加 41％时，RCF 值增加 1 倍。

Dole 和 Contzias 制作了转头速度(rpm)和半径(r)相对应的测算图，可以方便地测出 rpm 和 RCF 的对应关系：将 rpm 换算为 RCF。首先在标尺上取已知的半径 r 和 rpm，然后在这两点间划一条直线。该直线与图中间标尺上的交叉点即为对应的相对离心力(g)。

1. 沉降速度

沉降速度指在强大离心作用下，待分离的颗粒在单位时间内运动的距离。沉

降速度记为 v，

$$v=\frac{d^2(\sigma-\rho)\times g}{18\eta}$$

式中：d——颗粒的直径；

σ——颗粒的密度；

ρ——介质密度；

η——介质的黏度。

2. 沉降系数(sedimentation coefficient, S)

颗粒在单位离心力作用下的沉降速度称为该颗粒的沉降系数，把 10^{-13} s 作为一个单位，称为 Svedberg 单位，或称沉降系数单位，用 S 表示。

$$\mathrm{S}=\frac{v}{\omega^2 r}=\frac{(\sigma-\rho)d^2}{18\eta}$$

式中：S——沉降系数；

d——颗粒直径；

v——沉降速度；

σ——样品中颗粒的密度；

ρ——溶剂的密度；

η——介质黏度；

r——旋转半径。

根据沉降系数可以预计沉降时间和测定物质的分子量。

沉降系数在实际应用时常在 10^{-13} s 左右，故把沉降系数 10^{-13} s 称为一个 Svedberg 单位，简写 S。通常根据分离对象的沉降系数来确定相对离心力或转速。下表列举了各种分离对象的沉降系数与离心力转速及相对离心力的对应关系(表 1-6)。

表 1-6　分离对象的沉降系数与离心力及相对离心力的对应关系

颗粒	沉降系数/S	RCF/g	转速/(r/min)
细胞	$>10^7$	<200	$<1.5\times10^3$
细胞核	$4\times10^6\sim1\times10^7$	600～800	3×10^3
线粒体	$(2\sim7)\times10^4$	7×10^3	7×10^3
微粒体	50～104	1×10^5	3×10^4
DNA	10～120	1×10^5	3×10^4
RNA	4～50	4×10^5	6×10^4
蛋白质	2～25	$>4\times10^5$	$>6\times10^4$

二、离心机的分类

根据离心机转速的差异，可以将离心机分为低速离心机、高速离心机和超速离心机几种。下表按离心速度对各种离心机的特点进行了比较。根据离心的用途，还可将离心机分为制备型机、分析型离心机及制备分析型三类。制备型离心机主要用于分离生物材料，每次分离样品的容量比较大；而分析型离心机主要用于研究纯品大分子物质。根据离心机内腔的温度可控与否可将离心机分为常温离心机和低温冷冻离心机。按离心机结构可将其分为台式离心机、多管微量式离心机、细胞涂片式离心机、血液洗涤式离心机、高速冷冻式离心机、大容量低速冷静冻离心机、能式低速自动平衡离心机等（表 1-7）。

表 1-7　各种离心机特点比较

离心机类型	最大转速/(r/min)	最大RCF(*g*)	腔体温度	转子类型	速度和时间可控性	容量	分离形式	分离对象	注意事项
低速离心机	3 000～6 000	6 000	常温，不可控	固定角度式和悬挂式	不能精确控制	几毫升至几升	固液沉降分离	细胞、细胞器及粗颗粒	离心操作前必须将盛有样品的离心管于天平上平衡。各离心管的重量差应控制在1%或更小
高速离心机	25 000	801 10	低温，可控	可变换的角式、水平式、区带转头、垂直转头、大容量连续流动式转头	精确控制	几十毫升可达3 L	固液沉降分离	微量细胞、细胞器、蛋白质等	
超速离心机	50 000	510 000	低温，可控	角式和甩平式（制备型）椭圆形，连接到高速驱动装置	精确控制	几十毫升至2 L	差速沉降分离和密度梯度区带分离	亚细胞器分级分离、分离病毒、测定蛋白质或核酸的相对分子质量	

三、离心技术的分类

(一)差速离心(differential velocity centrifugation)

差速离心也称为分级离心。差速离心沉淀是指分步增加离心速度,使大小、密度、形状、沉降系数有差异的颗粒在不同离心力的作用下逐步分批沉淀的离心分离方法。这种离心的方法可用于相对分子质量或沉降系数相差较大的颗粒的分离。沉降顺序:整个细胞或细胞碎片→核→线粒体→溶酶体与过氧化物酶体→内质网与高基体→核蛋白体。

差速离心沉淀法操作简便,但分离效果较差,颗粒的回收率较低。分离过程中,颗粒因被挤压或长时间受到较大离心力的作用而失活。另外,当颗粒大、密度大时会出现壁效应。差速离心原理如图 1-13 所示。

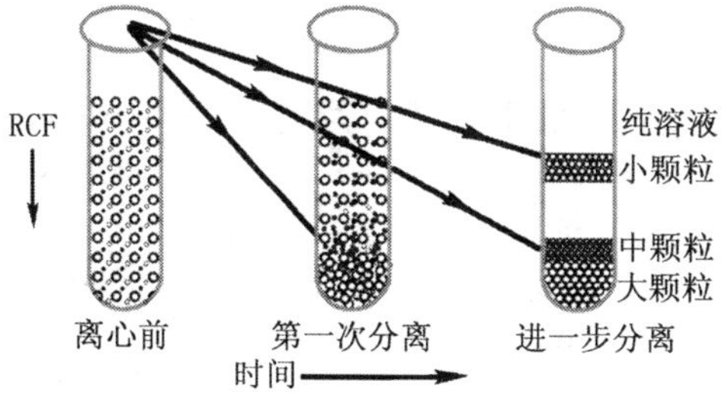

图 1-13　差速离心示意图

(二)密度梯度离心法(density gradient centrifugation)

离心管中所盛介质的密度不均一,即从管颈部到管底的密度依次增加。溶液中的颗粒在离心力的作用下被分配到梯度介质中相应的位置形成不同的区带而彼此分离。密度梯度离心可分为速度区带离心和等密度离心。

速度区带离心是将密度相近而大小不同的样品置于平缓的预制备的密度梯度介质上进行离心,样品因颗粒大小不等而彼此分离并于介质中形成区带。速度区带离心原理如图 1-14 所示。

等密度离心法又叫沉降平衡离心法。将某种介质通过离心形成有一定陡度的密度梯度。将密度不等的颗粒与适当介质混合后离心,不同颗粒经离心后与于其等密度的介质处形成沉降区带。图 1-15 为等密度离心示意图。表 1-8 对速度区带离心法与等密度区带离心法进行了比较。

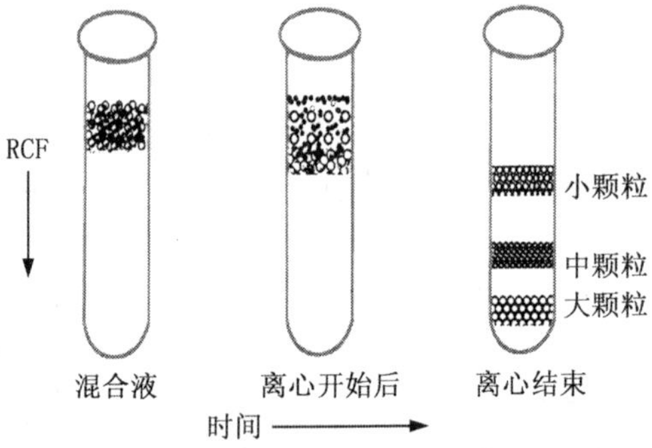

图 1-14　速度区带离心示意图

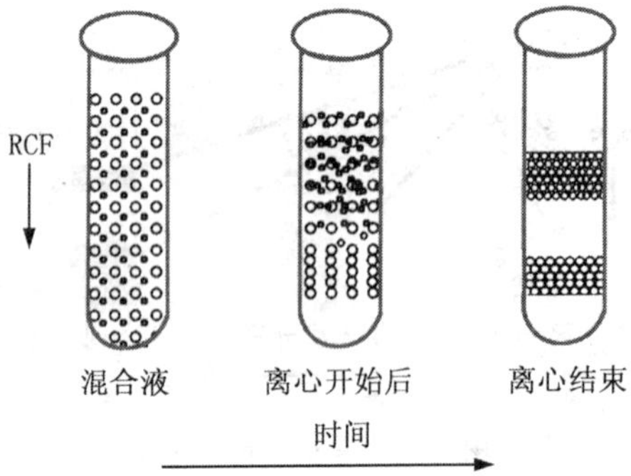

图 1-15　等密度离心示意图

表 1-8　速度区带离心与等密度离心比较

分离法	速度区带离心法	等密度区带离心法
原理	沉降与颗粒质量成正比，以物质沉降速度的不同进行分离	沉降与颗粒的密度成正比，以物质的浮密度不同进行分离
介质	密度小，如蔗糖、甘油、聚蔗糖	密度大，如 CsCl，Cs_2SO_4
离心力场	强，离心速度高，使被分离物质易沉降	稍强，速度相对低，使 CsCl 形成梯度，建立沉降扩散平衡
离心过程	样品向离心管底沉降	颗粒停留于介质的等密度部位
离心时间	较短，一般为几小时到几十小时	较长，十几小时到数天
离心速度	一般较高	一般较低
颗粒密度与介质密度	二者不一定相等	沉降平衡时二者相等

(三)梯度取出的方法

离心完毕后,需将按梯度差异将分离对象从离心管中依次分离出来。常用的方法有虹吸法、顶替法、穿刺法及冷冻切段法等(图 1-16)。虹吸法是用一根细管插到离心管的底部,将溶液吸出并用试管对不同部分进行接收、分析。顶替法是将很稠的介质缓慢地注入离心底部从而将离心管中的溶液替换出来的方法,如图 1-16 所示。冷冻切段法是指离心结束后将离心管进行冷冻后进行按区带进行切割分离的方法。

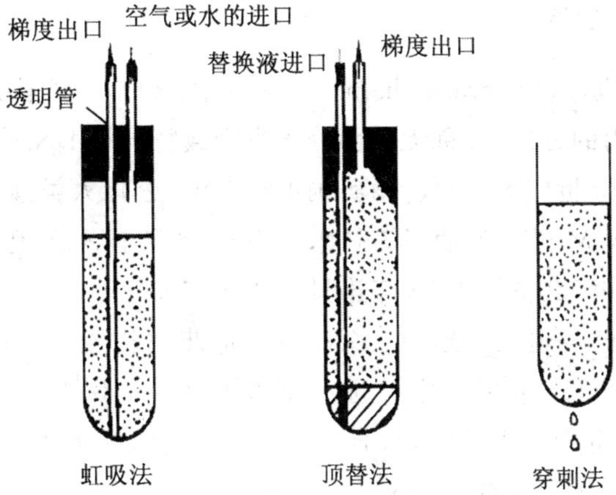

图 1-16　离心梯度的取出方法

分子生物学技术基础——PCR

一、PCR 基本原理

聚合酶链式反应(polymerase chain reaction,PCR)是体外快速扩增特定基因或 DNA 序列最常用的方法,又称无细胞分子克隆或特异性 DNA 序列体外引物定向酶促扩增技术。20 世纪 80 年代,由美国 PE-Cetus 公司人类遗传研究室科学家凯利·穆利斯(Kary Mullis)发明了该技术。由于 PCR 技术在理论和应用上的跨时代意义,因此 Mullis 获得了 1993 年诺贝尔化学奖。

PCR 技术由变性—退火—延伸三个基本反应步骤构成。模板 DNA 的变性:模板 DNA 经加热至 93℃左右一定时间后,使模板 DNA 双链或经 PCR 扩增形成的双链 DNA 解离,使之成为单链,以便它与引物结合,为下轮反应作准备;模板 DNA 与引物的退火(复性):模板 DNA 经加热变性成单链后,温度降至 55℃左右,引物与模板 DNA 单链的互补序列配对结合;引物的延伸:DNA 模板——引物结合物在 Taq DNA 聚合酶的作用下,以 dNTPs 为反应原料,靶序列为模板,按碱基互补配对与半保留复制原理,合成一条新的与模板 DNA 链互补的半保留复制链。PCR 的变性—退火—延伸三个反应步骤反复进行,使 DNA 扩增量呈指数上升。PCR 反应时,只要在试管内加入模板 DNA、PCR 引物、四种核苷酸及适当浓度的 Mg^{2+},在 DNA 聚合酶的催化作用下数小时内就能将目标序列扩增几百万倍。反应最终的 DNA 扩增量可用 $Y=(1+X)^n$ 计算。Y 代表 DNA 片段扩增后的拷贝数,X 表示平均每次的扩增效率,n 代表循环次数。平均扩增效率的理论值为 100%,但在实际反应中平均效率达不到理论值。反应初期,靶序列 DNA 片段的增加呈指数形式,随着 PCR 产物的逐渐积累,被扩增的 DNA 片段不再呈指数增加,而进入线性增长期或静止期,即出现“停滞效应”,这种效应与模板拷贝数、PCR 扩增效率及 DNA 聚合酶、PCR 的种类和活性及非特异性产物的竞争等因素有关。

二、PCR技术的应用

随着PCR技术的进步，发展了逆转录(reverse transcription，RT)PCR、兼并引物(degenerate primer)PCR、多重(multiplex)PCR、套式(nested)PCR、非对称(asymmetric)PCR和实时定量(real-time quantitative)PCR等多种应用模式，实现了对目标基因或特定核苷酸序列的定性和定量分析。

由于PCR技术具有特异性强、灵敏度高、简便、快速等特点，已在工农业和医学等领域得到了广泛的应用。在分子生物学基础研究上，PCR被广泛地应用于基因克隆和定点突变。在农业科学方面，PCR技术应用于的转基因产品检测、农作物病虫害检测、动植物遗传分析、食品微生物检测等研究实践中。在临床医学上，PCR被用于鉴别遗传疾病、快速检测病毒和病菌感染，对抗病毒药物治疗疗效监测以及耐药突变、基因分型、血液筛查等定性和定量检测。在法医上，采用PCR扩增技术，可以从毛发、唾液和血液等获得足够量的DNA进行测序鉴定罪犯，目前已成为发现罪证的重要方法。科学家还可以运用PCR技术从埃及木乃伊、几千万年前琥珀中的昆虫和恐龙的骨头等不同寻常的样品中获得足够的DNA进行研究，博物馆中的化石标本等都可以成为遗传学的研究对象，因此而诞生了分子古生物学。

第二篇

学生实验

第一部分　生物分子的定性定量测定

实验一　总氮量的测定——微量凯氏(Micro-Kjeldahl)定氮法

一、实验目的

学习微量凯氏定氮法的原理；掌握微量凯氏定氮法的操作技术，包括标准硫酸铵含氮量的测定、未知样品的消化蒸馏、滴定及其含氮量的计算等。

二、实验原理

常用凯氏定氮法测定天然有机物(如蛋白质、核酸及氨基酸等)的含氮量。含氮的有机物与浓硫酸和催化剂一同共热消化时，其中的碳、氢元素被氧化成二氧化碳和水，而氮则转变成氨，并进一步与硫酸作用生成硫酸铵。浓碱可使消化液中的硫酸铵分解，游离出氨，借水蒸气将产生的氨蒸馏到一定量、一定浓度的硼酸溶液中，硼酸吸收氨后使溶液中的氢离子浓度降低，然后用标准无机酸滴定，直至恢复溶液中原来的氢离子浓度为止，最后根据所用标准酸的摩尔数(相当于待测物中氨的摩尔数)计算出待测物中的总氮量。

三、实验材料

动植物样品。

四、仪器、器具及试剂

1. 仪器与器具

凯氏烧瓶、表面皿、消化架、吸量管(1 mL、2 mL)、水泵、量筒(10 mL)、凯氏定氮蒸馏装置(图 2-1)、微量滴定管(5 mL，可读至 0.02 mL)、锥形瓶(50 mL)、容量瓶等。

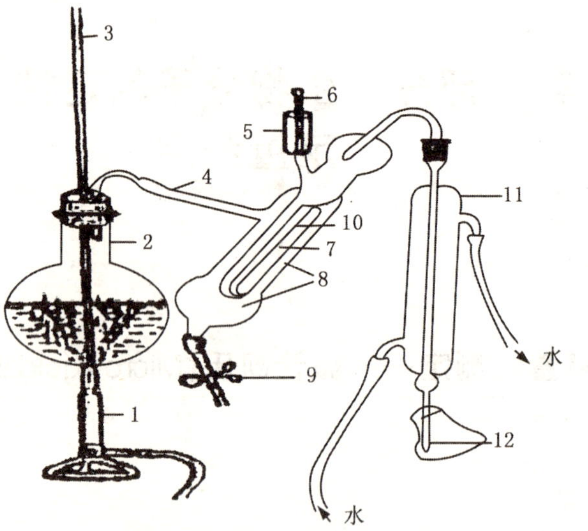

图 2-1 微量凯氏定氮蒸馏装置

1. 煤气灯 2. 蒸汽发生瓶 3. 安全管 4. 导管 5. 小玻杯 6. 棒状玻塞 7. 反应室 8. 反应室外壳 9. 夹子 10. 反应室中插管 11. 冷凝器 12. 锥形瓶

2. 试剂

(1)浓硫酸(化学纯)。

(2)40%氢氧化钠。

(3)2%硼酸溶液。

(4)0.010 0 mol/L 标准盐酸溶液:取盐酸 1.7 mL 定容至 2 000 mL。

(5)粉末硫酸钾-硫酸铜混合物(K_2SO_4 : $CuSO_4 \cdot 5H_2O$ = 3 : 1 或 80 g K_2SO_4,20 g $CuSO_4 \cdot 5H_2O$ 及 0.34 g 硒酸钠)粉末,充分研细混匀。

(6)指示剂及混合液:

0.1%溴甲酚绿乙醇溶液:称取 0.1 g 溴甲酚绿溶于 100 mL 20%乙醇中。

0.1%甲基红乙醇溶液:称取 0.1 g 甲基红溶于 100 mL 60%乙醇中。

0.2%溴甲酚绿乙醇溶液:称取 0.2 g 溴甲酚绿溶于 100 mL 20%乙醇中。

溴甲酚绿-甲基红混合指示剂制备:量取 30 mL 0.2%溴甲酚绿乙醇溶液加入 20 mL 0.1%甲基红乙醇溶液混匀。

甲基红-溴甲酚绿混合指示剂制备:1 份(5 mL)0.1%甲基红乙醇溶液加入 5 份(25 mL)0.1%溴甲酚绿乙醇溶液,用时混匀。

(7)其他试剂:无水碳酸钠、硫酸铜、硫酸钾,均为分析纯。

五、实验步骤

1. 样品消化

称取固体样品 0.1～2 g，移入干燥的消化管中，加入 0.2 g 硫酸铜、3 g 硫酸钾及 20 mL 硫酸，经混后进行消化。待消化液由淡黄色变成清晰的淡蓝绿色，再继续加热 0.5 h，消化即告完成（固体样品约需 7 h）。停火冷却后将消化液移入 100 mL 容量瓶中，用水定容至 100 mL。取与处理样品相同量的硫酸铜、硫酸钾、硫酸，按同一方法做实际空白试验。

2. 碱化蒸馏

仪器的洗涤：仪器应先经一般洗涤，再经水蒸气洗涤。一般洗涤是先用水洗净棒状玻塞图 1 周围，每次实验后要洗去氢氧化钠溶液，以防样品加入时立即放氨。

向吸取瓶中加入 10 mL 左右 2%硼酸及 2 滴指示剂混合液，并使冷凝管下端插入液面下，吸取 10 mL 样品消化稀释液注入凯氏定氮仪的反应管中，用 10 mL 蒸馏水冲洗进样入口，再加入 10 mL 50%氢氧化钠溶液，打开水蒸气发生瓶与反应管之间的夹子，水蒸气通入反应管使氨气被蒸发出来，并通过冷凝管儿进入吸收瓶内，以第一滴馏液滴下开始计时，蒸馏 5 min，取下吸收瓶。松开水蒸气发生瓶上的夹子，迅速夹紧水蒸气发生瓶和反应管之间的夹子，将废液排出。

3. 滴定

用微量酸式滴定管，以 0.05 mol/L 盐酸标准溶液进行滴定，溶液由蓝绿色变为灰红色为终点。

4. 空白试验

同时取 10 mL 空白消化稀释液，同上操作，进行滴定。

5. 盐酸标定

精密称取约 0.08 g 在 270～300℃ 干燥至恒重的无水碳酸钠，加入 50 mL 水使之溶解，加 10 滴溴甲酚绿-甲基红混合指示剂，用配置的盐酸标准液滴定至溶液由绿色变为暗紫色。

盐酸标准溶液的摩尔浓度计算

$$c=\frac{m}{V_1-V_2}\times 0.106$$

式中：c——盐酸标准溶液的摩尔浓度（mol/L）；

m——无水碳酸钠的质量（g）；

V_1——样品滴定消耗盐酸标准溶液的体积（mL）；

V_2——空白滴定消耗盐酸标准溶液的体积(mL);

0.106——每毫摩尔无水碳酸钠的克数。

六、结果计算

$$X=\frac{(V_1-V_2)\times c\times 0.014}{m\times 0.1}\times F\times 100\%$$

式中:X——样品中蛋白质的含量(%);

V_1——样品滴定消耗盐酸标准溶液的体积(mL);

V_2——空白滴定消耗盐酸标准溶液的体积(mL);

c——盐酸标准溶液的摩尔浓度(mol/L);

0.014——每毫升盐酸标准液相当于氮的克数;

m——样品质量(g);

F——氮换算为蛋白质的系数(6.25)。

注意事项:不同来源的蛋白质蛋白系数不同,如整粒小麦 5.83,玉米 6.25,大豆 5.71,大米 5.95。如果不知道来源,则采用 6.25。

实验二 考马斯亮蓝 G-250 染料结合(Bradford)法测定蛋白质含量

一、实验目的

蛋白质是细胞中最重要的含氮生物大分子之一,承担着各种生物功能。蛋白质的定量分析是蛋白质结构分析的基础,也是农牧产品品质分析、食品营养价值比较、生化育种、临床诊断等的重要手段。根据蛋白质的理化性质,曾提出了多种蛋白质定量方法。考马斯亮蓝 G-250(Bradford)法是 1976 年由 Bradford 建立,试剂配制简单,操作简便快捷,反应灵敏,可测定微克级蛋白质含量,是比色法与色素法相结合的复合方法。通过本实验学习了解考马斯亮蓝 G-250 法测定蛋白质含量的原理及分光光度计在比色法中的应用。

二、实验原理

考马斯亮蓝 G-250 是一种染料,在游离状态下呈红色,与蛋白质结合后变为青色。蛋白质含量在 10～1 000 μg 范围内，蛋白质-色素结合物在 595 nm 下的吸光度与蛋白质含量成正比，故可用比色法测定。

三、实验材料

绿豆芽。

四、仪器、器具与试剂

1. 仪器与器具

721 型分光光度计、分析天平、具塞刻度试管(10 mL× 8)、吸管 (0.1 mL×1, 1 mL×2,5 mL×1)、研钵、漏斗、离心管(10 mL ×2)、容量瓶(10 mL×1)、低速离心机等。

2. 试剂

(1)标准蛋白质溶液：称取 10 mg 牛血清白蛋白，溶于蒸馏水，定容至 100 mL，制成 100 μg/mL 的原液。

(2)乙醇(90%)。

(3)磷酸(85%)。

(4)考马斯亮蓝 G-250 蛋白试剂：称取 100 mg 考马斯亮蓝 G-250，溶于 50 mL 90%乙醇中，加入 85%(*M/V*)的磷酸 100 mL，蒸馏水定容到 1 000 mL。此溶液在常温下可放置 1 个月。

五、实验步骤

1. 标准曲线的制作

取 6 支具塞试管，编号后，按表 2-1 加入试剂。

表 2-1　考马斯亮蓝 G-250 染料结合法测定蛋白质含量标准曲线的制作

试剂和操作项目	管号					
	1	2	3	4	5	6
标准蛋白质溶液/mL	0.0	0.2	0.4	0.6	0.8	1.0
蒸馏水/mL	1.0	0.8	0.6	0.4	0.2	0.0
考马斯亮蓝 G-250 试剂/mL	5.0	5.0	5.0	5.0	5.0	5.0
蛋白质含量/μg	0	20	40	60	80	100
A_{595}						

试剂加入后，盖上塞子，摇匀，放置 2 min 后在 595 nm 波长下比色测定(比色应在 1 h 内完成)。以牛血清白蛋白含量(μg)为横坐标，以吸光度为纵坐标，绘出

标准曲线。

2. 样品中蛋白质含量的测定

(1)准确称取约 500 mg 绿豆芽下胚轴，放入研钵中，加入 2 mL 蒸馏水，冰浴中研成匀浆，收集匀浆到离心管，再用 5 mL 蒸馏水分两次洗涤研钵，洗涤液收集于同一离心管，冰浴放置 10 min 以充分溶解蛋白，4 000 r/min 离心 10 min，上清液倒入 10 mL 容量瓶，再向残渣中加入 2 mL 蒸馏水，悬浮后再离心 10 min，合并上清液，定容至刻度，即为样品提取液。

(2)另取 2 支具塞试管，分别依次加入 0.1 mL 样品提取液、0.9 mL 蒸馏水、5 mL 考马斯亮蓝 G-250 试剂，充分混合，放置 2 min 后，以标准曲线 1 号试管做参比，测 595 nm 波长下的吸光度，取两个管的吸光度的平均值。

六、实验结果及数据处理

根据所测样品提取液的吸光度平均值，在标准曲线上查得相应的蛋白质含量(μg)，样品蛋白质含量按下式计算：

样品蛋白质含量(μg/g 鲜重)＝查得的蛋白质含量(μg)×样品提取液总体积(10 mL)/[样品鲜重(g)×测定时取用提取液的体积(0.1 mL)]

注意事项：

(1)比色应在出现蓝色 2 min～1 h 内完成。

(2)测定中，部分蛋白-染料复合物会吸附在比色杯上，比色不宜使用石英比色杯，玻璃比色杯用完后应立即用 95%乙醇漾洗。

实验三　双缩脲法测定蛋白质含量

一、实验目的

强化对蛋白质的有关性质的认识；掌握双缩脲法测定蛋白质含量的原理；了解分光光度计的结构、原理及使用方法。

二、实验原理

双缩脲(NH_2—CO—NH—CO—NH_2)是两个分子脲经 180℃左右加热，放出一个分子氨后得到的产物。在碱性溶液中能与 Cu^{2+} 产生紫红色的络合物，该反应称双缩脲反应(biuret reaction)。蛋白质都有两个以上的肽键(—CO—NH—)，因此有双缩脲反应。在碱性溶液中蛋白质与 Cu^{2+} 形成紫红色络合物，其颜色的深浅与蛋白质的含量成正比，故可用来测定蛋白质含量，该法常用于 0.5～10 mg/mL 蛋白质溶液的测定。

双缩脲反应主要涉及肽键，因此受蛋白质特异性影响较小。本法主要的缺点是灵敏度差。因此，双缩脲法常用于需要快速，但并不需要十分精确的蛋白质测定。

三、实验材料

动物血清用水稀释 10 倍，置于冰箱保存备用。

四、仪器、器具与试剂

1. 仪器与器具

可见分光光度计、恒温水浴锅、分析天平、康氏振荡机、移液管、试管等。

2. 试剂

(1)5 mg/mL 标准酪蛋白溶液　酪蛋白要预先用微量凯氏定氮法测定蛋白质含氮量，根据其纯度称量配制成标准溶液，用 0.05 mol/L 氢氧化钠溶液配制，亦可用 5 mg/mL 牛血清蛋白溶液做标准蛋白溶液。

(2)双缩脲试剂　取 1.5 g 硫酸铜($CuSO_4 \cdot 5H_2O$)和 6.0 g 酒石酸钾钠($NaKC_4H_4O_6 \cdot 4H_2O$)，用 500 mL 水溶解，在搅拌下加入 300 mL 10%氢氧化钠溶液，用水稀释到 1 L，贮存于塑料瓶中。此试剂可长期保存，若贮存瓶中有黑色沉淀出现，则需重新配制。

五、实验步骤

1. 标准曲线的制作

取 6 只试管，编号，按下表加入试剂后，振荡 15 min，在室温下放置 30 min，于 540 nm 波长下比色。以蛋白质浓度(mg/mL)为横坐标，吸光度为纵坐标，绘出标准曲线(表 2-2)。

表 2-2　双缩脲法测定蛋白质含量标准曲线的制作

试剂和操作项目	管号					
	1	2	3	4	5	6
5 mg/mL 标准酪蛋白溶液/mL	0.0	0.2	0.4	0.6	0.8	1.0
蒸馏水/mL	1.0	0.8	0.6	0.4	0.2	0.0
双缩脲试剂/mL	4.0	4.0	4.0	4.0	4.0	4.0
蛋白质含量/mg	0.0	1.0	2.0	3.0	4.0	5.0
A_{540}						

2. 样品测定

取 4 支试管分成两组，按表 2-3 平行操作。

表 2-3　双缩脲法测定样品蛋白质含量

试剂和操作项目	管号	
	0	1
血清稀释液/mL	0.0	0.5
蒸馏水/mL	1.0	0.5
双缩脲试剂/mL	4.0	4.0
充分混匀后，室温下放置 30 min		
A_{540}		

六、实验结果及数据处理

取两组测定的吸光度平均值计算。以样品测定的吸光度在标准曲线上查出对应的蛋白质含量 A(mg)，代入下式：

$$血清样品蛋白质含量(g/100\ mL\ 血清)=\frac{Y\times N}{V}\times 10^{-3}\times 100$$

式中：Y——标准曲线得到的蛋白质浓度(mg/mL)；

N——稀释倍数；

V——血清样品所取的体积(mL)。

注意事项：

(1)必须于显色后 30 min 内进行比色测定，30 min 后可有雾状沉淀发生，各管由显色到比色的时间应尽可能一致。

(2)有大量脂肪性物质同时存在时，会产生混浊的反应混合物，这时可用乙醚或石油醚使溶液澄清后离心，取清液再测定。

实验四　Folin-Lowry 法测定蛋白质含量

一、实验目的

掌握 Folin-Lowry 法测定蛋白质含量的原理和方法；熟悉分光光度计的原理及操作。

二、实验原理

Folin-Lowry 法又称 Folin-酚比色法，所用的试剂由两部分组成：试剂甲为碱性硫酸铜溶液，相当于双缩脲试剂，可与蛋白质中的肽键起双缩脲反应产生蛋白质与 Cu^{2+} 的络合物；试剂乙为磷钨酸-磷钼酸混合物，在碱性条件下极不稳定，易被上述络合物中的酪氨酸和色氨酸残基还原。包括两步反应：第一步是在碱性条件下，蛋白质与铜作用生成蛋白质-铜络合物；第二步是此络合物将磷钼酸-磷钨酸试剂还原，产生深蓝色（磷钼蓝和磷钨蓝混合物），在一定蛋白质浓度范围内，钨蓝和钼蓝在 500 nm 波长处的光吸收与蛋白质含量成正比，据此可测定蛋白质的含量。

此方法操作简便，灵敏度比双缩脲法高 100 倍，测定蛋白质的质量范围为 5～100 μg。Folin-酚试剂显色反应由酪氨酸、色氨酸和半胱氨酸引起，因此样品中若有酚类、柠檬酸、巯基化合物，甘氨酸、EDTA、各种糖以及各种还原剂等均有干扰作用。因此，不同蛋白质因酪氨酸、色氨酸含量不同而使显色强度稍有不同。

三、实验材料

绿豆芽等植物材料。

四、仪器、器具与试剂

1. 仪器与器具

722 型（或 721 型）分光光度计、5 000 r/min 的离心机、电子天平、容量瓶（100 mL×2、10 mL×1）、普通试管 10 支、移液管（0.5 mL、1 mL、5 mL）、量筒、研钵、漏斗、试管架、移液管架、玻璃棒等。

2. 试剂

（1）Folin-酚试剂甲

A 液：称取 Na_2CO_3 10 g，NaOH 2 g 和酒石酸钾钠 0.25 g，溶解后用蒸馏水定容至 100 mL。

B 液：称取 0.5 g $CuSO_4 \cdot 5H_2O$ 溶解后用蒸馏水定容至 10 mL。

每次使用前，将 A 液和 B 液以 50∶1 相混合，有效期为 1 d。

（2）Folin-酚试剂乙

在 1 500 mL 容积的磨口回流器中加入 100 g 钨酸钠（$Na_2WO_4 \cdot 2H_2O$）及 700 mL 蒸馏水，再加入 50 mL 85%正磷酸和 100 mL 浓盐酸，充分混合后，接上回流冷凝管，以小火回流 10 h。回流结束后，趁热加入 150 g 硫酸锂，50 mL 蒸馏水及数滴液体溴，再继续开口沸腾 15 min，以驱除过量的溴，冷却后溶液呈黄色。（若仍呈绿色，须重复滴加液体溴，再沸腾 15 min，至呈黄色）用蒸馏水定容到 1 000 mL，过滤；用棕色试剂瓶保存，用前稀释 1 倍。

五、实验步骤

1. 标准曲线的绘制

（1）配制标准牛血清白蛋白溶液　在电子天平上精确称取 0.025 0 g 结晶牛血清白蛋白，倒入小烧杯内，用少量蒸馏水溶解后转入 100 mL 容量瓶中，烧杯内的残液用少量蒸馏水冲洗数次，冲洗液一并倒入容量瓶中，用蒸馏水定容至 100 mL，配制成 250 μg/mL 的牛血清白蛋白溶液。

（2）系列标准牛血清白蛋白溶液的配制　取 6 支普通试管，按表 2-4 加入标准浓度的牛血清白蛋白溶液和蒸馏水，配成一系列不同浓度的牛血清白蛋白溶液。然后各加试剂甲 5 mL，混合后在室温下放置 10 min，再各加 0.5 mL 试剂乙，立即混合均匀（这一步速度要快，否则会使显色程度减弱）。30 min 后，以不含蛋白质的 0 号试管为对照。用 722 型分光光度计于 500 nm 波长下测定各试管中溶液的吸光度，并记录结果。

（3）标准曲线的绘制　以牛血清白蛋白含量（μg）为横坐标，以吸光度为纵坐标绘制标准曲线（表 2-4）。

表 2-4　Folin-酚比色法测定蛋白质含量

试剂和操作项目	空白	标准蛋白质浓度梯度					样品		
	0	1	2	3	4	5	S1	S2	S3
BSA 标准液/mL		0.2	0.4	0.6	0.8	1.0			
样品待测液/mL							1.0	1.0	1.0
蒸馏水/mL	1.0	0.8	0.6	0.4	0.2	0.0			
Folin-酚试剂甲	各 5.0 mL								
反应	各管混合，室温下放置 10 min								
Folin-酚试剂乙	各 0.5 mL								
反应	及时混合，室温下放置 30 min								
比色	以 0 号管为空白参比，测定 $\lambda=500$ nm 处的吸光度								
A_{500}									

2. 样品的提取及测定

(1)样品液的制备。准确称取绿豆芽下胚轴 2 g,放入研钵中,加蒸馏水 4 mL,研磨匀浆。将取得的材料置于研钵中,研磨成匀浆。将匀浆经漏斗转移至 100 mL 容量瓶中,用约 20 mL 蒸馏水分 3 次洗涤研钵,洗涤液并入离心管,于 5 000 r/min 离心 20 min,将上清液转入 100 mL 容量瓶中,用蒸馏水定容,摇匀,作为待测液备用。

(2)取普通试管 3 支,各加入试剂甲 5 mL,混合后放置 10 min,再各加试剂乙 0.5 mL,迅速混合,室温放置 30 min,于 500 nm 波长下测定吸光度,并记录结果。

六、实验结果及数据处理

(1)由 0～5 号管的数据,以蛋白质含量(μg)为横坐标,A_{750} 为纵坐标,在坐标纸上绘制标准曲线。

(2)求样品管 500 nm 下吸光度的平均值,并从坐标曲线中求样品中蛋白质的含量。

(3)计算所取材料中蛋白质的百分含量。

$$样品中蛋白质的质量分数=\frac{样品中蛋白质的含量(\mu g)\times 稀释倍数}{样品质量(g)\times 10^6}\times 100\%$$

注意事项:

(1)进行测定时,加 Folin 试剂要特别小心,因为 Folin 试剂仅在酸性 pH 值的条件下稳定,但此实验的反应是在 pH 值为 10 的情况下发生的,所以当加试剂乙(Folin 试剂)时,必须立即混匀,以便在磷钼酸-磷钨酸试剂被破坏之前即能发生还原反应,否则会使显色程度减弱。

(2)本法也可用于游离酪氨酸和色氨酸含量测定。

实验五　紫外吸收法测定蛋白质含量

一、实验目的

掌握紫外分光光度法测定蛋白质含量的原理;学习紫外分光光度计的测定原理及使用方法。

二、实验原理

蛋白质分子中,酪氨酸、苯丙氨酸和色氨酸残基含有共轭双键,使蛋白质具有吸收紫外光的性质。吸收峰在 280 nm 处，其吸光度（即光密度值）与蛋白质含量成正比。此外，蛋白质溶液在 238 nm 的光吸收值与肽键含量成正比。利用一定波长下，蛋白质溶液的光吸收值与蛋白质浓度的正比关系，可以进行蛋白质含量的测定。紫外吸收法简便、灵敏、快速，不破坏样品，测定后仍能回收使用。低浓度的盐和大多数缓冲液不干扰测定。特别适用于柱层析洗脱液的快速连续检测，因为此时只需测定蛋白质浓度的变化，而不需知道其绝对值。此法的特点是测定蛋白质含量的准确度较差，干扰物质多，在用标准曲线法测定蛋白质含量时，对那些与标准蛋白质中酪氨酸和色氨酸含量差异大的蛋白质，有一定的误差。故该法适于用测定与标准蛋白质氨基酸组成相似的蛋白质。若样品中含有嘌呤、嘧啶及核酸等吸收紫外光的物质，会出现较大的干扰。核酸的干扰可以通过查校正表，再进行计算的方法，加以适当的校正。但是因为不同的蛋白质和核酸的紫外吸收是不相同的，虽然经过校正，测定的结果还是存在一定的误差。

此外，进行紫外吸收法测定时，由于蛋白质吸收高峰常因 pH 的改变而有变化，因此要注意溶液的 pH 值，测定样品时的 pH 要与测定标准曲线的 pH 相一致。

三、实验材料

小麦叶片及其他植物材料。

四、仪器、器具与试剂

1. 仪器与器具

紫外分光光度计、试管与试管架、刻度吸量管、研钵、离心机及离心管等。

2. 试剂

(1)0.1 mol/L pH 7.0 磷酸缓冲液。

(2)标准牛血清蛋白溶液：准确称取经凯氏定氮法校正的结晶牛血清蛋白，配制成浓度为 1 mg/mL 的溶液。

五、实验步骤

1. 标准曲线绘制

按下表分别向每支试管内加入各种试剂，混匀。以光程为 1 cm 的石英比色杯，在 280 nm 波长处测定各管溶液的光密度值 $A_{280\ nm}$，以蛋白质浓度为横坐标，以光吸收值为纵坐标，绘出标准曲线（表 2-5）。

表 2-5 紫外吸收法蛋白质标准曲线制作

管号	标准蛋白质溶液/mL	蛋白质浓度/(mg/mL)	蒸馏水或缓冲液/mL	$A_{280\ nm}$
1	0.0	0.000	4.0	
2	0.5	0.125	3.5	
3	1.0	0.250	3.0	
4	1.5	0.375	2.5	
5	2.0	0.500	2.0	
6	2.5	0.625	1.5	
7	3.0	0.750	1.0	
8	4.0	1.000	0.0	

2. 样品提取

称取鲜样 0.5 g，用 5 mL 蒸馏水或缓冲液研磨成匀浆后，10 000 r/min 离心 10 min，上清液即为待测液。

3. 样品测定

取待测蛋白质溶液 1 mL，加入蒸馏水或缓冲液 3 mL，混匀，以 pH 7.0 磷酸缓冲液或蒸馏水为空白调零。按上述方法测定 280 nm 和 260 nm 的光密度，并从标准工作曲线上查出待测液的蛋白质浓度。

六、实验结果及数据处理

在待测工作中，可以利用 280 nm 及 260 nm 的光吸收值求出蛋白质的浓度：

$$蛋白质浓度(mg/mL)=1.45A_{280\ nm}-0.74A_{260\ nm}$$

式中：$A_{280\ nm}$——蛋白质溶液在 280 nm 下测得的光吸收值；

$A_{260\ nm}$——蛋白质溶液在 260 nm 下测得的光吸收值。

注意事项：

对于有核酸存在时所造成的误差，可将待测的蛋白质溶液稀释至光密度在 0.2～2.0 之间，选用光程为 1 cm 的石英比色杯，在 280 nm 及 260 nm 处分别测出光密度，并算出 $A_{280\ nm}/A_{260\ nm}$的比值，从下表中查出校正因子 F 值，同时可查出该样品内混杂的核酸的百分含量，将 F 值代入下述的公式，即算出该溶液的蛋白质浓度。

$$蛋白质浓度(mg/\ mL)=F\times A_{280\ nm}\times D$$

式中：F——校正因子(表 2-6)；

$A_{280\ nm}$——被测溶液在 $OD_{280\ nm}$紫外波长下的光吸收值；

D——溶液稀释的倍数。

表 2-6 紫外吸收法测定蛋白质含量的校正因子

$OD_{280\ nm}/OD_{260\ nm}$	校正因子(*F*)	核酸/%	$OD_{280\ nm}/OD_{260\ nm}$	校正因子(*F*)	核酸/%
1.750	1.116	0.00	0.846	0.656	5.5
1.630	1.081	0.25	0.822	0.632	6.0
1.520	1.054	0.50	0.804	0.607	6.5
1.400	1.023	0.75	0.784	0.585	7.0
1.360	0.994	1.00	0.767	0.565	7.5
1.300	0.970	1.25	0.753	0.545	8.0
1.250	0.944	1.50	0.730	0.508	9.0
1.160	0.899	2.00	0.705	0.478	10.0
1.090	0.852	2.50	0.671	0.422	12.0
1.030	0.814	3.00	0.664	0.377	14.0
0.979	0.776	3.50	0.615	0.322	17.0
0.939	0.743	4.00	0.595	0.278	20.0
0.874	0.682	5.00			

实验六　谷物种子中赖氨酸含量的测定

一、实验目的

学习掌握用比色法测定谷物种子蛋白质中赖氨酸含量的原理和方法。

二、实验原理

蛋白质可与茚三酮试剂反应生成蓝紫色物质，其中最主要的反应基团是赖氨酸残基上的 ε-NH_2，反应后颜色的深浅与蛋白质中赖氨酸的含量在一定范围内呈线性关系。因此，用已知浓度的游离氨基酸制作标准曲线，通过在 530 nm 波长下比色分析，即可测定出样品中的赖氨酸含量。

亮氨酸与赖氨酸所含碳原子数目相同，且与肽链中的赖氨酸残基一样含有一个游离氨基，所以通常用亮氨酸配制标准液。但由于这两种氨基酸分子质量不同，以亮氨酸为标准计算赖氨酸含量时，应乘以校正系数 1.1515，最后再减去样品中游离氨基酸含量。

三、实验材料

不同品种的玉米种子，用粉碎机粉碎，过 100 目筛子，收集过筛后的细粉，放入广口瓶内，加入沸程 60～90℃的石油醚，使其淹过粉面，浸泡 8 h，不时搅动进行脱脂。然后过滤，并用石油醚淋洗沉淀若干次，弃去滤液。将脱脂玉米粉晾在干净的滤纸上，置阴凉通风处吹干石油醚。收集干粉，置干燥器内，保存备用。

四、仪器、器具与试剂

1. 仪器与器具

722 型分光光度计、水浴锅、试管、圆头玻璃棒(圆头大小要与试管大小配套)。

2. 试剂

(1)甲酸缓冲液：称取 30 g 甲酸钠，溶解于约 60 mL 蒸馏水中，加入 10 mL 8%的甲酸，最后加水到 100 mL。

(2)茚三酮试剂：称取 1 g 茚三酮和 1 g 氯化镉($CdCl_2H_2O$)，加入 25 mL 上述缓冲溶液和 75 mL 乙二醇，室温下放置一天，第二天使用。若出现沉淀，则过滤后使用。该溶液一定要先一天配制，第二天使用，不宜放置过久，也不能现用现配。

(3)4%和 2%无水碳酸钠溶液各 50 mL。

(4)亮氨酸标准液(100 μg/mL)：准确称取 5 mg 亮氨酸，溶解于 1 mL 0.5 mol/L 盐酸溶液，加蒸馏水定容至 50 mL。

五、实验步骤

1. 绘制标准曲线

按下表将亮氨酸标准液加入编号的试管中，各管加入 1 mL 4% $NaCO_3$，2 mL 茚三酮试剂，加塞后摇匀，置 80℃水浴中显色 30 min。然后用冷水冷却，再各加 95%乙醇 5 mL，摇匀，在 530 mn 下比色，以吸光度为纵坐标，亮氨酸含量(μg)为横坐标，绘出标准曲线作为定量依据(表 2-7)。

表 2-7　标准亮氨酸梯度溶液的配制

试剂	管号					
	1	2	3	4	5	6
亮氨酸标准液/mL	0.0	0.1	0.2	0.3	0.4	0.5
蒸馏水/mL	1.0	0.9	0.8	0.7	0.6	0.5
亮氨酸含量/μg	0	10	20	30	40	50

2. 样品中赖氨酸含量的测定

准确称取已脱脂的各种玉米种子干粉各 25 mg，每个品种做 3 个重复。放入试管中(试管应预先烘干)，加入约 300 mg 细石英砂(估计数字)和 1 mL 2%碳酸钠溶液，用圆头玻棒充分搅拌 2 min，注意切勿将试管挤破，将试管放入 80℃恒温水浴中，提取 10 min，应常搅动。取出试管，向每管内按顺序加入 2 mL 茚三酮试剂，混匀，放入 80℃恒温水浴中，保温显色 30 min，同时以蒸馏水做一空白对照，取出后，立即放入冷水浴中冷却 3 min，以下步骤与标准曲线做法相同。加完乙醇后进行过滤，用滤液进行比色，读取吸光度。若样品颜色过深，则可取一定量的滤液用 95%乙醇稀释后比色，吸光度的数值以在标准曲线范围内为宜。在标准曲线上查出相当的亮氨酸含量。

六、结果计算

按下列公式进行计算：

$$赖氨酸含量(\mu g/mg)=G\times 1.1515\times N/W-样品中游离氨基酸含量$$

式中：G——标准曲线上查出的亮氨酸的量(μg/0.5 mL)；

N——样品稀释倍数；

W——样品的重量(mg)。

玉米中游离氨基酸的含量为 0.01%(即 0.1μg/mg)。

注意事项：

样品须预先脱脂，以免干扰显色且使滤液浑浊而影响比色。可用丙酮或石油醚浸泡数次或用索氏脂肪抽提器脱脂。

实验七　玉米种子中色氨酸含量的测定

一、实验目的

学习用比色法测定蛋白质样品中色氨酸含量的原理和方法。

二、实验原理

色氨酸为必需氨基酸，酸水解蛋白质会破坏色氨酸。蛋白质经碱(氢氧化钾)水解后，降解成多肽和游离的氨基酸。大多数氨基酸在碱性介质中可被破坏，但色氨酸稳定。在强酸性介质(硫酸)和氧化剂(亚硝酸钠)存在的条件下，色氨酸吲哚环与对-二甲氨基苯甲醛(PDA-B)缩合生成蓝色的希夫碱,即对-二甲氨基苯甲醛缩色氨酸,该产物在 600 nm 处有吸收峰,其颜色深度在一定范围内与色氨酸含量呈线性关系,可在分光光度计下定量测定。

三、实验材料

玉米面。

四、仪器、器具与试剂

1. 仪器与器具

恒温振荡水浴锅、低速离心机、分光光度计、刻度吸管(0.1 mL、1 mL、2 mL、5 mL)、18 mm 具塞试管(×9)、容量瓶(50 mL)。

2. 试剂

(1)21.2 mol/L 的硫酸溶液 量取 589 mL 硫酸徐徐加入约 350 mL 水中,冷却后用水稀释至 1 L。

(2)0.2%(*M*/*V*)亚硝酸钠溶液(现用现配)。

(3)10%(*M*/*V*)氢氧化钾溶液。

(4)0.1 mol/L 氢氧化钾溶液。

(5)色氨酸标准液 准确称取 25.0 mg 色氨酸于小烧杯中,加少量 0.1 mol/L 氢氧化钾溶液使之溶解,250 mL 棕色容量瓶中定容,浓度为 100 μg /mL。(注:本标准溶液在 4℃冰箱中保存,1 个月内使用)。

(6)1%对-二甲氨基苯甲醛溶液 1.0 g 对-二甲氨基苯甲醛溶于 21.2 mol/L 硫酸中,定容至 100 mL。

五、实验步骤

1. 色氨酸标准曲线的制作

(1)取 7 支试管,按 0、1、2、3、4、5、6,依次加入色氨酸浓度为 100 μg /mL 的标准溶液 0、0.1、0.2、0.3、0.5、0.6 mL,蒸馏水补齐至 1 mL,摇匀。各管溶液色氨酸浓度分别为 0、10、20、30、40、50、60 μg /mL。

(2)每管分别加入 1 mL 10%氢氧化钾溶液,混匀后将试管放入冷水盆中。

(3)各管分别加入 1%对-二甲氨基苯甲醛溶液 5 mL,从冷水盆中取出试管,摇匀,在避光室温(20~30℃,下同)放置 30 min。

(4)各管分别加入 0.2 mL 0.2%亚硝酸钠溶液,摇匀,室温放置 25 min。

(5)以 1 号管调零,在 590 nm 波长下,以 1 cm 光径测定各溶液吸光度值。

(6)以色氨酸浓度为横坐标，吸光度值为纵坐标，绘制工作曲线，或列出回归方程式。

2. 样品中色氨酸含量的测定

(1)取玉米粉 0.5 g 于 50 mL 容量瓶中。

(2)缓慢加入 25 mL 10%氢氧化钾溶液，摇匀，40℃水浴中避光振荡 30 min。

(3)水解液冷却至室温后，定容至 50 mL，摇匀后取 5～10 mL 以 4 000 r/min 转速离心 10 min。

(4)分别取 2 mL 上清液于两个具塞试管，试管放入冷盆中，加入对-二甲氨基苯甲醛溶液各 5 mL，混匀，室温放置 30 min。

(5)加 0.2 mL 亚硝酸钠溶液，摇匀，室温放置 25 min。

(6)比色：以空白样品调零，在 590 nm 波长处 1 cm 光径测定两个样品溶液的吸光度值，取平均，通过标准曲线查出样液中色氨酸的含量。

六、实验结果及数据处理

样品中色氨酸含量(μg/g)＝查得的色氨酸含量(μg)×样品提取液总体积(50 mL)/[样品质量(g)×测定时取用提取液的体积(2 mL)]

实验八　植物组织游离脯氨酸含量的测定

一、实验目的

了解脯氨酸与植物逆境、衰老的关系；掌握脯氨酸测定原理和常规测定方法。

二、实验原理

植物在正常环境条件下，游离脯氨酸含量很低，但遇到干旱、低温、盐碱等逆境时，游离脯氨酸便大量积累，并且积累指数与植物的抗逆性有关。因此，测定植物体内游离脯氨酸的含量，在一定程度上可以判断逆境对植物的危害程度和植物对逆境的抵抗力。

在酸性条件下，脯氨酸与茚三酮反应生成稳定的红色缩合物，此缩合物在 515 nm 处有最大吸收峰，可以用分光光度法测定。

三、实验材料

植物组织。

四、仪器、器具与试剂

1. 仪器与器具

分光光度计、水浴锅、漏斗、10 mL 大试管数支、20 mL 具塞刻度试管 9 支、6.5～10 mL 注射器或滴管。

2. 试剂

(1)酸性茚三酮溶液：称取 1.25 g 茚三酮溶于 30 mL 的冰乙酸和 20 mL 6 mol/L 磷酸溶液中，搅拌加热（低于 70℃）溶解，冷却后置于棕色瓶中，4℃保存可使用 2～3 d。

(2)80%乙醇（分析纯）。

(3)脯氨酸标准溶液：准确称取 10 mg 脯氨酸，用少量 80%乙醇溶解，蒸馏水定容至 100 mL，其浓度为 100 μg/mL。用蒸馏水稀释 1.0、2.5、5.0、10.0、15.0、20.0 μg/mL 的系列溶液。

五、实验步骤

1. 脯氨酸标准曲线制作

取 7 支具塞刻度试管，按下表分别加入各浓度的标准脯氨酸系列溶液 2 mL（0 号管不加脯氨酸而加 2 mL 蒸馏水）、冰乙酸 2 mL、茚三酮 2 mL，混匀后沸水浴中加热 20 min，冷却后，以 0 号管为对照，在波长 515 nm 波长下比色，测定光密度值。以光密度值 $OD_{515\ nm}$ 为纵坐标，脯氨酸含量为横坐标，绘制标准曲线（表 2-8）。

表 2-8　脯氨酸标准曲线的制作

管号	脯氨酸含量/μg	冰乙酸/mL	茚三酮溶液/mL	A_{515}
0	0.0	2.0	2.0	
1	1.0	2.0	2.0	
2	2.5	2.0	2.0	
3	5.0	2.0	2.0	
4	10.0	2.0	2.0	
5	15.0	2.0	2.0	
6	20.0	2.0	2.0	

2. 样品提取与测定

(1)称取 0.2～0.5 g 植物样品放入研钵中,用总量为 10 mL 80%的乙醇中的小部分研磨成匀浆,将匀浆移入大试管并用剩余 80%乙醇洗研钵。试管加盖,黑暗下浸提 1 h(样品为绿色叶片时,应加入少许活性炭)。

(2)过滤上述提取液并加 1 g 人造沸石振荡 15 min,室温下以 3 000 r/min 离心 5 min。

(3)取上清液 2 mL,加入 2 mL 冰乙酸、2 mL 茚三酮溶液于大试管中,充分混匀,沸水浴加热 20 min,冷却后 515 nm 波长下测定光密度值。从标准曲线上查出待测样品中脯氨酸的含量(μg)。

六、结果计算

$$脯氨酸含量(\mu g/g)=\frac{c\times 5}{W}$$

式中:c——由标准曲线查得的待测样品脯氨酸含量(μg);

W——植物样品重量(g);

5——提取脯氨酸时 80%乙醇(10 mL)与测定时所取样品液体积(2 mL)比。

实验九　紫外吸收法测定核酸含量

一、实验目的

学习紫外分光光度法测定核酸含量的原理和操作方法;熟悉紫外分光光度计的基本原理和使用方法。

二、实验原理

核酸、核苷酸及其衍生物的分子结构中的嘌呤、嘧啶碱基具有共轭双键系统,能够强烈吸收 250～280 nm 波长的紫外光。核酸(DNA 和 RNA)的最大紫外吸收值在 260 nm 处。遵照 Lambert-Beer 定律,可以从紫外光吸收值的变化来测定核酸物质的含量。

在不同 pH 溶液中,嘌呤、嘧啶碱基互变异构的情况不同,紫外吸收光也随之表现出明显的差异,它们的摩尔消光系数也随之不同。所以,在测定核酸物质时均应在固定的 pH 溶液中进行。核酸的摩尔消光系数(或吸收系数),通常以 $\varepsilon(P)$来表示，即每升含有1 mol核酸磷的溶液在260 nm波长处的消光值(即光密度，或称为光吸收)。核酸的摩尔消光系数不是一个常数，而是依赖于材料的前处理、溶液的pH和离子强度发生变化。它们的经典数值(pH=7.0)如下：

$$\text{DNA 的 } \varepsilon(P) = 6\ 000 \sim 8\ 000$$

$$\text{RNA 的 } \varepsilon(P) = 7\ 000 \sim 10\ 000$$

小牛胸腺DNA钠盐溶液(pH=7.0)的$\varepsilon(P)=6\ 600$，DNA的含磷量为9.2%，含1 μg/mL DNA钠盐的溶液光密度为0.020。RNA溶液(pH=7.0)的$\varepsilon(P)=7\ 700\sim7\ 800$，RNA的含磷量为9.5%，含1 μg/mL RNA溶液的光密度为0.022～0.024。采用紫外分光光度法测定核酸含量时，通常规定：在260 nm波长下，浓度为1 μg/mL的DNA溶液其光密度为0.020，而浓度为1 μg/mL的RNA溶液其光密度为0.024。因此，测定未知浓度的DNA(RNA)溶液的光密度$OD_{260\ nm}$，即可计算测出其中核酸的含量。该法简单、快速、灵敏度高，如核酸3 μg/mL的含量即可测出。对于含有微量蛋白质和核苷酸等吸收紫外光物质的核酸样品，测定误差较小，若样品内混杂有大量的上述吸收紫外光物质，测定误差较大，应设法事先除去。由于降解或水解作用，核酸的光密度可以增高约40%，这就是众所周知的增色效应(hyperchromic effect)。在大分子的核酸中，氢键和π-键相互作用改变了碱基的共振行为。因此，核酸的光密度低于构成它的核苷酸的光密度，该现象称为减色效应(hypochromic effect)。

三、实验材料

核酸样品DNA或RNA。

四、仪器、器具与试剂

1. 仪器与器具

分析天平、紫外分光光度计、冰浴或冰箱、离心机、离心管(10 mL)、烧杯(10 mL)、容量瓶(50 mL、100 mL)、移液管(0.5 mL、2 mL和5 mL)、药品勺和玻璃棒、试管和试管架等。

2. 试剂

(1)5%～6%氨水　用25%～30%氨水稀释5倍。

(2)钼酸铵-过氯酸试剂　取3.6 mL 70%过氯酸和0.25 g钼酸铵溶于96.4 mL蒸馏水中。

五、实验步骤

1. 核酸样品纯度的测定

(1)准确称取待测的核酸样品 0.5 g,加少量蒸馏水(或无离子水)调成糊状,再加适量的水,用 5%～6%氨水调至 pH 7,定容至 50 mL。

(2)取两支离心管,甲管内加入 2 mL 样品溶液和 2 mL 蒸馏水;乙管内加入 2 mL 样品溶液和 2 mL 钼酸铵-过氯酸试剂即沉淀剂(沉淀除去大分子核酸,作为对照)。混匀,在冰浴(或冰箱)中放置 30 min,3 000 r/min 离心 10 min。从甲、乙两管中分别取 0.5 mL 上清液,用蒸馏水定容至 50 mL。选用光程为 1 cm 的石英比色杯,在 260 nm 波长下测其光密度。

(3)计算

$$\text{DNA(或 RNA)含量}(\mu g/mL)=\frac{\dfrac{\text{甲 }OD_{260\ nm}-\text{乙 }OD_{260\ nm}}{0.020(\text{或 }0.024)}(\mu g/mL)}{\text{样品浓度}(\mu g/mL)}\times 100$$

$$\text{样品浓度}=\frac{0.5(g)}{50\times\dfrac{4}{2}\times\dfrac{50}{0.5}(mL)}=\frac{0.5\times 10^{6}(\mu g)}{10^{4}(mL)}=50(\mu g/mL)$$

如果待测的核酸样品不含酸溶性核苷酸或可透析的低聚多核苷酸,则可将样品配制成一定浓度的溶液(20～50 μg/mL)在紫外分光光度计上直接测定。

2. 核酸溶液含量的测定

(1)取 2 支离心管,每管各加入 2 mL 待测的核酸溶液,再向甲管内加 2 mL 蒸馏水,向乙管内加 2 mL 沉淀剂。混匀,在冰浴(或冰箱)中放置 10 min,3 000 r/min离心 10 min。将甲、乙两管清液分别稀释至光密度在 0.1～1.0 之间。选用光程为 1 cm 的石英比色杯,在 260 nm 波长下测其光密度 $OD_{260\ nm}$。

(2)计算

$$\text{DNA(或 RNA)含量}(\mu g/mL)=\frac{\text{甲 }OD_{260\ nm}-\text{乙 }OD_{260\ nm}}{0.020(\text{或 }0.024)}\times\text{稀释倍数}$$

实验十　二苯胺显色法测定 DNA 含量

一、实验目的

掌握二苯胺显色法测定核酸含量的原理和操作方法。

二、实验原理

DNA 在酸性条件下加热，其嘌呤碱与脱氧核糖间的糖苷键断裂，生成嘌呤碱、脱氧核糖和脱氧嘧啶核苷酸，而 2′-脱氧核糖在酸性环境中与二苯胺试剂一起加热产生蓝色反应，在 595 nm 处有最大光吸收。DNA 在 40～400 μg 范围内，光吸收与 DNA 的浓度成正比。其它多数糖类，包括核糖，一般无此反应。在反应液中加入少量乙醛，可以提高反应灵敏度。

三、实验材料

核酸样品 DNA。

四、仪器、器具与试剂

1. 器具与器具

分析天平、分光光度计、水浴锅、移液管、试管。

2. 试剂

(1)DNA 标准溶液　称取小牛胸腺 DNA 钠盐以 0.01 mol/L 氢氯化钠溶液配成 200 μg/mL 的溶液。

(2)样品待测液　准确称取 DNA 干燥制品以 0.01 mol/L 氢氯化钠溶液配成 200 μg/mL 左右的溶液。若要测定 RNA 制品中的 DNA 含量，样品中至少要含有 20 μg/mL DNA 才能进行测定。

(3)二苯胺试剂　称取 1 g 重结晶二苯胺，溶于 100 mL 分析纯的冰乙酸中，再加入 10 mL 过氯酸(60%以上)，混匀待用。临用前加入 1 mL 1.6%乙醛溶液，所配得试剂应为无色。

五、实验步骤

1. DNA 标准曲线的制作

取 12 支洁净干燥试管按表 2-9 加入试剂。

表 2-9　DNA 含量测定标准曲线的制作

管号	DNA 标准溶液/mL	H_2O/mL	二苯胺试剂/mL	DNA 含量/μg
1,2	0.0	2.0	4.0	0
3,4	0.4	1.6	4.0	80
5,6	0.8	1.2	4.0	160
7,8	1.2	0.8	4.0	240
9,10	1.6	0.4	4.0	320
11,12	2.0	0.0	4.0	400

加完试剂后，充分混匀。于60℃恒温水浴中保温1 h，冷却后于595 nm处以1、2管为空白调零，测定各管光密度值（$OD_{595\ nm}$）。取两管的平均值，以DNA的含量为横坐标，光密度为纵坐标，绘制标准曲线。

2. 样品DNA含量的测定

取2支试管，各加2 mL待测液（内含DNA应在标准曲线的可测范围之内）和4 mL二苯胺试剂，摇匀。其余操作同标准曲线的制作。

3. DNA含量的计算

根据测得的光吸收值，从标准曲线上查出相当该光吸收值DNA的含量，按下式计算出样品中DNA的百分含量：

$$\text{DNA}=\frac{\text{待测液中测得的 DNA 量}(\mu g)}{\text{待测液中样品的量}(\mu g)}\times 100\%$$

注意事项：

二苯胺试剂具有腐蚀性，且二苯胺反应产生的蓝色不易褪色，操作中应防止洒出，比色时，比色杯外面一定要擦干净。

实验十一　酵母RNA的分离及其组分鉴定

一、实验目的

学习从酵母中提取RNA及鉴定核酸组分的方法。

二、实验原理

核酸是一类不稳定的生物大分子，在制备过程中很容易发生降解。因此，要使制得的核酸尽可能保持其在生物体内的天然状态，制备核酸必须采取温和的条件，例如，避免过酸碱，避免剧烈的搅拌，防止核酸降解酶类的作用。

由于酵母核酸中RNA含量较多，因此选用酵母为试材进行RNA提取。由于RNA种类较多，所以制备方法也各异。工业上制备RNA一般选用成本较低、适宜于大规模操作的稀碱法和浓盐法。稀碱法是用1%NaOH溶液，将细胞壁溶解，用酸中和，升高温度使蛋白质变性，将蛋白质与核酸分离，然后除去菌体，将pH调至RNA的等电点（pH 2.5），使RNA沉淀出来。稀碱法的优点是抽提时间短，但RNA在此条件下不稳定，容易分解。浓盐法是用10%NaCl溶液改变细胞膜的通透性，使核酸从细胞内释放出来。用浓盐法提取RNA要注意掌握温度，避免在

20～70℃之间停留时间过长，因为这是磷酸二酯酶和磷酸单酯酶作用活跃的温度范围，会使 RNA 因降解而降低提取率。利用加热至 90～100℃，使蛋白质变性，破坏该酶类，有利于 RNA 的提取。

若要提取接近天然状态 RNA，可采用苯酚法或氯仿-异戊醇法去蛋白，然后用乙醇沉淀 RNA。离心收集。本实验采用浓盐法(10% NaCl)。

三、实验材料

酵母粉(片)。

四、仪器、器具与试剂

1. 仪器与器具

乳钵、150 mL 锥形瓶、水浴锅、量筒、布氏漏斗及抽滤瓶、吸管、滴管、试管、烧杯、离心机、漏斗等。

2. 试剂

(1)10% NaCl 溶液。

(2)6 mol/L HCl 溶液。

(3)95%乙醇溶液。

(4)精密试纸：2.0～2.5 和冰块。

(5)0.5 mol/L 碳酸氢钠。

(6)1.5 mol/L 硫酸溶液。

(7)浓氨水。

(8)0.1 mol/L 硝酸银溶液。

(9)三氯化铁浓盐酸溶液：将 2 mL 10%三氯化铁溶液(用 $FeCl_3 \cdot 6H_2O$ 配制)加入到 400 mL 浓盐酸中。

(10)苔黑酚乙醇溶液 10 mL：溶解 6 g 苔黑酚于 100 mL 95%乙醇中(可在冰箱中保存 1 个月)。

(11)定磷试剂 50 mL

①17%硫酸溶液：将 17 mL 浓硫酸(比重 1.84)缓缓加入到 83 mL 水中。

②2.5%钼酸铵溶液：将 2.5 g 钼酸铵溶于 100 mL 水中。

③10%抗坏血酸溶液 10 g：抗坏血酸溶于 100 mL 水中，贮棕色瓶保存。溶液呈淡黄色时可用，如呈深黄色或棕色则失效，需纯化抗坏血酸。

临用时将上述 3 种溶液与水按如下比例混合。17%硫酸溶液∶2.5%钼酸铵溶液∶10%抗坏血酸溶液∶水＝1∶1∶1∶2(V/V)。

五、实验步骤

1. 提取

称取干酵母粉 2 g 于 50 mL 三角瓶内。加 10% NaCl 溶液 10 mL，搅拌均匀，然后于沸水浴中提取 0.5 h。

2. 分离

将上述提取液取出，用自来水冷却，分装在离心管内，以 3 500 r/min 离心 10 min，使提取液与菌体残渣等分离。

3. 沉淀 RNA

将离心得到的上清液倾于 50 mL 烧杯内，并置于放有冰块的 250 mL 烧杯中冷却。待溶液冷至 10℃以下时，在搅拌下小心地用 6 mol/L HCl 溶液调节 pH 至 2.0～2.5(即等电点范围)。随着 pH 值的下降，溶液中白色沉淀逐渐增加，到等电点时沉淀量最多(注意严格控制 pH 值)。调好后继续于冰浴中静置 10 min，使沉淀充分，颗粒变大。

4. 洗涤

上述悬浮液 3 000 r/min 离心 5 min，得到 RNA 沉淀。小心弃去上清液，加入 3 mL 0.5 mol/L 碳酸氢钠溶液溶解沉淀(必要时用玻棒搅拌沉淀物以助溶解，如有不溶物则为杂质)。在 4 000 r/min 离心 1 min。取上清液于另一离心管中，加入 2 倍体积的 95%乙醇，混匀。重新沉淀 RNA，3 000 r/min 离心 5 min，即得湿 RNA 粗制品，经真空干燥箱内烘干后，即得到 RNA 干粉，可供定量测定实验用。

5. 组分测定

取 200 mg 提取的核酸，加入 1.5 mol/L 硫酸溶液 10 mL，在沸水浴中加热 10 min 制成水解液并进行组分的鉴定。

(1)嘌呤碱　取水解液 1 mL 加入过量浓氨水，然后加入约 1 mL 0.1 mol/L 硝酸银溶液，观察有无嘌呤碱的银化合物沉淀。

(2)核糖　取 1 支试管加入水解液 1 mL、三氯化铁浓盐酸溶液 2 mL 和苔黑酚乙醇溶液 0.2 mL。放沸水浴中 10 min。注意溶液是否变成绿色，说明核糖的存在。

(3)磷酸　取 1 支试管，加入水解液 1 mL 和定磷试剂 1 mL。在水浴中加热，观察溶液是否变成蓝色，说明磷酸是否存在。

实验十二 3,5-二硝基水杨酸(DNS)法测定还原糖和总糖含量

一、实验目的

植物体内的还原糖主要是葡萄糖、果糖和麦芽糖,它们是呼吸作用的基质,其分布也反映了植物体内碳水化合物的转运情况。水果、蔬菜中含糖量的多少,也是鉴定其品质的重要指标。还原糖在有机体的代谢中起着重要的作用,其他非还原性碳水化合物,如淀粉、蔗糖等,也可经水解也生成还原糖来测定。通过本实验,掌握还原糖定量测定的基本原理,学习比色定糖法的基本操作,熟悉分光光度计的使用方法。

二、实验原理

各种单糖和麦芽糖是还原糖,蔗糖和淀粉是非还原糖。利用溶解度不同,可将植物样品中的单糖、双糖和多糖分别提取出来,再用酸水解法使没有还原性的双糖和多糖彻底水解成有还原性的单糖。

3,5-二硝基水杨酸在碱性条件下与还原糖共热后被还原为3-氨基-5-硝基水杨酸(棕红色物质),还原糖则被氧化成糖酸及其他产物。在一定范围内,还原糖的量与棕红色物质颜色深浅的程度成一定的比例关系,在540 nm波长下测定棕红色物质的吸光度,查对标准曲线并计算,便可分别求出样品中还原糖和总糖的含量。

三、实验材料

小麦面粉。

四、仪器、器具与试剂

1. 仪器与器具

(1)刻度试管:25 mL×11。

(2)离心管或玻璃漏斗×2。

(3)烧杯:100 mL×1。

(4)三角瓶:100 mL×1。

(5)容量瓶:100 mL×3。

(6)量筒:50 mL×1。

(7)刻度吸管:1 mL×1,2 mL×4,10 mL×1。

(8)恒温水浴。

(9)沸水浴。

(10)离心机(过滤法不用此设备)。

(11)电子天平。

(12)分光光度计。

2. 试剂

(1)1 mg/mL 葡萄糖标准液:准确称取 100 mg 分析纯葡萄糖(预先在 80℃烘至恒重),置于小烧杯中,用少量蒸馏水溶解后,定量转移到 100 mL 的容量瓶中,以蒸馏水定容至刻度,摇匀,冰箱中保存备用。

(2)酒石酸钾钠。

(3)结晶酚。

(4)亚硫酸钠。

(5)2 mol/L NaOH 溶液。

(6)3,5-二硝基水杨酸试剂:将 6.3 g 3,5-二硝基水杨酸和 262 mL 2 mol/L NaOH 溶液,加到 500 mL 含有 185 g 酒石酸钾钠的热水溶液中,再加 5 g 结晶酚(可增加试剂的显色作用)和 5 g 亚硫酸钠(增强试剂的稳定性)。搅拌溶解。冷却后加蒸馏水定容至 1 000 mL,贮于棕色瓶中备用。

(7)碘-碘化钾溶液:称取 5 g 碘和 10 g 碘化钾,溶于 100 mL 蒸馏水中。

(8)酚酞指示剂:称取 0.1 g 酚酞,溶于 250 mL 70%乙醇中。

(9)6 mol/L HCl。

(10)6 mol/L NaOH。

五、实验步骤

1. 制作葡萄糖标准曲线

取 7 支 25 mL 刻度试管,编号,按下表分别加入浓度为 1 mg/mL 的葡萄糖标准液、蒸馏水和 3,5-二硝基水杨酸试剂,配成不同葡萄糖含量的反应液(表 2-10)。

表 2-10　葡萄糖标准曲线的制作

试剂和操作项目	管号						
	0	1	2	3	4	5	6
葡萄糖标准液/mL	0.0	0.2	0.4	0.6	0.8	1.0	1.2
蒸馏水/mL	2.0	1.8	1.6	1.4	1.2	1.0	0.8
3,5-二硝基水杨酸/mL	1.5	1.5	1.5	1.5	1.5	1.5	1.5
葡萄糖含量/mg	0.0	0.2	0.4	0.6	0.8	1.0	1.2
A_{540}							

将各管摇匀，在沸水浴中加热 5 min，取出后立即冷却至室温，再以蒸馏水定容至 25 mL，混匀。在 540 nm 波长下，用 0 号管调零，分别读取 1～6 号管的吸光度。以吸光度为纵坐标，葡萄糖毫克数为横坐标，绘制标准曲线。

2. 样品中还原糖和总糖含量的测定

(1)样品中还原糖的提取　准确称取 3 g 食用面粉，放在 100 mL 三角瓶中，先以少量蒸馏水调成糊状，然后加 50 mL 蒸馏水，搅匀，置于 50℃ 恒温水浴中保温 20 min，使还原糖浸出。离心或过滤，用 20 mL 蒸馏水洗残渣，再离心或过滤，将两次离心的上清液或滤液全部收集在 100 mL 的容量瓶中，用蒸馏水定容至刻度，混匀，作为还原糖待测液。

(2)样品中总糖的水解和提取　准确称取 1 g 食用面粉，放在 100 mL 的三角瓶中，加入 10 mL 6 mol/L HCl 及 15 mL 蒸馏水，置于沸水浴中加热水解20 min。取 1～2滴水解液于白瓷板上，加 1 滴碘-碘化钾溶液，检查水解是否完全。如已水解完全，则显碘本色(黄色)。待三角瓶中的水解液冷却后，加入 1 滴酚酞指示剂，以 6 mol/L NaOH 中和至微红色，过滤，再用少量蒸馏水冲洗三角瓶及滤纸，将滤液全部收集在 100 mL 的容量瓶中，用蒸馏水定容至刻度，混匀。精确吸取 10 mL 定容过的水解液移入另一 100 mL 的容量瓶中，以水稀释定容，混匀，作为总糖待测液。

(3)显色和比色　取 4 支 25 mL 刻度试管，编号，按表 2-11 所示的量操作。

表 2-11　样品中还原糖的总糖含量的测定

试剂和操作项目	管号			
	还原糖①	还原糖②	总糖Ⅰ	总糖Ⅱ
还原糖待测液/mL	2.0	2.0	0.0	0.0
总糖待测液/mL	0.0	0.0	1.0	1.0
蒸馏水/mL	0.0	0.0	1.0	1.0
3,5-二硝基水杨酸/mL	1.5	1.5	1.5	1.5
A_{540}				
葡萄糖含量/mg				

其余操作均与制作葡萄糖标准曲线同。

六、实验结果及数据处理

以管①、②的吸光度平均值和管Ⅰ、Ⅱ的吸光度平均值，分别在标准曲线上查出相应的还原糖毫克数。按下式计算出样品中还原糖和总糖的百分含量。由于多糖水解为单糖时，每断裂一个糖苷键需加入一个水分子，所以在计算总多糖含量时应乘以 0.9(虽然总糖中也包含了游离还原糖,但通常游离还原糖含量较低,乘以 0.9 不会有大的影响)。

还原糖%=[标准曲线查得还原糖质量(mg)×(提取液总体积/测定时样品取用体积)/样品质量(g)]×100%

总糖%=[标准曲线查得水解后还原糖质量(mg)×(提取液总体积/测定时样品取用体积)×稀释倍数/样品质量]×100%×0.9

注意事项:

标准曲线制作与样品含糖量测定应同时进行,一起显色和比色。

实验十三　蒽酮比色法测定总糖含量

一、实验目的

学习并掌握蒽酮比色法测定糖的原理和方法。

二、实验原理

糖类在较高温度下被浓硫酸作用脱水生成糖醛或糖醛衍生物,后者再与蒽酮缩合成蓝绿色化合物。溶液含糖量在 20～200 μg 范围内,其颜色深浅与溶液中糖的含量成正比,故可用比色法定量。

此法的特点是几乎可以测定所有的糖类(单糖、寡糖和多糖),其中包括淀粉、纤维素等(因为反应液中的浓硫酸可以把多糖水解成单糖而起反应),因此测定结果是待测液中单糖、双糖和多糖的总量。如果要求测定结果包括淀粉,则样品处理时应采用 52%高氯酸作提取剂;如不包括淀粉,则可用水或 80%乙醇作提取剂。

三、实验材料

水果、蔬菜或植物干样品等。

四、仪器、器具与试剂

1. 仪器与器具

电子天平、分光光度计、恒温水浴、试管、移液管等。

2. 试剂

(1)100 μg/mL 葡萄糖标准液　准确称取葡萄糖 100 mg,用蒸馏水溶解后,置于 1 000 mL 容量瓶中定容。

(2)蒽酮试剂 称取 0.2 g 蒽酮溶于 100 mL 98%硫酸溶液中,用时配制。

五、实验步骤

1. 葡萄糖标准曲线的制备

取 6 支干燥洁净的试管,按表 2-12 进行操作。

表 2-12 葡萄糖标准曲线的制作

试剂	管号					
	1	2	3	4	5	6
100 μg/mL 葡萄糖标准液/mL	0.0	0.2	0.4	0.6	0.8	1.0
H_2O/mL	1.0	0.8	0.6	0.4	0.2	0.0
蒽酮试剂/mL	5	5	5	5	5	5

每管加入葡萄糖标准液和水后立即混匀,再在各试管中加入蒽酮试剂,摇匀,置沸水浴中加热 10 min,用自来水迅速冷却至室温,以 1 号管为对照,在 620 nm 波长下依次测定吸光度。以标准葡萄糖浓度作为横坐标,以吸光度为纵坐标,绘制标准曲线。

2. 样品制备

切取样品 0.5~1.0 g 置入研钵内,加入少量石英砂研磨至匀浆,将匀浆连同残渣一起定容至 100 mL 的容量瓶中,室温下静置 30~60 min(每隔 5 min 混匀一次),或离心或过滤,弃去残渣。

3. 样品测定

取干洁试管 2 支,分别加入适当稀释后的样液 1 mL 和蒽酮试剂 5 mL,摇匀后沸水浴中 10 min,冷却后于 620 nm 下比色(以标准曲线的空白为零点),记录 A_{620} 值。

六、实验结果及数据处理

$$\text{样品的糖含量}(\mu g/g)=\frac{A\times\left(\frac{V_1}{V_2}\right)\times N}{W}$$

式中:A——标准曲线中得到的糖含量(μg);

V_1——提取液的总体积;

V_2——测定用的提取液体积;

N——稀释倍数;

W——样品重量(g)。

注意事项：

(1)研磨要充分，否则提取样品的糖含量会偏低。

(2)研磨后静置的过程要求每隔一段时间将容量瓶上下颠倒混匀，这样可以使糖充分地提取至溶液中。

(3)此法灵敏度高，一般含糖在 30 μg 左右就能进行测定，可作为微量测糖方法。反应的温度和时间要严格掌握，否则会影响测定结果。

(4)比色前，需冷却才能比色，否则温度会影响到比色的结果。

(5)蒽酮试剂不稳定，易被氧化变为褐色，一般为当天配制。

实验十四　粗脂肪的定量测定——索氏(Soxhlet)提取法

一、实验目的

学习和掌握粗脂肪提取的原理和测定方法；熟悉和掌握重量分析的基本操作，包括样品的处理、定量转移、烘干、恒重等。

二、实验原理

利用脂类物质溶于有机溶剂的特性，在索氏提取器中用有机溶剂(本实验用石油醚，沸点为 30～60℃)对样品中的脂类物质进行提取。因提取的物质是脂类物质的混合物，故称其为粗脂肪。

索氏提取器是由提取瓶、提取管、冷凝器三部分组成，提取管两侧分别有虹吸管和连接管。各部分连接处要严密不能漏气。提取时，将待测样品包在脱脂滤纸包内，放入提取管内。提取瓶内加入石油醚。加热提取瓶，石油醚气化，由连接管上升进入冷凝器，凝成液体滴入提取管内，浸取样品中的脂类物质。待提取管内石油醚液面达到一定高度，溶有粗脂肪的石油醚经虹吸管流入提取瓶。流入提取瓶内的石油醚继续被加热气化、上升、冷凝、滴入提取管内，如此循环往复，直到抽提完全为止。

本法为重量法，将由样品抽提出的粗脂肪，蒸去溶剂，干燥，称重，按后面给的公式计算，求出样品中粗脂肪的百分含量。

三、实验材料

花生、芝麻种子或者谷物油料种子。

四、仪器、器具与试剂

1. 仪器与器具

索氏提取器、分析天平、烧杯、烘箱、干燥器、恒温水浴、脱脂滤纸、脱脂棉、镊子、样品筛。

2. 试剂

无水乙醚或低沸点石油醚(分析纯)。

五、实验步骤

1. 样品预处理

称取 3 g 左右已粉碎、过 40 目筛的样品原料,用滤纸包好(不可扎得太紧,以样品不散漏为宜),在烘箱 100～105℃条件下烘干至恒重,准确称重。

2. 抽提

将烘干称重的滤纸包用长镊子放入干燥的浸提管内,滤纸的高度不能超过虹吸管顶部。浸提管上部连接冷凝管,并用一小团脱脂棉轻轻塞入冷凝管上口;浸提管下部连接抽提瓶,抽提瓶中加入约瓶体 1/2 的无水乙醚,并置于恒温水浴锅中。打开冷却水,开始加热抽提。加热的水浴锅温度控制在 75～80℃,使每分钟冷凝回滴乙醚 120～150 滴,或每小时虹吸 6～8 次。抽提时间为 6～10 h,以浸提管内乙醚滴在滤纸上不显油迹为止。

抽提完毕,移去上部冷凝管,取出滤纸包。再重新连接好冷凝器,在水浴锅上蒸馏回收乙醚。

3. 称量

待乙醚挥发之后,将滤纸包置于烘箱 100～105℃烘干至恒重,准确称重。滤纸包脱脂前后的重量差即为样品中粗脂肪的重量。

六、实验结果及数据处理

$$\text{粗脂肪含量}=\frac{\text{粗脂肪重}}{\text{样品重}}\times 100\%$$

注意事项:

(1)测定用样品、抽提器、抽提用有机溶剂都需要进行脱水处理。这是因为:第一,抽提体系中有水,会使样品中的水溶性物质溶出,导致测定结果偏高;第二,抽提体系中有水,则抽提溶剂易被水饱和(尤其是乙醚),从而影响抽提效率;第三,样品中有水,抽提溶剂不易渗入细胞组织内部,结果不易将脂肪抽提完全。

(2)试样粗细度要适宜。试样粉末过粗,脂肪不易抽提完全;试样粉末过细,则有可能透过滤纸孔隙随回流溶剂流失,影响测定结果。

(3)索氏提取法测定脂肪含量,最大的不足是耗时过长,如能将样品先回流1～2次,然后浸泡在溶剂中过夜,次日在继续抽提,则可明显缩短抽提时间。

(4)必须注意乙醚的安全使用。抽提室内严禁有明火存在,严禁用明火加热。乙醚中不得含有过氧化物。应保持抽提室内良好通风,以防燃爆。

实验十五　折光仪法快速测定油脂含量

一、实验目的

掌握折光仪的使用方法;掌握油脂折光指数和食品中可溶性固形物含量的测定。

二、实验原理

折射率是物质的一种物理性质。它是食品生产中常用的工艺控制指标,通过测定液态食品的折射率,可以鉴别食品的组成,确定食品的浓度,判断食品的纯净程度及品质。

蔗糖溶液的折射率随浓度增大而升高。通过测定折射率可以确定糖液的浓度及饮料、糖水罐头等食品的糖度,还可以测定以糖为主要成分的果汁、蜂蜜等食品的可溶性固形物的含量。

各种油脂具有其一定的脂肪酸构成,每种脂肪酸均有其特定的折射率。含碳原子数目相同时,不饱和脂肪酸的折射率比饱和脂肪酸的折射率大得多;不饱和脂肪酸分子量越大,折射率也越大;酸度高的油脂折射率低。因此测定折射率可以鉴别油脂的组成和品质。

正常情况下,某些液态食品的折射率有一定的范围,如正常牛乳乳清的折射率在正 1.341 99～1.342 75,当这些液态食品因掺杂、浓度改变或品种改变等原因而引起食品的品质发生了变化时,折射率常会发生变化。所以测定折射率可以初步判断某些食品是否正常。如牛乳掺水,其乳清折射率降低,故测定牛乳乳清的折射率即可了解乳糖的含量,判断牛乳是否掺水。

必须指出的是:折光法测得的只是可溶性固形物含量,因为固体粒子不能在折光仪上反映出它的折射率。含有不溶性固形物的样品,不能用折光法直接测出总固形物。但对于番茄酱、果酱等个别食品,已通过实验编制了总固形物与可溶性固形物关系表。先用折光法测定可溶性固形物含量,即可查出总固形物的含量。

食品工业中最常用的是阿贝折光仪和手提式折光仪。

三、实验材料

花生。

四、仪器与试剂

1. 阿贝折光仪

其光学系统由观测系统和读数系统两部分组成。观测系统:光线由反光镜反射,经进光棱镜、折射棱镜及其间的样液薄层折射后射出。再经色散补偿器消除由折射棱镜及被测样品所产生的色散,然后由物镜将明暗分界线成像于分划板上,经目镜放大后成像于观测者眼中。读数系统:光线由小反光镜反射,经毛玻璃射到刻度盘上,经转向棱镜及物镜将刻度成像于分划板上,通过目镜放大后成像观测者眼中。当旋动旋钮时,使棱镜摆动,视野内明暗分界线通过十字交叉点,表示光线从棱镜入射角达到了临界角。当测定样液浓度不同时,折射率也不同,故临界角的数值亦有不同。在读数镜筒中即可读取折射率 n,或糖液浓度或固形物的含量。

2. 试剂

α-溴代萘、乙醇或乙醚。

五、实验步骤

1. 油脂提取

取烘干样 1 g,准确加入 α-溴代萘 2 mL,小心研磨成细糊状,室温放置 3～5 min,用尖端带脱脂棉的皮头吸管,从糊状试样中吸滤数滴溶液。供折光率测定用。

2. 折光仪的校正

通常用测定蒸馏水折射率的方法进行校准,在 20℃下折光仪应表示出折射率为 1.332 99 或可溶性固形物为 0。若校正时温度不是 20℃应查出该温度下蒸馏水的折射率再进行核准。对于高刻度值部分,用具有一定折射率的标准玻璃块(仪器附件)校准。方法是打开进光棱镜,在校准玻璃块的抛光面上滴一滴 α-溴代萘,将其粘在折射棱镜表面上,使标准玻璃块抛光的一端向下,以接受光线。测得的折射率应与标准玻璃块的折射率一致。校准时若有偏差,可先使读数指示于蒸馏水或标准玻璃块的折射率值,再调节分界线调节螺丝。使明暗分界线恰好通过十字线交叉点(图 2-2)。

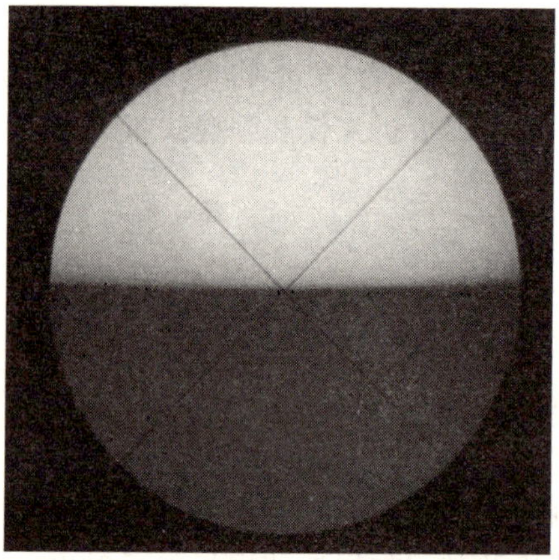

图 2-2 折光仪测定的读数视野调整点

3. 折光率测定

(1)以脱脂棉球蘸取乙醇擦净棱镜表面,挥干乙醇。滴加 1～2 滴样液于下面棱镜上面中央。迅速闭合两块棱镜,调节反光镜,使两镜筒内视野最亮。

(2)由目镜观察,转动棱镜旋钮,使视野出现明暗两部分。

(3)旋转色散补偿器旋钮,使视野中只有黑白两色。

(4)旋转棱镜旋钮,使明暗分界线在十字线交叉点。

(5)从读数镜筒中读取折射率或质量百分浓度。

(6)测定样液温度。

(7) 打开棱镜,用水、乙醇或乙醚擦净棱镜表面及其他各机件。在测定水溶性样品后,用脱脂棉吸水洗净,若为油类样品,须用乙醇或乙醚、二甲苯等擦拭。

六、结果计算

1. 折光率读数的校正

如操作是在恒定的 25℃下进行的,则读出的折光率无需校正。其他操作温度条件下读得的折光率必须换算为 25℃的折光率。

油脂、α-溴代萘、混合液的温度系数分别为 0.000 38,0.000 45,0.000 44。校正公式为:

$$n^{25} = n^{t_0} + (t_0 - 25) \times \text{温度系数}$$

2. 计算油脂含量

采用换算成 25℃的折光系数,按下式计算。

$$含油量=\frac{\alpha\text{-溴代萘体积(mL)}\times 油的比重}{样品干重(g)}\times\frac{\alpha\text{-溴代萘折光率}-混合液折光率}{混合液折光率-油的折光率}\times 100\%$$

附：各种油脂的折光率及比重（表 2-13）。

表 2-13 各种油脂的折光率及比重

油脂名称	折光率/25℃	比重/d^{25}
花生油	1.468 9～1.469 9	0.909～0.914
豆油	1.472 0～1.475 0	0.917～0.927
蓖麻油	1.475 0～1.479 0	0.944～0.966
麻油	1.470 0～1.472 0	0.913～0.921
菜籽油	1.469 5～1.473 5	0.904～0.911
茶油	1.467 0～1.470 0	
桐油	1.516 8～1.520 0	
棉籽油	1.468 0～1.472 0	0.911～0.925

注：α-溴代萘的 $n_{D_{20}}=1.658\ 5$。

实验十六 油脂碘值的测定

一、实验目的

掌握油脂碘值的概念以及碘值测量的原理与方法，了解碘值测定的意义。

二、实验原理

油脂中的不饱和脂肪酸碳链上含有的不饱和键可与卤素（Cl_2，Br_2，I_2）发生加成反应。其中，Cl_2 和 Br_2 与油脂的加成反应最快，但常伴有取代和氧化等副反应的发生。因此，常用碘与不饱和脂肪酸的加成反应来评价油脂中不饱和脂肪酸的含量。在一定条件下，每 100 g 油脂所吸收的碘的克数被称为该油脂的碘值。油脂中不饱和脂肪酸含量越高，其碘值越高。

碘与油脂发生加成反应的速度慢，故常用韦氏（Wijs）试剂（氯化碘的乙酸溶液）进行碘值的测定。将油脂溶于试剂中，加入韦氏试剂，油脂与韦氏试剂发生加成反应。

$$CH_3(CH_2)_mCH{=}CH(CH_2)_nCOOH + ICl \longrightarrow CH_3(CH_2)_mCHI{-}CHCl(CH_2)_nCOOH$$

随后加入碘化钾和水。加成反应后多余的氯化碘将与碘化钾发生反应，产生碘。用硫代硫酸钠滴定碘。

$$ICl + KI \longrightarrow KCl + I_2$$

$$I_2 + 2Na_2S_2O_3 \longrightarrow 2NaI + Na_2S_4O_6$$

根据硫代硫酸钠用量，计标出碘值。

三、实验材料

油脂(动物油或植物油)。

四、实验仪器、器具及试剂

1. 仪器与器具

电子天平、碘瓶、移液管、量筒、滴定管。

2. 试剂

(1)碘化钾溶液　100 g/L。

(2)淀粉溶液　0.5%可溶性淀粉溶液。

(3)硫代硫酸钠标准溶液　0.1 mol/L。

(4)油脂溶剂　环己烷与冰乙酸混合(V/V=1/1)。

(5)韦氏试剂　称取 5 g 一氯化碘溶于 300 mL 冰乙酸。冰乙酸中不得含有还原物质。可向试剂公司购买韦氏试剂。

五、实验步骤

1. 加成反应过程

选取洁净、干燥的碘瓶四支分别编号用于加成反应。

将碘瓶编号后，向每个碘瓶中加入油脂溶剂各 20 mL，然后向 1、2 号瓶中准确称量 0.200 0 g 油脂，并充分摇匀。用移液管向上述瓶中分别加入韦氏试剂 25 mL，并立即盖严瓶塞。为防止碘挥发，可在瓶口加入几滴碘化钾溶液。将碘瓶放于暗处反应 1～2 h，期间可轻摇碘瓶，以充分反应。反应完全后，向各碘瓶中分别加入 20 mL 碘化钾溶液和 20 mL 的蒸馏水见表 2-14。

表 2-14　油脂碘值的测定中加成反应

试剂	碘瓶			
	1	2	3	4
油脂溶剂/mL	20	20	20	20
油脂/g	0.2	0.2	0	0
韦氏试剂/mL	25	25	25	25

续表 2-14

试剂	碘　瓶			
	1	2	3	4
加成反应时间	1～2 h			
碘化钾溶液/mL	20	20	20	20
蒸馏水/mL	20	20	20	20

2. 滴定过程

用相同的方法滴定样品瓶和空白瓶。用标定过的 0.1 mol/L 硫代硫酸钠标准溶液滴定，直到碘的浅黄色。加入数滴 0.5%可溶性淀粉溶液，继续滴定。滴定过程中摇动碘瓶，蓝色消失即为滴定终点。记录滴定每个碘瓶所用标准硫代硫酸钠的用量(mL)。

六、实验结果

$$W=\frac{(V_t-V_{ck})\times c\times 12.69}{m}$$

式中：W——碘值含量 g/100 g；

V_t——滴定样品时所用的标准硫代硫酸钠溶液的体积(mL)；

V_{ck}——滴定空白时所用标准硫代硫酸钠溶液的体积(mL)；

c——标准硫代硫酸钠的浓度(mol/L)；

m——样品质量(g)。

附：

1. 硫代硫酸钠标准溶液的滴定

取结晶硫代硫酸钠 50 g，溶在经煮沸后冷却的蒸馏水(无 CO_2 存在)中。添加硼砂 7.6 g 或氢氧化钠 1.6 g(硫代硫酸钠溶液在 pH 9～10 时最稳定)。稀释到 2 000 mL 后，用标准 0.1 mol/L 碘酸钾溶液按下法标定。

准确 0.1 mol/L 碘酸钾溶液 20 mL、10%碘化钾溶液 10 mL 和 1 mol/L 硫酸 20 m L，混合均匀。以 1%淀粉溶液作指示剂，用硫代硫酸钠溶液进行标定。按下面所列反应式计算硫代硫酸钠溶液浓度后，用水稀释至 0.1 mol/L。

$$KIO_3+5KI+3H_2SO_4\longrightarrow 3K_2SO_4+3I_2+3H_2O$$

$$I_2+2Na_2S_2O_3\longrightarrow 2NaI+Na_2S_4O_6$$

2. 鉴定冰乙酸是否含有还原物质的方法

取冰乙酸 2 mL，加入 10 mL 蒸馏水稀释，加入 1 mol/L 高锰酸钾 0.1 mL，呈现的颜色在 2 h 内保持不变。若褪色，说明有还原物质存在。

实验十七　油脂酸价的测定

一、实验目的

掌握油脂酸价的概念，学习油脂酸价测定的原理和方法，了解油脂酸价测定的意义。

二、实验原理

天然油脂会水解产生游离脂肪酸。后者长期暴露于空气中，被氧化为醛或酮，从而发臭。这种现象称为酸败。酸败的程度用酸价来表示。酸价是指中和 1 g 油脂的游离脂肪酸所需 KOH 的毫克数。酸价直接反映油菜油的品质，也可以为油脂碱炼工艺加碱量的确定提供依据。卫生标准规定，酸价高于 4 mg/g KOH 的油脂不得直接供应市场。

油脂水解产生的游离脂肪酸为脂溶性有机酸，溶于中性的乙醇-乙醚混合试剂。以酚酞-乙醇溶液为指示剂，以 KOH 标准溶液中和滴定至溶液出现微红色 30 s 不褪色为终点。根据 KOH 的用量可以计算出油脂的酸价。

三、实验材料

油脂（植物油或动物油皆可）。

四、实验仪器、器具与试剂

1. 仪器与器具　三角瓶、量筒、碱式滴定管。

2. 试剂

(1)混合试剂　乙醇：乙醚＝1：1(V：V)。用前加入酚酞指示剂数滴，用 0.1 mol/L 标准碱液滴定至红色 30 s 不褪色。

(2)氢氧化钾标准液　0.1 mol/L。

(3)指示剂　1%酚酞-乙醇溶液。

五、实验步骤

称取 3.000 g 油脂于三角瓶中，加入 50 mL 混合试剂，充分振荡直至透明。加入数滴指示剂，用已标定的 KOH 标准溶液滴定，至溶液出现微红色 30 s 不褪色为终点，记录所用 KOH 体积 V_1。同时设一参比（不加油样）。记滴定参比液时所用 KOH 的体积为 V_0。

六、结果计算

$$n=\frac{(V_1-V_0)\times c\times 56.1}{m}$$

式中：n——酸价（mg/g）；

V_1——滴定样品时所用的 KOH 的体积（mL）；

V_0——滴定参比时所用的 KOH 的体积（mL）；

m——油脂的质量（g）；

56.1——KOH 的相对分子质量。

实验十八　蛋黄中卵磷脂的提取和鉴定

一、实验目的

了解卵磷脂的性质，学习卵磷脂的提取及初步鉴定方法。

二、实验原理

1. 卵磷脂的提取

卵磷脂为细胞膜中的一种组成物质，也是生物体代谢的一种能量源。除此之外，卵磷脂还是多种酶的激活剂。卵磷脂可以控制动物体内脂肝代谢，防止脂肪肝的形成。另外，卵磷脂还可用作乳化剂、抗氧化剂和营养添加剂。卵磷脂在动、植物中广泛存在。卵磷脂在大豆中含量约为 2.0%，在卵黄中含量高达 8%～10%。

卵磷脂易溶于乙醇、乙醚、氯仿等有机溶剂，不溶于丙酮。可采用 95%乙醇提取蛋黄中的卵磷脂。

2. 卵磷脂的鉴定

新获取的卵磷脂为白色蜡状物，其结构式如图 2-3 所示。R_1 和 R_2 为脂肪酸残基，其中 R_2 为不饱和脂肪酸。R_2 被氧化后而呈黄色至黄棕色。卵磷脂中的胆碱基在碱性条件下可分解成三甲胺，三甲胺有特异的鱼腥味。这一性质可以作为鉴定卵磷脂的依据之一。

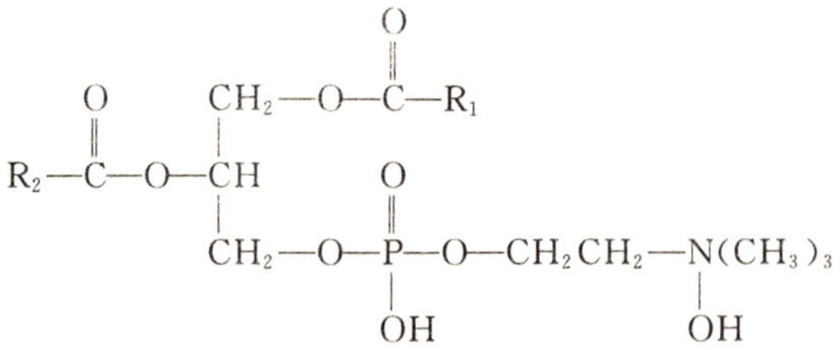

图 2-3　卵磷脂结构式

三、实验材料

鸡蛋。

四、仪器、器具与试剂

1. 仪器与器具　电子天平、恒温水浴锅、漏斗及其他常用玻璃器具。

2. 试剂　95%乙醇、10%氢氧化钠、氯仿、丙酮。

五、实验步骤

1. 卵磷脂的获得

取鸡蛋一枚，从两端打孔，让蛋清流出后，将蛋黄转移到小烧杯中。称取2.000 g蛋黄于另一小烧杯中，加入15 mL 95%乙醇，搅拌，在50℃提取5～10 min，冷却，过滤，滤液即为卵磷脂粗提液。将粗提液置于已知重量的小烧杯中，在恒温水浴锅上于70℃将乙醇蒸发完全，获得黄色油状物（脂肪与卵磷脂的混合物）。待冷却后，将黄色油状物溶于5 mL氯仿中。待完全溶解之后，加入15 mL丙酮，卵磷脂将析出。

2. 卵磷脂的鉴定

将实验步骤1中获得的卵磷脂放入干燥、洁净的试管中，加入10%氢氧化钠2 mL，于沸水浴加热。卵磷脂的胆碱基水解产生了胆碱。胆碱在氢氧化钠的作用下，产生具有鱼腥味的三甲胺，以此鉴定卵磷脂。

实验十九　荧光法测定维生素 B_1 含量

一、实验目的

掌握荧光法测定维生素 B_1 的原理与方法，了解维生素 B_1 的生物学功能。

二、实验原理

维生素 B_1(又称硫胺素)是由荷兰科学家伊克曼于 1896 年发现的。其生理功能包括增进食欲,维持神经的正常活动。在碱性条件下,维生素 B_1 能被高铁氰化钾溶液氧化成蓝色荧光化合物,即硫色素(脱氢硫胺素)。硫色素溶液的荧光强度与硫色素的浓度正相关。

用荧光法测定维生素 B_1 时,要充分排除其他可能存在的荧光物质的干扰。人造沸石对维生素 B_1 对很强的吸附作用,吸附效率高达 95%。因此,在测定维生素 B_1 含量时,可先用人造沸石对其进行吸附,然后用酸性氯化钾洗脱获得维生素 B_1,随后进行氧化获得硫色素,萃取后用于荧光法定量测定。

三、实验材料

麸皮。

四、实验仪器、器具与试剂

1. 仪器与器具

荧光仪、离心机、恒温水浴锅及其他常玻璃器具。

2. 试剂

(1)维生素 B_1 贮液(0.1 mg/mL):用 0.01 mmol/L 盐酸配制,冷藏备用。

(2)维生素 B_1 工作液(0.1 μg/mL):用贮液先稀释 1 000 倍,并用冰乙酸调整 pH 4.5,获得 0.1 μg/mL 的工作液。

(3)碱性高铁氰化钾溶液:用 15%氢氧化钠溶液将 1 mL 1% 高铁氰化钾溶液稀释至 15 mL。此溶液现配现用,避光。

(4)醋酸钠溶液(2 mol/L)。

(5)酸性氯化钾溶液(25%):用 25%氯化钾溶液将 8.5 mL 浓盐酸稀释到 1 000 mL。

(6)溴甲酚绿(0.04%):用 1.4 mL 1 mol/L 氢氧化钠溶液溶解 0.1 g 溴甲酚绿,随后加少量蒸馏水使其完全溶解,用蒸馏水定容到 250 mL。

(7)无水正丁醇(重蒸馏)。

(8)人造沸石。

(9)无水硫酸钠。

五、实验步骤

1. 维生素 B_1 的提取

称取 5.000 g 样品，置于三角瓶中，加入 50 mL 0.1 mol/L 盐酸分散样品，沸水浴水解 0.5 h。冷却后，用 2 mol/L 乙酸钠溶液调 pH 4.5（以 0.04%溴甲酚绿作外指示剂）。将水解液转移至离心管，3 000 r/min，10 min。弃沉淀，向上清液中加入相同质量的人造沸石，振荡 0.5 h。过滤，并用蒸馏水反复洗沸石。用 5 mL 酸性氯化钾溶液洗脱沸石。洗脱 3 次，并将洗脱液合并，用酸性氯化钾定容到 25 mL，获得样品液。

2. 硫色素的获得及其荧光测定

样品和标准品分别设空白和测定两管，如下表，分别记作 1、2、3、4。反应体系的构建及荧光测定过程如表 2-15 所示。分别测定出 F_0、F_S、S_0、S_S，然后根据计算公式得出样品中维生素 B_1 的含量。

表 2-15 反应体系的构建及荧光测定过程

试剂或操作	试管号			
	1（样品空白）	2（样品测定）	3（标准空白）	4（标准测定）
样品液/mL	5	5	0	0
维生素 B_1 工作液/mL	0	0	5	5
15%氢氧化钠/mL	3	0	3	0
高铁氰化钾/mL	0	3	0	3
正丁醇/mL	10	10	10	10
	振荡 15 s			
	振荡 90 s			
	静置分层，吸去下层碱性溶液，加入 3 g 无水硫酸钠脱水			
测定条件	激发光波长 365 nm，发射光波长 435 nm			
荧光数值记载	$F_0=$	$F_S=$	$S_0=$	$S_S=$

六、结果计算

$$c=\frac{(F_S-F_0)\times A}{(S_S-S_0)\times W}\times V\times\frac{100}{1\ 000}$$

式中：c——样品维生素 B_1 含量(mg/100 g)；

F_S——样品管荧光值；

F_0——样品管空白荧光值；

S_S——标准管荧光值；

S_0——标准管空白荧光值；

A——标准管中的维生素 B_1 含量(μg)；

W——样品质量(g)；

V——稀释倍数。

实验二十 2,6-二氯酚靛酚滴定法测定维生素C含量

一、实验目的

学习并掌握以滴定法定量测定维生素C的原理和方法。了解蔬菜、水果中维生素C含量情况。

二、实验原理

维生素C是人类营养中最重要的维生素之一，缺少它时会产生坏血病，因此又称为抗坏血酸。它对物质代谢的调节具有重要的作用。近年来，发现它还有增强机体对肿瘤的抵抗力，并具有化学致癌物的阻断作用。

维生素C属于水溶性维生素。它分布很广，植物的绿色部分及许多水果（如橘子、苹果、草莓、山楂等）、蔬菜（黄瓜、洋白菜、西红柿等）中的含量尤为丰富。

维生素C具有很强的还原性。它可分为还原型和脱氢型。还原型抗坏血酸能还原染料2,6-二氯酚靛酚(DCPIP)，其本身则氧化为脱氢型（图2-4）。在酸性溶液中，2,6-二氯酚靛酚呈红色，还原后变为无色。因此，当用此染料滴定含有维生素C的酸性溶液时，维生素C尚未全部被氧化前，则滴下的染料立即被还原成无色。一旦溶液中的维生素C已全部被氧化时，则滴下的染料立即使溶液变成粉红色。所以，当溶液从无色变成微红色时即表示溶液中的维生素C刚刚全部被氧化，此时即为滴定终点。如无其他杂质干扰，样品提取液所还原的标准染料量与样品中所含还原型抗坏血酸量成正比。

本法用于测定还原型抗坏血酸，总抗坏血酸的量常用2,4-二硝基苯肼法和荧光分光光度法测定。

三、实验材料

蔬菜或水果。

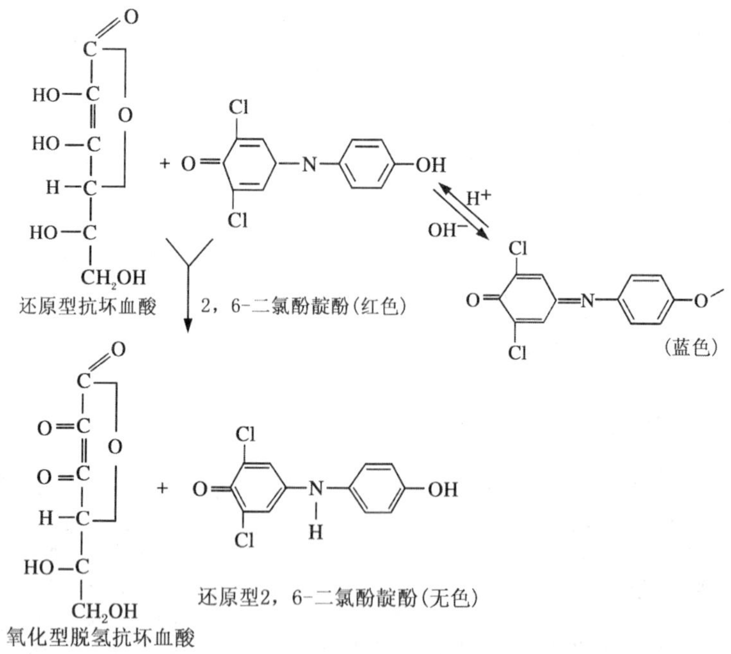

图 2-4　2,6-二氯酚靛酚与维生素 C 的反应

四、器具与试剂

1. 器具

微量滴定管(5 mL)、锥形瓶(100 mL)、漏斗及漏斗架、移液管等。

2. 试剂

(1)1%草酸溶液　称取草酸 5 g,用蒸馏水定容至 500 mL。

(2) 2%草酸溶液　称取草酸 10 g,用蒸馏水定容至 500 mL。

(3) 0.05 mg/mL 标准维生素 C 溶液　称取 100 mg 维生素 C,用 1%草酸定容至 100 mL,混匀后从中吸取 5 mL,再用 1%草酸定容至 100 mL。

(4) 0.001% 2,6-二氯酚靛酚溶液　称取 2,6-二氯酚靛酚 300 mg 加入预热的水中,向其中加入 1 mL 0.01 mol/L NaOH,强烈搅拌 10 min,冷却后用蒸馏水定容至 1 000 mL,过滤,滤液置于棕色瓶中,于 4℃下保存备用。

五、实验步骤

1. 样品提取

水洗干净整株新鲜蔬菜或整个新鲜水果,用纱布或吸水纸吸干表面水分。然后称取 20 g，加入 20 mL 2%草酸，用研钵研磨，四层纱布过滤，滤液备用。纱布可用少量 2%草酸洗几次，合并滤液，滤液总体积定容至 50 mL(用 1%草酸定容)。

2. 标准液滴定

准确吸取标准抗坏血酸溶液 1 mL 置 100 mL 锥形瓶中，加 9 mL 1%草酸，用微量滴定管以 0.1% 2,6-二氯酚靛酚溶液滴定至淡红色，并保持 15 s 不褪色，即达终点。由所用染料的体积计算出 1 mL 染料相当于多少毫克抗坏血酸。

3. 样品滴定

准确吸取滤液两份，每份 10 mL，分别放入 2 个锥形瓶内，滴定方法同前。

4. 空白滴定

取 10 mL 1%草酸放入锥形瓶内，用 2,6-二氯酚靛酚滴定至终点，记录所消耗染料的体积。

六、实验结果及数据处理

$$\text{维生素 C 含量(mg/100 g 样品)} = \frac{(V_A - V_B) \times C \times T \times 100}{D \times W}$$

式中：V_A——滴定样品所耗用的染料的平均毫升数；

V_B——滴定空白对照所耗用的染料的平均毫升数；

C——样品提取液的总毫升数；

D——滴定时所取的样品提取液毫升数；

T——1 mL 染料能氧化抗坏血酸毫克数(由操作 2 计算出)；

W——待测样品的重量(g)。

注意事项：

(1)某些水果、蔬菜(如橘子、西红柿等)浆状物泡沫太多，可加数滴丁醇或辛醇。

(2)整个操作过程要迅速，防止还原型抗坏血酸被氧化。滴定过程一般不超过 2 min。滴定所用的染料不应小于 1 mL 或多于 4 mL，如果样品含维生素 C 太高或太低时，可酌情增减样液用量或改变提取液稀释度。

(3)本实验必须在酸性条件下进行。在此条件下，干扰物反应进行得很慢。

(4)2%草酸有抑制抗坏血酸氧化酶的作用，而 1%草酸无此作用。

(5)干扰滴定因素及排除方法：

①若提取液中色素很多时，滴定不易看出颜色变化，可用白陶土脱色，或加 1 mL 氯仿，到达终点时，氯仿层呈现淡红色。

②Fe^{2+}可还原二氯酚靛酚。对含有大量 Fe^{2+} 的样品可用 8%乙酸溶液代替草

酸溶液提取，此时 Fe^{2+} 不会很快与染料起作用。

③样品中可能有其他杂质还原二氯酚靛酚，但反应速度均较抗坏血酸慢，因而滴定开始时，染料要迅速加入，而后尽可能一点一点地加入，并要不断地摇动三角瓶直至呈粉红色，于 15 s 内不消退为终点。

(6)提取的浆状物如不易过滤，亦可离心，留取上清液进行滴定。

实验二十一　紫外分光光度法测定鱼肝油中维生素 A 的含量

一、实验目的

掌握维生素 A 的含量测定方法，了解维生素 A 的性质、生物学功能。

二、实验原理

维生素 A 的化学名为视黄醇，是最早被发现的维生素。维生素 A 有两种。一种是维生素 A 醇(Retinol)，是最初的维生素 A 形态(只存在于动物性食物中)；另一种是胡萝卜素(Carotene)，在体内转变为维生素 A 的预成物质(Provitamin A，可从植物性及动物性食物中摄取)。维生素 A 具有维持正常视觉、维护上皮组织细胞的健康、维持骨骼正常生长发育、促进生长与生殖等生理作用。人体缺乏维生素 A，影响暗适应能力，如儿童发育不良、皮肤干燥、干眼病、夜盲症等。

维生素 A 的异丙醇溶液在 325 nm 处有最大吸收峰，其吸光度与维生素 A 的含量成正比。

三、实验仪器、器具与试剂

1. 仪器与器具

紫外分光光度计、蒸馏装置、三角瓶、容量瓶、分液漏斗、皂化瓶等。

2. 试剂

(1)维生素 A 标准液　视黄醇(或视黄醇乙酸酯)经皂化处理后使用。称取一定量的标准品，用脱醛乙醇进行溶解使其浓度大约为 1 mg/mL，临用前进行标定。取标定后的维生素 A 配成 10 IU/mL 的标准使用液[注：维生素 A(视黄醇)：1 IU＝0.3 μg，若为其乙酸盐则为 1 IU＝0.344 μg]。

(2)维生素 A 标液的标定　取维生素 A 溶液若干微升，用脱醛乙醇稀释到 3.00 mL，在 325 nm 处测定吸光度，用下面的公式计算出维生素 A 的含量：

$$c=(A/E)\times 0.1\times 3.00/(S\times 10)$$

式中：c——维生素 A 的浓度(g/mL)；

A——平均吸光度值；

E——1%的维生素 A 的比吸光系数(1 835)；

S——加入的维生素 A 溶液量(μL)。

(3)无水脱醛乙醇 取 2 g $AgNO_3$ 溶于水中，取 4 g NaOH 溶于温乙醇中。将两者倾入盛有 1 L 乙醇的试剂瓶中，振荡后，暗处放置两天(不时摇动以促进反应)，取上清液蒸馏，弃去初馏液 50 mL。

(4)酚酞 取 95%的乙醇配成 1%的溶液。

(5)0.5 mol/L 的 KOH。

(6)无水乙醚 不含过氧化物。

(7)异丙醇。

四、实验步骤

1. 样品处理

称取 0.5～5 g 充分混匀的鱼肝油于三角瓶中，加入 1∶1 的 KOH 10 mL 和乙醇 20～40 mL 在电热板上回流 30 min。加入 10 mL 水，稍微振摇，若有浑浊现象，说明皂化完全。

2. 提取

将皂化液移入分液漏斗，先用 30 mL 水分两次洗涤皂化瓶(如有残渣，可采用过滤)，再用 50 mL 乙醚分两次洗涤皂化瓶，将所有洗液并入分液漏斗中，振摇 2 min(注意放气)，静止分层后，水层放入第二分液漏斗。皂化瓶再用 30 mL 乙醚分两次洗涤，洗液倒入第二分液漏斗，振摇后静止分层，将水层放入第三分液漏斗，醚层并入第一分液漏斗。重复操作 3 次。

3. 洗涤

向第一分液漏斗加入 30 mL 水，轻轻振摇，静止分层后，放出水层。再加 15～20 mL 0.5 mol/L 的 KOH，轻轻振摇，静止分层后，放出碱液。在用水同样操作至洗液不使酚酞边红为止。醚液静止 10～20 min 后，小心放掉析出的水。

4. 浓缩

将醚液通过无水硫酸钠滤入三角瓶中，再用约 25 mL 的乙醚洗涤分液漏斗和硫酸钠两次，洗液 并入三角瓶中。用水浴蒸馏回收乙醚，待瓶中剩余约 5 mL 乙醚时取下减压抽干，立即用异丙醇溶解，并移入 50 mL 容量瓶并用异丙醇定容。

5. 绘制标准曲线

分别取维生素 A 标准液 0.00、1.00、2.00、3.00、4.00、5.00 mL 于 10 mL 容量瓶中，用异丙醇定容，以零管调零，于紫外分光光度计上在 325 nm 处分别测定吸光度，绘制标准曲线。

6. 样品测定

取浓缩后的定容液于紫外分光光度计上在 325 nm 处测定吸光度，通过此吸光度查标准曲线获得维生素 A 的含量。

五、结果计算

$$维生素\ A(IU/100\ g)=(c\times V)/m\times 100$$

式中：c——测得的样品定容液中维生素 A 的含量(IU/mL)；

V——定容液的总体积(mL)；

m——样品质量(g)。

实验二十二　维生素 B_1 的定性试验

一、实验目的

了解维生素 B_1 的性质，掌握定性鉴定维生素 B_1 的方法及其原理。

二、实验原理

维生素 B_1(抗神经炎维生素)属于水溶性维生素，因含有硫及氨基，又名硫胺素。它在植物性食物中分布极广，谷类种子表层中含量更为丰富。麦麸、米糠和酵母均为维生素 B_1 的良好来源。维生素 B_1的定性鉴定法主要有以下列两种：

重氮苯磺酸反应：在有碳酸氢钠存在的碱性条件下，硫胺素能与重氮苯磺酸作用产生红色，加入少量甲醛可使红色稳定。本反应不很灵敏，特异性低，但因操作简单迅速，往往用来检查尿中的维生素 B_1。

荧光反应：硫胺素经碱性铁氰化钾溶液氧化作用后，即生成黄色而带有蓝色荧光的硫色素(图 2-5)。溶于异丁醇中的硫色素显示的深蓝色荧光，在紫外光下更为显著。此反应非常灵敏，可以测出 0.01 μg 维生素 B_1。由于特异性很高，还可用来定量测定硫胺素。

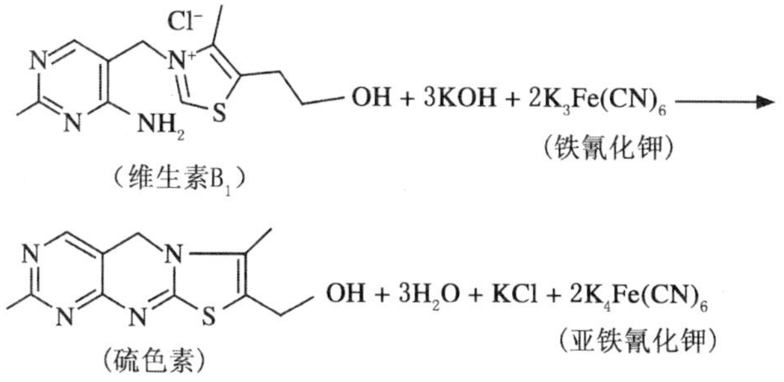

图 2-5　硫胺素的荧光反应

三、实验材料

米糠。

四、仪器、器具与试剂

1. 仪器与器具

电子天平、漏斗、量筒、移液管、容量瓶等。

2. 试剂

(1)0.2%硫胺素溶液。

(2)浓盐酸。

(3)0.1 mol/L H_2SO_4 溶液。

(4)1%铁氰化钾溶液。

(5)30% NaOH 溶液。

(6)异丁醇。

(7)碳酸氢钠碱性溶液：20 g NaOH 溶于 600 mL 蒸馏水中，加 28.8 g $NaHCO_3$，混匀后加水稀释到 1 000 mL。

(8)重氮试剂：

溶液 A——将对-氨基苯磺酸 1 g 溶解于 15 mL 浓盐酸中，然后加水稀释至 100 mL。

溶液 B——将亚硝酸钠 0.5 g 溶解于水中，稀释至 100 mL。每次用前新配。

需用时，将 3 mL 溶液 B 加到 100 mL 溶液 A 中，混匀即得。

五、实验步骤

1. 重氮苯磺酸反应

取米糠约 1 g，置试管中。加入 0.1 mol/L H_2SO_4 溶液 5 mL，用力振荡以提取硫胺素。放置 15 min 后，用滤纸过滤。取滤液 1 mL，加入碳酸氢钠溶液 1.5 mL 及重氮试剂 1 mL。混匀后，在 10 min 内观察深红色的出现。

2. 荧光反应

取 0.2%硫胺素溶液 1～2 mL，加入铁氰化钾溶液 2 mL 及 30%氢氧化钠溶液 1 mL。充分混匀后，再加入 2 mL 异丁醇，充分振荡。待两液相分开后，观察上层异丁醇溶液中的蓝色荧光。

六、实验结果及数据处理

将实验结果填入表 2-16 中。

表 2-16　维生素 B_1 的定性试验结果

定性反应	实验现象	结果解释
重氮苯磺酸反应		
荧光反应		

注意事项：

(1)加入浓盐酸时一定要在通风柜中进行。

(2)铁氰化钾在在水溶液中是不会分解的，只有在紫外光或日光照射下，或在酸性介质中(例如 20%的硫酸)并受热，会分解出剧毒的氢氰酸。

实验二十三　维生素 B_2 的定性试验

一、实验目的

了解维生素 B_2 的性质，掌握荧光法定性鉴定维生素 B_2 的原理及操作方法。

二、实验原理

维生素 B_2 属水溶性维生素，又名核黄素，其乙醇中性溶液和水溶液呈黄色，在中性或酸性溶液中经光照射自身可产生黄绿色荧光，在稀溶液中荧光的强度与核黄素的浓度成正比。核黄素能被亚硫酸盐还原成无色的二氢化物，失去荧光。但此氢化物在空气中易被重新氧化，恢复荧光。反应如图 2-6 所示。

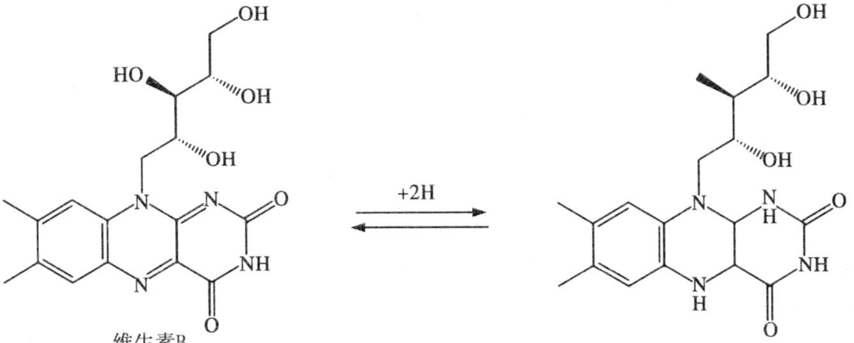

维生素B_2

图 2-6 核黄素氧化还原反应

三、实验材料

核黄素溶液(30 μg/mL)。

四、仪器、器具与试剂

1. 仪器与器具

试管、滴管、紫外灯、量筒等。

2. 试剂

2.5%亚硫酸氢钠溶液(用 2%碳酸钠配制)。

五、实验步骤

取 2 支试管，各加入核黄素溶液 1 mL，观察其黄绿色荧光。在另一试管中加入 5～10 滴亚硫酸氢钠溶液，比较 2 管荧光。充分摇动后，再随时比较 2 管荧光。最好在紫外光灯下观察。

六、实验结果及数据处理

将实验结果填入表 2-17 中。

表 2-17 维生素 B_2 的定性试验结果

实验现象	结果解释

第二部分　酶学分析实验

实验二十四　环境条件对酶促反应活性的影响

一、实验目的

酶是生物催化剂，是具有催化功能的蛋白质，生物体内的化学反应基本都是在酶催化下进行的，酶与一般催化剂最主要的区别是具有高度的特异性（专一性）。本实验以唾液淀粉酶和蔗糖酶的作用为例，来说明酶的专一性，并观察环境条件（如温度、pH）及抑制剂和激活剂对唾液淀粉酶活性的影响，对进一步掌握代谢反应及其调控机理具有十分重要的意义。

二、实验原理

酶的特异（专一）性指一种酶只对一种或一类底物起催化作用。淀粉酶和蔗糖酶虽然都催化糖苷键的水解，但是淀粉酶只对淀粉起作用，蔗糖酶只水解蔗糖。淀粉和蔗糖水解后的还原糖产物的醛基可与本乃狄试剂在强碱下生成的氢氧化铜反应，产生砖红色的氧化铜沉淀，从而加以鉴定。

酶的活性受温度的双重影响。低温时酶活性表现较低，在一定范围内，酶活性随温度上升而增高。另一方面，温度越高酶蛋白变性越快，致使酶活性随温度上升而降低，甚至完全失活。当酶促反应速度达到最大值时的温度，称为酶作用的最适温度。大多数动物酶的最适温度在37～40℃范围，植物酶的最适温度在50～60℃范围。

酶的活性受环境pH的影响极为显著。每一种酶在一定的条件下都有它发挥作用的最适pH，此时酶的活性最大。pH影响酶活力的主要原因有以下几个方面，首先，pH影响酶分子活性部位上有关基团的解离，另外，也影响底物的解离状态，从而影响酶活性中心与底物的结合或催化。其次，有关基团解离状态的改变影响酶的空间构象，甚至会使酶变性。尽管有一些酶能忍受较大的 pH 的变化，但大多数酶保持活性的 pH 值范围很窄。

激活剂和抑制剂对酶活也具有一定的影响，能增高酶活性的物质称为酶的激活剂，能降低酶活性却又不使酶变性的物质叫酶的抑制剂。

三、实验材料

唾液。

四、仪器、器具与试剂

1. 仪器与器具

(1)恒温水浴(37℃，70℃)、沸水浴(100℃)、冰浴(0℃)。

(2)试管 19 支。

(3)吸管 1 mL 7 支、2 mL 3 支、5 mL 5 支。

(4)量筒 100 mL 1 个。

(5)白瓷板。

(6)胶头滴管 3 支。

2. 试剂

(1)唾液淀粉酶溶液：先用蒸馏水漱口，再含 10 mL 左右蒸馏水，轻轻漱动，1～2 min 后用数层纱布过滤收集在烧杯中，即得唾液淀粉酶原液，稀释至 100 mL 备用。

(2)蔗糖酶溶液：取 1 g 鲜酵母或干酵母放入研钵中，加入少量石英砂和水研磨，加 50 mL 蒸馏水，静置片刻，过滤即得。

(3)2%蔗糖溶液：用分析纯蔗糖新鲜配制。

(4)1%淀粉溶液：1 g 淀粉和 0.3 g NaCl，用 5 mL 蒸馏水悬浮，慢慢倒入 60 mL 煮沸的蒸馏水中，煮沸 1 min，冷却至室温，加水到 100 mL，冰箱贮存。

(5)0.1%淀粉溶液：0.1 g 淀粉，以 5 mL 水悬浮，慢慢倒入 60 mL 煮沸的蒸馏水中，煮沸 1 min，冷却至室温，加水到 100 mL，冰箱贮存。

(6)柠檬酸钠。

(7)$CuSO_4 \cdot 5H_2O$。

(8)$Na_2CO_3 \cdot 2H_2O$。

(9)本乃狄(Benedict)试剂(班氏试剂)：17.3 g $CuSO_4 \cdot 5H_2O$，加 100 mL 蒸馏水加热溶解，冷却；173 g 柠檬酸钠和 100 g $Na_2CO_3 \cdot 2H_2O$，以 600 mL 蒸馏水

加热溶解，冷却后将 $CuSO_4$ 溶液慢慢加到柠檬酸钠-碳酸钠溶液中，边加边搅匀，最后定容至 1 000 mL。如有沉淀可过滤除去，此试剂可长期保存。

(10)碘液：3 g KI 溶于 5 mL 蒸馏水中，加 1 g I_2，溶解后再加 295 mL 水，混匀贮存于棕色瓶中。

(11)磷酸缓冲液：

A 液——0.2 mol/L Na_2HPO_4：称 28.40 g Na_2HPO_4(或 71.64 g $Na_2HPO_4 \cdot 12H_2O$)溶于 1 000 mL 水中。

B 液——0.1 mol/L 柠檬酸：称取 21.01 g 柠檬酸($C_6H_8O_7 \cdot H_2O$)溶于 1 000 mL 水中。

pH 5.0 缓冲液——10.30 mL A 液＋9.70 mL B 液。pH 7.0 缓冲液：16.47 mL A 液＋3.53 mL B 液。

pH 8.0 缓冲液：19.45 mL A 液＋0.55 mL B 液。

(12)1% $CuSO_4 \cdot 5H_2O$ 溶液。

(13)1% NaCl 溶液。

五、实验步骤

1. 酶催化的专一性

取 6 支干净试管，按表 2-18 操作。

表 2-18 酶催化专一性的测定

操作项目	管号					
	1	2	3	4	5	6
1%淀粉/mL	1.0	1.0	0.0	0.0	1.0	0.0
2%蔗糖/mL	0.0	0.0	1.0	1.0	0.0	1.0
唾液淀粉酶原液/mL	1.0	0.0	1.0	0.0	0.0	0.0
蔗糖酶溶液/mL	0.0	1.0	0.0	1.0	0.0	0.0
蒸馏水/mL	0.0	0.0	0.0	0.0	1.0	1.0
酶促水解	摇匀，37℃水浴中保温 10 min					
本乃狄试剂/mL	2.0	2.0	2.0	2.0	2.0	2.0
反应条件	摇匀，沸水浴中加热 5～10 min					
现象						
解释实验现象						

2. 温度对酶活力的影响

取 3 支试管，按表 2-19 操作。

表 2-19　温度对酶活力的影响

操作项目	管号		
	1	2	3
唾液淀粉酶溶液/mL	1.0	1.0	1.0
pH 7.0 磷酸缓冲液/mL	2.0	2.0	2.0
温度预处理 5 min	0℃	37℃	70℃
1%淀粉溶液/mL	2.0	2.0	2.0
反应条件	摇匀，保持各自温度继续反应，数分钟后每隔 0.5 min 从第 2 号管吸取 1 滴反应液于白瓷板上，用碘液检查反应进行情况，直至反应液不再变色(只有碘液的颜色)，立即取出所有试管，流水冷却 5 min，各加 1 滴碘液，混匀		
现象			
解释实验现象			

3. pH 对酶活力的影响

取 3 支试管，按表 2-20 操作。

表 2-20　pH 对酶活力的影响

操作项目	管号		
	1	2	3
pH 5.0 磷酸缓冲液/mL	3.0	0.0	0.0
pH 7.0 磷酸缓冲液/mL	0.0	3.0	0.0
pH 8.0 磷酸缓冲液/mL	0.0	0.0	3.0
1%淀粉溶液/mL	1.0	1.0	1.0
预保温	摇匀，37℃水浴中保温 2 min		
唾液淀粉酶溶液/mL	1.0	1.0	1.0
检查淀粉水解程度	摇匀，置 37℃水浴中继续反应，每隔 0.5 min 从第 2 号管中取出 1 滴反应液于白瓷板上，加碘液检查反应情况，直至反应液不再变色，即停止反应，取出所有管		
碘液(滴)	1	1	1
现象			
解释实验现象			

4. 抑制剂和激活剂对酶活力的影响

取3支试管，按表2-21操作。

表2-21 抑制剂和激活剂对酶活力的影响

操作项目	管号		
	1	2	3
1% NaCl/mL	1.0	0.0	0.0
1% $CuSO_4$/mL	0.0	1.0	0.0
蒸馏水/mL	0.0	0.0	1.0
唾液淀粉酶溶液/mL	1.0	1.0	1.0
0.1%淀粉溶液/mL	3.0	3.0	3.0
检查淀粉水解程度	摇匀，置37℃水浴中1 min左右即可用碘液检查1号管淀粉的水解程度。待1号管反应液不再变色，即停止反应，取出所有管		
碘液（滴）	1	1	1
现象			
解释实验现象			

注意事项：

(1)各人唾液中淀粉酶活力不同，因此实验3、4、5应随时检查反应进行情况。如反应进行太快，应适当稀释唾液；反之，则应减少唾液淀粉酶稀释倍数。

(2)酶的抑制与激活最好用经透析的唾液，因为唾液中含有少量Cl^-。另外，注意不要在检查反应程度时使各管溶液混杂。

实验二十五 淀粉酶(Amylase)活性测定

一、实验目的

学习淀粉酶活性测定的原理和方法，掌握淀粉酶活性的表示方法及各种淀粉酶的特性。

二、实验原理

淀粉酶能将淀粉水解成麦芽糖，生成的麦芽糖能将3,5-二硝基水杨酸还原成橙红色化合物3-氨基5-硝基水杨酸，在520 nm处有吸收峰。还原糖在一定浓度范围内与反应液的颜色深浅成正比，因而可以利用比色法求得麦芽糖的含量。

植物淀粉酶活性因生长发育时期不同而有所变化，以禾谷类种子萌发时淀粉酶活性最强，可分为 α-淀粉酶和 β-淀粉酶两种。α-淀粉酶不耐酸，在 pH 3.6 以下则发生钝化，而 β-淀粉酶不耐热，在大于 70℃的温度下易失活。因此，可以根据 α-淀粉酶和 β-淀粉酶的特性分别测定它们的活性。以 5 min 内每克样品水解产生麦芽糖的毫克数表示淀粉酶活性的大小。

三、实验材料

萌发的水稻、小麦或大麦种子(芽长 1 cm 左右为好)。

四、仪器、器具与试剂

1. 仪器与器具

电子天平、研钵、100 mL 容量瓶、50 mL 量筒、刻度试管 20 mL×9、10 mL、试管 6 支、移液管(1 mL×2、2 mL×2、10 mL×2)、离心机、离心管、恒温水浴锅、721 型分光光度计。

2. 试剂

(1)1%淀粉溶液　称 1.0 g 可溶性淀粉，加入 100 mL 蒸馏水煮沸(现配现用)。

(2)pH 5.6 柠檬酸缓冲液　①将柠檬酸 21.0 g 溶解后定容至 1 000 mL；②将柠檬酸钠 29.4 g 溶解后定容至 1 000 mL。量取①液 55 mL 与②液 145 mL 混匀，即得 200 mL pH 5.6 的柠檬酸缓冲液。

(3)0.4 mol/L 氢氧化钠溶液　称取 16 g NaOH 溶于水后定容至 1 000 mL。

(4)3,5-二硝基水杨酸试剂　称取 1.0 g 3,5-二硝基水杨酸，溶于 20 mL 1 mol/L 的氢氧化钠溶液中，加入 50 mL 蒸馏水，再加入 30 g 酒石酸钾钠，溶解后定容至 100 mL。配好后盖紧瓶盖，防止 CO_2 进入。

(5)麦芽糖标准溶液　称取化学纯麦芽糖 0.100 0 g 溶于少量蒸馏水中，然后定容至 100 mL，即为 1 mg/mL 麦芽糖标准溶液。

五、实验步骤

1. 酶液的提取

称取去根的萌发水稻(小麦或大麦)种子 2 g(含外壳)，置于研钵中加 1 g 石英砂研磨成匀浆。用 8 mL 蒸馏水分次洗涤研钵，将匀浆转入离心管中，搅拌均匀后放置 15～20 min(间隔搅拌 2～3 次)。3 500 r/min 离心 10 min，将上清液转入

100 mL 容量瓶，用蒸馏水定容至刻度，即得粗酶液备用。

2. α-淀粉酶活性的测定

(1)取三支试管，编号注明 1 支为对照管，2 支为测试管。

(2)于每管中各加入酶提取液 1 mL，在 70℃恒温水浴中加热 15 min，在此期间 β-淀粉酶受热钝化，取出后迅速在自来水中冷却。

(3)在试管中各加入 1 mL pH 5.6 的柠檬酸缓冲液。

(4)向对照管中加入 4 mL 0.4 mol/L NaOH，摇动 2～3 min，静止 2 min，以钝化酶的活性，再加入 1%淀粉 2 mL。

(5)将测定管置 40℃恒温水浴中保温 15 min，再加入 40℃下预热的 1%淀粉溶液 2 mL，摇匀，立即放入 40℃水浴中准确保温 15 min 取出，迅速加入 4 mL 0.4 mol/L NaOH，以终止酶的活动，然后准备下一步糖的测定。

3. α-淀粉酶和 β-淀粉酶的酶促反应

取 4 支 10 mL 具塞刻度试管，按照表 2-22 编号，并顺序加入各种试剂。

表 2-22 α-淀粉酶和 β-淀粉酶的酶促反应

试剂	编号			
	1(对照)	2(对照)	3(反应)	4(反应)
粗酶液/mL	1	1	1	1
pH 5.6 缓冲液/mL	1	1	1	1
40℃水浴保温 5 min				
0.4 mol/L NaOH/mL	4	4	0	0
预热 1%淀粉/mL	2	2	2	2

将以上各管混匀后，置于 40℃水浴保温 5 min，取出后立即向 3 号和 4 号试管中加入 4 mL 0.4 mol/L NaOH 终止酶的活性。

4. 反应液麦芽糖含量的测定

(1)标准曲线的制作　取 5 支 20 mL 刻度试管，分别编号后加入麦芽糖标准液(1 mg/mL)0.0、0.5、1.0、1.5、2.0 mL，然后于各管加入蒸馏水使溶液为 2 mL，再各加 3,5-二硝基水杨酸试剂 2 mL，置沸水中煮 5 min，取出冷却，用蒸馏水稀释至 20 mL。摇匀后用 721 型分光光度计在 520 nm 的波长下进行比色，记录光密度，以光密度为纵坐标，以麦芽糖含量为横坐标绘制标准曲线。

(2)样品的测定　取以上各管酶作用后的溶液及对照管中的溶液各 2 mL，分别加入 20 mL 刻度管中，加入 2 mL 3,5-二硝基水杨酸试剂，混匀置沸水中煮 5 min。取出冷却，用蒸馏水稀释至 20 mL，混匀。用 721 型分光光度计在 520 nm 的波长下进行比色，记录吸光度，从麦芽糖标准曲线中计算出麦芽糖含量，用以表示酶的活性。

六、实验结果及数据处理

$$淀粉酶总活性=\frac{(A-A')\times 酶提取液总体积\times 酶反应稀释倍数}{样品重\times 所用酶反应液体积}$$

式中:酶活性单位——麦芽糖(mg)/[(鲜重(g)·5 min)];

A——酶反应管中麦芽糖含量,即3号和4号管中麦芽糖毫克数的平均值;

A'——对照管中麦芽糖含量,即1号和2号管中麦芽糖毫克数的平均值。

注意事项:

(1)实验前应将所用研钵、试管和容量瓶等玻璃器皿冲洗干净,并注意移液管的分别使用,以避免酶遇强碱失活。

(2)注意控制好酶反应的温度、时间和pH值。

实验二十六 血清谷丙转氨酶(SGPT)和谷草转氨酶(SGOT)活性测定

一、实验目的

学习血清中谷丙转氨酶(SGPT)和谷草转氨酶(SGOT)活性的测定原理和方法,并了解这些酶活性变动的临床意义。

二、实验原理

血清谷丙转氨酶(SGPT)和血清谷草转氨酶(SGOT)分别以丙氨酸和α-酮戊二酸,天冬氨酸和α-酮戊二酸为底物,产生丙酮酸和谷氨酸以及草酰乙酸和谷氨酸。SGOT产生的草酰乙酸可在血清β-脱羧酶和枸橼酸苯胺作用下脱羧产生丙酮酸,这样两种酶催化都能产生丙酮酸,丙酮酸可与起终止和显色作用的2,4-二硝基苯肼发生加成反应,生成丙酮酸-2,4-二硝基苯腙,后者在碱性环境中生成红棕色的苯腙硝醌化合物,其颜色的深浅在一定范围内与丙酮酸的生成量,亦即与谷丙转氨酶和谷草转氨酶活性的高低成正比关系(图2-7)。据此与同样处理的丙酮酸标准液相比较,便可算出或通过标准曲线查出血清中谷丙转氨酶和谷草转氨酶的活性。采用改良赖氏法,以1 mL血清与基质液在37℃,保温30 min生成2.5 μg丙酮酸为谷丙转氨酶和谷草转氨酶为1个活性单位。100 mL血清中SGPT和SGOT的正常值均在40单位以下。

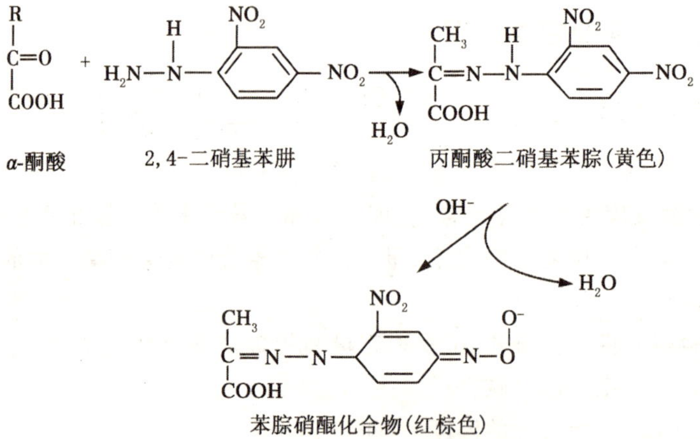

图 2-7　血清谷丙转氨酶与谷草转氨酶活性测定

三、实验材料

人或老鼠血清。

四、仪器、器具与试剂

1. 仪器与器具

试管、移液管、容量瓶、恒温水浴锅、721 型分光光度计。

2. 试剂

(1)0.1 mol/L 磷酸盐缓冲液:称取磷酸氢二钠 13.97 g 和磷酸二氢钾 2.69 g 溶于蒸馏水中,定容至 1 000 mL。

(2)SGPT 底物:称取 *DL* 型丙氨酸 1.79 g 和 α-酮戊二酸 29.2 mg 于烧瓶内,加 0.1 mol/L 磷酸盐缓冲液(pH 7.4)约 80 mL,煮沸溶解后加 1 mol/L NaOH 校正 pH 值至 7.4(约加 0.1 mL),再用缓冲液加至 100 mL(加少量氯仿,可在冰箱中保存数周)。

(3)SGOT 底物:称取天冬氨酸 2.66 g 和 α-酮戊二酸 29.2 mg 于烧杯中,加 0.1 mol/L 磷酸盐缓冲液(pH 7.4)约 50 mL,煮沸溶解后加 1 mol/L NaOH 校正 pH 值至 7.4(约加 20.5 mL),再用缓冲液加至 100 mL(加少量氯仿,可在冰箱中保存数周)。

(4)枸橼酸苯胺溶液:称取枸橼酸 50 g 溶于 50 mL 蒸馏水中备有,使用前取枸橼酸溶液与等体积苯胺混合。

(5)2,4-二硝基苯肼溶液：称取 2,4-二硝基苯肼 20 mg 溶于 1 mol/L HCl 中，加热溶解后用 1 mol/L HCl 稀释至 100 mL。

(6)0.4 mol/L NaOH。

(7)丙酮酸标准溶液(1 mL 含 2 μg 分子)：精确称取纯丙酮酸钠 22.0 g 于 100 mL 容量瓶中，加 0.1 mol/L 磷酸盐缓冲液至刻度，此溶液需在临用前配制。

五、实验步骤

1. 标准曲线绘制

取 6 支试管按照表 2-23 操作。

表 2-23　血清谷丙转氨酶和谷草转氨酶活性测定——标准曲线的制作

项　目	试管号					
	对照	1	2	3	4	5
丙酮酸标准液	0.00	0.05	0.10	0.15	0.20	0.25
SGPT 或 SGOT 底物	0.50	0.45	0.40	0.35	0.30	0.25
0.1 mol/L 磷酸缓冲液 pH 7.4	0.10	0.10	0.10	0.10	0.10	0.10
相当于谷丙转氨酶单位	0	28	57	97	150	200
相当于谷草转氨酶单位	0	24	61	114	190	—

置于 37℃水浴 30 min，各管加 2,4-二硝基苯肼 0.5 mL，摇匀后继续在 37℃水浴 20 min，各管加 5 mL 0.4 mol/L NaOH，混匀，10 min 后从水浴锅中取出。以蒸馏水调“零”点，在 520 nm 波长下进行比色。各管的光密度减去对照管的光密度值后，以光密度值为纵坐标，各管相应的转氨酶单位为横坐标，绘制标准曲线。

2. 酶活性测定

取 2 支试管，标注测定管和对照管，按表 2-24 加入试剂。

表 2-24　血清中 SGPT 和 SGOT 酶活性测定

试　剂/mL	测定管	对照管
血清	0.1	0.1
SGPT 或 SGOT 底物	0.5	0
37℃水浴 30 min(SGOT 为 37℃水浴 60 min)后加 1 滴枸橼酸苯胺		
2,4-二硝基苯肼	0.5	0.5
37℃水浴 20 min		
SGPT 或 SGOT 底物	0	0.5
0.4 mol/L NaOH	5.0	5.0

六、实验结果及数据处理

反应 10 min 后，在 520 nm 波长比色，以蒸馏水调零，读取光密度值，用测定管光密度值减去对照管光密度值，由绘制的标准曲线查知转氨酶的活力单位。

注意事项：

(1)SGPT 和 SGOT 超过 200 U 时，应将血清稀释后再进行测定。

(2)酶活力测定受温度和时间的影响大，因此反应时应严格控制温度和时间。

(3)血清标本不应溶血，最好在采血当日进行测定，一般血清可在冰箱中冷藏 1～2 d。

(4)*DL* 型丙氨酸，如改用 *L* 型丙氨酸，可用量减半(因为转氨酶只作用于 *L* 型丙氨酸)。

(5)光密度与丙氨酸的标准曲线成抛物线，是因为除丙酮酸与 2,4-二硝基苯肼在碱性溶液中能成肼外，*α*-酮戊二酸也能与 2,4-二硝基苯肼反应产生苯肼，这是该实验方法的缺点。

实验二十七　脲酶 K_m 值简易测定

一、实验目的

掌握测定米氏常数(K_m)的原理和方法。

二、实验原理

脲酶是具有绝对专一性的酶。它催化尿素分解，在酸性条件下产生碳酸铵，后者在碱性溶液中与奈氏试剂(Nessler's reagent)作用产生橙黄色的碘化双汞胺，其颜色深浅在一定范围内与碳酸铵量成正比。故可用比色法测定不同底物浓度下，反应一定时间后生成的碳酸铵的量，从而得到酶促反应速率，进而根据米氏方程的双倒数作图法，求得脲酶的 K_m 值和最大反应速率。

$$O{=}C(NH_2)_2 + 2H_2O \longrightarrow (NH_4)_2CO_3$$

$$(NH_4)_2CO_3 + 8NaOH + 4(KI)_2HgI_2 \longrightarrow$$

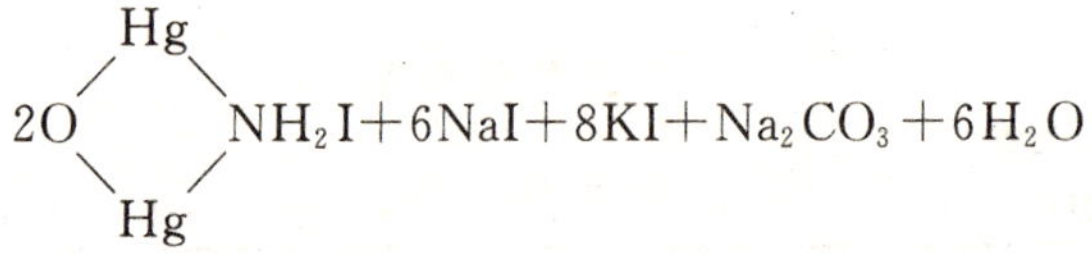

三、实验材料

大豆粉。

四、仪器、器具与试剂

1. 仪器与器具

721 型分光光度计、恒温水浴锅、离心机、试管、刻度吸管、漏斗等。

2. 试剂

(1)不同浓度的底物(尿素)溶液:以 1/10 mol/L 的尿素溶液为母液,稀释成 1/20 、1/30、1/40、1/50 mol/L 的尿素溶液。

(2)1/15 mol/L pH 7.0 磷酸盐缓冲液:取 1/15 mol/L Na_2HPO_4 溶液 60 mL,加 1/15 mol/L KH_2PO_4 溶液 40 mL,混匀即可。

(3)10%硫酸锌。

(4)0.5 mol/L NaOH。

(5)10%酒石酸钾钠。

(6)奈氏试剂:5 g KI 溶于 5 mL 蒸馏水,加入饱和氯化汞溶液(100 mL 中溶解 5.7 g 氯化汞),不断搅拌,直至产生朱红色的沉淀不在溶解时,再加入 40 mL 50%的 NaOH 溶液,稀释至 100 mL。混匀,静置过夜,清液储存于棕色瓶中。

(7)0.005 mol/L 硫酸铵标准液。

(8)30%乙醇。

五、实验步骤

1. 脲酶提取

称大豆粉 1 g,加 30%乙醇 25 mL,充分摇匀后,置冰箱中过夜,次日以 2 000 r/min 离心 3 min,取上清液备用。

2. 酶促反应

取试管 5 支,按表 2-25 加入试剂和进行操作。

表 2-25 脲酶酶促反应过程

试剂	管号				
	1	2	3	4	5
脲液浓度/(mol/L)	1/50	1/50	1/40	1/30	1/20
脲液加入量/mL	0.50	0.50	0.50	0.50	0.50

续表 2-25

试剂	管号				
	1	2	3	4	5
pH 7.0 磷酸盐缓冲液/mL	2.00	2.00	2.00	2.00	2.00
37℃水浴保温/min	5	5	5	5	5
脲酶加入量/mL		0.50	0.50	0.50	0.50
煮沸脲酶加入量/mL	0.50				
37℃水浴保温/min	10	10	10	10	10
加 10%硫酸锌/mL	0.50	0.50	0.50	0.50	0.50
加 dH_2O/mL	10.00	10.00	10.00	10.00	10.00
0.5 mol/L NaOH/mL	0.50	0.50	0.50	0.50	

静置 5 min 后过滤，取滤液。

3. 各反应管碳酸铵含量测定

另取试管 5 支，按表 2-26 加入试剂。

表 2-26 反应中碳酸铵含量的测定

试剂	管号				
	1	2	3	4	5
滤液/mL	1.00	1.00	1.00	1.00	1.00
dH_2O/mL	4.50	4.50	4.50	4.50	4.50
10%酒石酸钾钠/mL	0.50	0.50	0.50	0.50	0.50
0.5 mol/L NaOH/mL	0.50	0.50	0.50	0.50	0.50
奈氏试剂	1.00	1.00	1.00	1.00	1.00

迅速混匀，然后在 460 nm 波长下比色。

4. 标准曲线制作

按表 2-27 加入试剂。

表 2-27 标准曲线的制作

试剂	管号					
	1	2	3	4	5	6
0.005 mol/L 硫酸铵/mL	0.00	0.10	0.20	0.30	0.40	0.50
dH_2O/mL	5.80	5.70	5.60	5.50	5.40	5.30
10%酒石酸钾钠/mL	0.50	0.50	0.50	0.50	0.50	0.50
0.5 mol/L NaOH/mL	0.50	0.50	0.50	0.50	0.50	0.50
奈氏试剂	1.00	1.00	1.00	1.00	1.00	1.00

立即混匀各管，然后在 460 nm 波长下比色。并制作标准曲线。

六、结果计算

在标准曲线上查出不同浓度脲液经脲酶催化分解产生的碳酸铵的量，然后以单位时间碳酸铵生成量（反应速率）的倒数即 $1/v$ 为纵坐标，以对应的脲液浓度的倒数即 $1/[S]$ 为横坐标作双倒数图，从图上获得脲酶的 K_m 和 v_{max}。

实验二十八　超氧物歧化酶（SOD）活性测定

一、实验目的

学习并掌握利用氮蓝四唑光化还原法测定 SOD 酶活性的原理及方法。

二、实验原理

SOD 普遍存在于动、植物体内，是一种清除超氧阴离子自由基（$O_2\cdot^-$）的酶。本实验依据 SOD 抑制氮蓝四唑在光下的还原作用来确定酶活性的大小。在有氧化物质存在下，核黄素可被光还原，被还原的核黄素在有氧条件下极易再氧化而产生 $O_2\cdot^-$，可将氮蓝四唑还原为蓝色的甲腙，后者在 560 nm 处有最大吸收，而 SOD 可清除 $O_2\cdot^-$，从而抑制了甲腙的形成。于是光还原反应后，反应液蓝色愈深，说明酶活性愈低，反之酶活性愈高。据此可以计算出酶活性大小。

三、实验材料

植物叶片。

四、仪器、器具与试剂

1. 仪器与器具

高速台式离心机、分光光度计、微量进样器、荧光灯（反应试管处照度为 4 000 lx）、试管或指形管数支、研钵。

2. 试剂

（1）0.05 mol/L 磷酸缓冲液（pH 7.8）。

（2）130 mmol/L 甲硫氨酸（Met）溶液　称取 1.939 9 g Met 用磷酸缓冲液定容至 100 mL。

(3)750 μmol/L 氮蓝四唑溶液　称取 0.061 33 g NBT 用磷酸缓冲液定容至 100 mL,避光保存。

(4)100 μmol/L EDTA-Na_2溶液　称取 0.037 21 g EDTA-Na_2,用磷酸缓冲液定容至 1000 mL。

(5)20 μmol/L 核黄素溶液　称取 0.075 3 g 核黄素用蒸馏水定容至 1 000 mL,避光保存。

五、实验步骤

1. 酶液提取

取一定部位的植物叶片(视需要定,去叶脉)0.5 g 于预冷的研钵中,加 1 mL 预冷的磷酸缓冲液在冰浴上研磨成匀浆,加缓冲液使终体积为 5 mL。在 4℃条件下 10 000 r/min 离心 20 min,上清液即为 SOD 粗提液。

2. 显色反应

取 5 mL 指形管(要求透明度好)4 支,2 支为测定管,另 28 支为对照管,按表 2-28 加入各溶液。混匀后,给 1 支对照管罩上比试管稍长的双层黑色硬纸套遮光,与其他各管同时置于 4 000 lx 日光灯下反应 10 min(要求各管照光情况一致,反应温度控制在 25～35℃之间,使酶活性高低适当调整反应时间)。

当样品数量较大时,可在临用前根据用量将表中各试剂(酶液和核黄素除外)按比例混合后一次加入 2.65 mL,然后依次加入核黄素和酶液,使终浓度不变。

表 2-28　超氧物歧化酶(SOD)酶活性测定——显色反应

试剂(酶)	用量/mL	终浓度(比色时)
0.05 mol/L 磷酸缓冲液	1.5	
130 mmol/L Met 溶液	0.3	13 mmol/L
750 μmol/L NBT 溶液	0.3	75 μmol/L
100 μmol/L EDTA-Na_2 液	0.3	10 μmol/L
20 μmol/L 核黄素	0.3	2.0 μmol/L
酶液	0.05	2 支对照管以缓冲液代替酶液
蒸馏水	0.25	
总体积	3.0	

3. SOD 活性测定

至反应结束后,用黑布罩盖上试管,终止反应。以遮光的对照管作为空白,分别在 560 nm 下测定各管的吸光度值,计算 SOD 活性。

六、结果计算

已知 SOD 活性单位以抑制 NBT 光化还原的 50%为一个酶活性单位表示，按下式计算 SOD 活性。

$$\text{SOD 总活性(U/gFW)} = \frac{(A_{CK} - A_E) \times V_T}{0.5 \times A_{CK} \times W \times V_1}$$

$$\text{SOD 比活力(U/mg 蛋白)} = \frac{\text{SOD 总活性}}{\text{蛋白质含量}}$$

式中：SOD 总活性以酶单位每克鲜重表示，比活力单位以酶单位每毫克蛋白表示。

A_{CK}——照光对照管的吸光度；

A_E——样品管的吸光度；

V_T——样品液总体积(mL)；

V_1——测定时样品用量(mL)；

W——样品鲜重(g)；

蛋白质含量单位为(mg/g)。

注意事项：

NBT 光还原的反应速度随反应温度的升高而加快，也随光照强度的增加而加快，所以要灵活控制光照距离。

实验二十九　过氧化物酶(POD)活性测定

一、实验目的

过氧化物酶是植物体内普遍存在的、活性较高的一种酶，它与呼吸作用、光合作用及生长素的氧化等都有密切关系，在植物生长发育过程中，它的活性不断发生变化，因此测量这种酶，可以反映某一时期植物体内代谢的变化。

二、实验原理

在有过氧化氢存在下，过氧化物酶能使愈创木酚氧化，生成茶褐色物质，该物质在 470 nm 处有最大吸收，可用分光光度计测量 470 nm 的吸光度变化测定过氧化物酶活性。

三、实验材料

马铃薯块茎。

四、仪器、器具与试剂

1. 仪器与器具

分光光度计、研钵、恒温水浴锅、100 mL 容量瓶、吸管、离心机。

2. 试剂

(1)100 mmol/L 磷酸缓冲液 pH 6.0（见附录）。

(2)反应混合液　100 mmol/L 磷酸缓冲液(pH 6.0)50 mL 于烧杯中，加入愈创木酚 28 μL，于磁力搅拌器上加热搅拌，直至愈创木酚溶解，待溶液冷却后，加入30%过氧化氢 19 μL，混合均匀，保存于冰箱中。

五、实验步骤

1. 酶液提取

称取植物材料 1 g，剪碎，放入研钵中，加适量的磷酸缓冲液研磨成匀浆，以4 000 r/min 离心 15 min，上清液转入 100 mL 容量瓶中，残渣再用 5 mL 磷酸缓冲液提取一次，上清液并入容量瓶中，定容至刻度，贮于低温下备用。

2. 反应及比色

取光径 1 cm 比色杯 2 只，于 1 只中加入反应混合液 3 mL 和磷酸缓冲液1 mL，作为对照，另 1 只中加入反应混合液 3 mL 和上述酶液 1 mL（如酶活性过高可稀释之），立即开启秒表记录时间，于分光光度计上测量波长 470 nm 下吸光度值，每隔 1 min 读数一次。

六、结果计算

以每分钟吸光度变化值表示酶活性大小，即以 ΔA_{470}/(min・g)（鲜重）表示之。也可以用每分钟内 A_{470} 变化 0.01 为 1 个过氧化物酶活性单位(U)表示。

$$\text{POD 活性}[\text{U}/(\text{g}\cdot\text{min})]=\frac{\Delta A_{470}\times V_{\text{T}}}{W\times V_{\text{S}}\times 0.01\times t}$$

式中：ΔA_{470}——反应时间内吸光度的变化；

W——植物鲜重(g)；

V_{T}——提取酶液总体积(mL)；

V_{S}——测定时取用酶液体积(mL)；

t——反应时间(min)。

实验三十 过氧化氢酶(CAT)活性测定

一、实验目的

学习过氧化氢酶活性的测定原理和方法，掌握酶活性的表示方法及影响反应速度的各种因素。

二、实验原理

过氧化氢酶能催化过氧化氢分解成水和氧。在过氧化氢酶溶液中加入一定量的过氧化氢，反应一定时间后，终止酶的活性，剩余的过氧化氢以钼酸铵作催化剂与碘化钾反应，游离的 I_2 用淀粉作指示剂，使用硫代硫酸钠溶液滴定至蓝色消失。反应如下：

$$H_2O_2+2KI+H_2SO_4 \longrightarrow I_2+K_2SO_4+2H_2O$$

$$I_2+2NaS_2O_3 \xrightarrow[\text{钼酸铵(催化剂)}]{\text{淀粉(指示剂)}} 2NaI+Na_2S_4O_6$$

根据空白和测定之差，就可以得出被酶分解的 H_2O_2，以每分钟过氧化氢酶分解底物 H_2O_2 的毫克数表示酶活性的大小。

三、实验材料

白菜叶。

四、仪器、器具与试剂

1. 仪器与器具

三角瓶(100 mL)、漏斗、容量瓶(100 mL)、滴定台、蝴蝶夹、酸式滴定管、移液管、恒温水浴锅、研钵。

2. 试剂

(1)碳酸钙(固体)。

(2)0.1 mol/L NaS_2O_3。

(3)16% H_2SO_4。

(4)10%钼酸铵。

(5)1%淀粉。

(6)20% KI。

(7)0.05 mol/L H_2O_2。

五、实验步骤

1. 酶液制备

取白菜叶 2 g,剪碎。加 2 mL 蒸馏水和少许碳酸钙粉末,置于研钵中研磨成匀浆。转入 100 mL 容量瓶,用蒸馏水定容至刻度,摇匀,静止片刻后过滤,取滤液 10 mL,在定容至 100 mL,即得粗酶液备用。

2. 酶促反应

取 4 个 100 mL 三角瓶,按照表 2-29 编号,并顺序加入各种试剂。

表 2-29 过氧化氢酶活性测定

试剂	编号			
	1(空白)	2(空白)	3(样品)	4(样品)
16% H_2SO_4/mL	5	5	0	0
粗酶液/mL	10	10	10	10
	20℃水浴保温 5 min			
0.05 mol/L H_2O_2/mL	5	5	5	5
	准确计时,在 20℃水浴保温 5 min			
16% H_2SO_4/mL	0	0	5	5

3. 滴定

向各瓶中加入 1 mL 20% KI 和 3 滴钼酸铵,摇匀后用 0.1 mol/L NaS_2O_3 滴定,待溶液呈淡黄色时,再加 5 滴淀粉指示剂,此时溶液呈深蓝色,继续滴定至蓝色消失为止,记录每次消耗的 NaS_2O_3 的体积数。

六、实验结果及数据处理

$$\text{分解的 } H_2O_2(\text{mg}) = [\text{空白值}(\text{mL}) - \text{样品值}(\text{mL})] \times 0.1 \times 17.17$$

$$\text{过氧化氢酶活性}[\text{mg}/(\text{g} \cdot \text{min})] = \frac{\text{分解的 } H_2O_2(\text{mg}) \times \text{酶液稀释倍数}}{\text{样品重}(\text{g}) \times \text{反应时间}(\text{min})}$$

注:0.1 是 NaS_2O_3 的摩尔数,17.17 是 mg 当量过氧化氢毫克数。

注意事项:

(1)实验前应将所用研钵,三角瓶和容量瓶等玻璃器皿冲洗干净,并注意移液管的分别使用，以避免酶遇强酸失活。

(2)注意加样顺序，并控制好酶反应的温度和时间。

(3)过氧化氢酶活性还可通过追踪其底物 H_2O_2 在 240 nm 的吸光度变化来测定。

实验三十一　乳酸脱氢酶(LDH)活性测定

一、实验目的

掌握 LDH 活性测定原理；学习用比色法测定酶活性的方法。

二、实验原理

乳酸脱氢酶(lactate dehydrogenase 简称 LDH)广泛存在于生物细胞内，是糖代谢酵解途径的关键酶之一，可催化下列可逆反应。

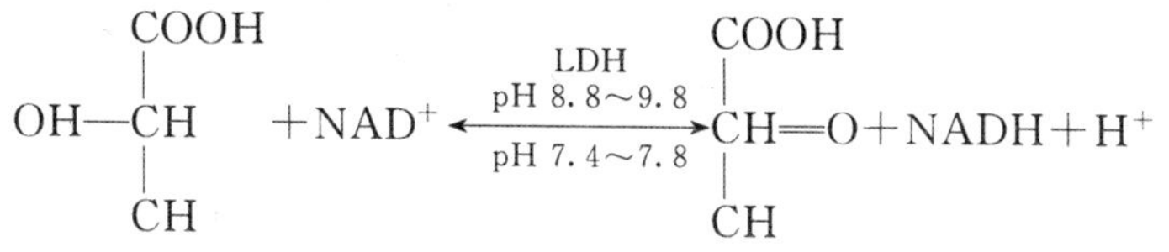

乳酸　　氧化型辅酶Ⅰ　　丙酮酸　　还原型辅酶Ⅰ

LDH 可溶于水或稀盐溶液。组织中 LDH 含量测定方法很多，其中紫外分光光度法更为简单、快速。鉴于 NADH，NAD^+ 在 340 nm 及 260 nm 处有各自的最大吸收峰，因此以 NAD^+ 为辅酶的各种脱氢酶类都可通过 340 nm 光吸收值得改变，定量测定酶的含量。本实验测定 LDH 活力，基质液中含丙酮酸及 NADH，在一定条件下，加入一定量酶液，观察 NADH 在反应过程中 340 nm 处光吸收减少值，减少越多，则 LDH 活力越高。其活力单位定义是：在 25℃，pH 7.5 条件下 $A_{340\ nm/min}$ 下降为 1.0 的酶量为 1 个 U。可定量测定每克湿重组织中 LDH 单位。定量测定蛋白质含量即可计算比活力(U/mg)。

利用上述原理，改变不同底物则可测定相应脱氢酶反应过程中 $A_{340\ nm}$ 的改变，定量测定酶活力，如苹果酸脱氢酶、醇脱氢酶、醛脱氢酶等，适用范围很广。

三、实验材料

动物肌肉、肝、心、肾等组织。

四、仪器、器具与试剂

1. 仪器与器具

组织捣碎机、紫外分光光度计、恒温水浴、移液管(5 mL,0.1 mL)、微量注射器(10 μL)。

2. 试剂

(1)50 mmol/L pH 6.5 磷酸氢二钾-磷酸二氢钾缓冲液母液：

A——50 mmol/L K_2HPO_4：称 K_2HPO_4 1.74 g 加蒸馏水溶解后定容至 200 mL。

B——50 mmol/L KH_2PO_4：称 KH_2PO_4 3.40 g 加蒸馏水溶解后定容至 500 mL。

取溶液 A 31.5 mL + 溶液 B 68.5 mL,调节 pH 至 6.5。置 4℃冰箱备用。

10 mmol/L pH 6.5 磷酸氢二钾-磷酸二氢钾缓冲液用上述母液稀释得到,现用现配。

0.1 mol/L pH 7.5 磷酸盐缓冲液,用上述母液稀释得到,现用现配。

(2)NADH 溶液　称 3.5 mg 纯 NADH 置试管中,加 0.1 mol/L pH 7.5 磷酸缓冲液 1 mL 摇匀,现用现配。

(3)丙酮酸溶液　称 2.5 mg 丙酮酸钠,加 0.1 mol/L pH 7.5 磷酸缓冲液 29 mL,使其完全溶解,现用现配。

五、实验步骤

1. 制备肌肉匀浆

称取 20 g 兔肉,按 $W/V=1/4$ 比例加入 4℃预冷的 10 mmol/L pH 6.5 磷酸氢二钾-磷酸二氢钾缓冲液,用组织捣碎机捣碎,每次 10 s,连续 3 次。将匀浆液倒入烧杯中,置 4℃冰箱中提取过夜,过滤后得到组织提取液。

2. LDH 活力测定

试验时预先将丙酮酸溶液及 NADH 溶液放在 25℃水浴中预热。取 2 只石英比色杯,在 1 只比色杯中加入 0.1 mmol/L pH 7.5 磷酸氢二钾-磷酸二氢钾缓冲液 3 mL,置于紫外分光光度计中,在 340 nm 处将光吸收调节至零;另一只比色杯用于测定 LDH 活力,依次加入丙酮酸钠溶液 2.9 mL,NADH 溶液 0.1 mL,加盖摇匀后,测定 340 nm 光吸收值(A)。取出比色杯加入经稀释的酶液 10 μL,立即计时,摇匀后,每隔 0.5 min 测 $A_{340\ nm}$,连续测定 3 min,以 A 对时间作图,取反应最初线性部分,计算 $A_{340\ nm/min}$减少值。加入酶液的稀释度(或加入量)应控制 $A_{340\ nm/min}$

下降值在 0.1～0.2 之间。

六、实验结果及数据处理

计算每毫升组织提取液中 LDH 活力单位：

$$\text{LDH 活力单位(U)/mL 提取液} = \frac{\Delta A_{340\ \text{nm}} \times \text{稀释倍数}}{\text{酶液加入量}(10\ \mu\text{L}) \times 10^{-3}}$$

提取液中 LDH 总活力单位＝LDH 活力(U)/mL×总体积

注意事项：

(1)实验材料应尽量新鲜，如取材后不立即用，则应贮存在－20℃冰箱。

(2)酶液的稀释度及加入量应控制 $A_{340\ \text{nm/min}}$ 下降值在 0.1～0.2 之间，以减少实验误差。

(3)NADH 溶液应在临用前配制。

第三部分　层析分离实验

实验三十二　血清球蛋白的盐析分离与分子筛凝胶层析脱盐

一、实验目的

了解并掌握盐析法和分子筛凝胶层析法分离蛋白质的实验原理及操作技术。

二、实验原理

血清中一般包括清蛋白、α_1-球蛋白、α_2-球蛋白、β-球蛋白和 γ-球蛋白五类，其中 γ-球蛋白含量约占 16%，100 mL 血清中含 1.2 g 左右。

首先利用清蛋白和球蛋白在高浓度中性盐（常用硫酸铵）溶液中溶解度的差异而进行沉淀分离（盐析法）。半饱和硫酸铵溶液可使球蛋白沉淀析出，清蛋白则仍溶解在溶液中，离心后的沉淀部分为球蛋白的粗制品。然后，利用蛋白质与无机盐类之间分子量的差异，在通过 SephadexG-25 凝胶柱时，溶液中分子直径大的蛋白质不能进入凝胶颗粒的网孔，而分子直径小的无机盐能进入凝胶颗粒的网孔之中。因此，在洗脱过程中，小分子的盐会被阻滞而后洗脱出来，从而可达到去盐的目的。

三、实验材料

健康人血清。

四、仪器、器具与试剂

1. 仪器

层析柱、长滴管、蠕动泵、收集器。

2. 试剂

(1)饱和硫酸铵溶液：称固体硫酸铵(分析纯)850 g，置于 1 000 mL 蒸馏水中，在 70～80℃水温中搅拌溶解。将酸度调节至 pH 7.2，室温中放置过夜，瓶底析出白色结晶，上清液即为饱和硫酸铵溶液。

(2)葡聚糖凝胶 SephadexG-25 的处理：按每 100 mL 凝胶床体积需葡聚糖凝胶 G-25 干胶 25 g 计算，称取所需量置于锥形瓶中，每克干胶加入蒸馏水约 30 mL，混匀后置于 90～100℃水浴，不断搅动使气泡逸出。1 h 后取出稍静置，倾去上清液细粒。或于室温中浸泡 24 h，搅拌后稍静置，倾去上清液细粒，用蒸馏水洗涤 2～3 次，然后加 0.017 mol/L 磷酸盐缓冲液(pH 6.3)平衡，备用。

(3)0.017 5 mol/L 磷酸盐缓冲液(pH 6.3)：

A 液——称取磷酸二氢钠($NaH_2PO_4 \cdot 2H_2O$)2.730 g 溶于蒸馏水中，用蒸馏水稀释至 1 000 mL。

B 液——称取磷酸氢二钠($Na_2HPO_4 \cdot 12H_2O$)6.269 g，溶于蒸馏水中，用蒸馏水稀释至 1 000 mL。

取 A 液 77.5 mL，加于 B 液 22.5 mL，混匀后即成。

(4)0.9% NaCl 溶液。

(5)20%磺基水杨酸溶液。

(6)奈氏(Nessler)试剂工作液：

贮存液：称取碘化钾(KI)7.58 g 于 250 mL 三角烧瓶中，用蒸馏水 5 mL 溶解，再加入碘(I_2)5.5 g 溶解，加 7～7.5 g Hg 用力振摇 10 min(此时产生高热，须冷却)，直至棕红色的碘转变成带绿色的碘化汞钾液为止，过滤上清液倾入 100 mL 容量瓶，洗涤沉淀，洗涤液一并倒入容量瓶内，用蒸馏水稀释至 100 mL。

工作液：取贮存液 75 mL 加 10%NaOH 350 mL，加蒸馏水至 500 mL。

五、实验步骤

1. 盐析-中性盐沉淀

取正常人血清 2.0 mL 于小试管中，加 0.9% NaCl 溶液 2.0 mL，边搅拌混匀边缓慢滴加饱和硫酸铵溶液 4.0 mL，混匀后于室温中放置 10 min，3 000 r/min 离心 10 min。小心倾去含有清蛋白的上清液，重复洗涤一次，于沉淀中加入 0.017 5 mol/L 磷酸盐缓冲液(pH 6.3)0.5～1.0 mL 溶解沉淀，即为粗提的球蛋白溶液。

2. 脱盐-分子筛凝胶柱层析

(1)装柱　洗净的层析柱保持垂直位置，关闭出口，柱内留下约 2.0 mL 洗脱液。一次性将凝胶从塑料接口加入层析柱内，打开柱底部出口，调节流速 0.3 mL/min。凝胶随柱内溶液慢慢流下而均匀沉降到层析柱底部，最后使凝胶床高达 20 cm，床面上保持有洗脱液，操作过程中注意不能让凝胶床表面露出液面并防止层析床内出现“纹路”。在凝胶表面可盖一圆形滤纸，以免加入液体时冲起胶粒。

(2)上样与洗脱　小心控制凝胶柱下端活塞，使柱上的缓冲液面刚好下降至凝胶床表面，关紧下端出口，用长滴管吸取盐析球蛋白溶液，小心缓慢加到凝胶床表面。打开下端出口，将流速控制在 0.25 mL/min 使样品进入凝胶床内。关闭出口，小心加入少量 0.017 5 mol/L 磷酸盐缓冲液(pH 6.3)洗柱内壁。打开下端出口，待缓冲液进入凝胶床后再加少量缓冲液。如此重复 3 次，以洗净内壁上的样品溶液。然后可加入适量缓冲液开始洗脱。加样开始应立即收集洗脱液。洗脱时接通蠕动泵，流速为 0.5 mL/min，用部分收集器收集，每管 1 mL。

(3)洗脱液中 NH_4^+ 与蛋白质的检查　取比色板两个(其中一个为黑色背景)，按洗脱液的顺序每管取 1 滴，分别滴入比色板中，前者加 20%磺基水杨酸溶液 2 滴，出现白色混浊或沉淀即示有蛋白质析出，由此可估计蛋白质在洗脱各管中的分布及浓度；于另一比色板中加 1 滴奈氏试剂应用液，以观察 NH_4^+ 出现的情况。

合并球蛋白含量高的各管，混匀即为从血清中分离得到的球蛋白。分离得到的球蛋白可以采用醋酸纤维薄膜电泳法进行电泳分离和染色观察。

注意事项：

(1)凝胶处理期间，必须小心用倾泻法除去细小颗粒。这样可使凝胶颗粒大小均匀，流速稳定，分离效果好。

(2)装柱是层析操作中最重要的一步。为使柱床装得均匀，务必做到凝胶悬液不稀不厚，进样及洗脱时切勿使床面暴露在空气中，不然柱床会出现气泡或分层现象。加样时必须均匀，切勿搅动床面，否则均会影响分离效果。

(3)凝胶贮存，凝胶使用后如短期不用，为防止凝胶发霉可加防腐剂，如 0.02%叠氮钠，保存于 4℃冰箱内。若长期不用，应脱水干燥保存。脱水方法：将膨胀凝胶用水洗净。用多孔漏斗抽干后，逐次更换由稀到浓的乙醇溶液浸泡若干小时，最后一次用 95%乙醇溶液浸泡脱水，然后用多孔漏斗抽干后，于 60～80℃烘干贮存。

实验三十三　植物水溶性氨基酸的薄层层析

一、实验目的

了解层析技术的一般原理，分类及应用范围；掌握薄层层析的基本原理和操作过程，学习应用薄层层析来分离和鉴定氨基酸。

二、实验原理

薄层层析法是一种检验微量物质的快速准确的分析分离方法。这种层析方法是把吸附剂如氧化铝或硅藻土涂布于薄板上（玻璃或金属等）形成薄层，把要分析的样品溶液滴加到薄层的一端，然后在此薄层上用适当的溶剂进行展开而达到分离、鉴定和定量物质的目的。因为层析是在薄层上进行的，所以称为薄层层析法。在薄层层析中所用的吸附剂种类很多，用得最广泛的是氧化铝和硅胶。本实验用硅胶作为固相支持物，它与水有较强的亲和力而与有机溶剂亲和力较弱。以正丁醇、冰醋酸、水的混合液为展开剂。层析时吸着在硅胶上的水是固定相，而展层溶剂是流动相。当欲被分离的各种物质在固定相和流动相中的分配系数不同时，它们就能被分离开。在一定条件下，每个物质都有特定的 R_f 值，因此用 R_f 可鉴定不同的物质。观察层析结果时，无色物质的层析图谱可用光谱法（紫外照射）或显色法鉴定，而氨基酸层析图谱常用茚三酮作显色剂显色。

三、实验材料

绿豆芽或萌发小麦种子。

四、仪器、器具与试剂

1. 仪器与器具

薄层板 6 cm×15 cm、毛细管、烧杯 50 mL、量筒 10 mL、尺子、层析缸、电吹风、喷雾器、烘箱（200℃）、研钵。

2. 试剂

（1）标准氨基酸溶液，制备下列各氨基酸的 11.76 mol/L（90%）异丙醇溶液各 10 mL。

0.01 mol/L 精氨酸：称取精氨酸 17.4 mg 溶于 11.76 mol/L（90%）异丙醇溶

液至 10 mL。

0.01 mol/L 甘氨酸：称取甘氨酸 7.5 mg 溶于 11.76 mol/L(90%)异丙醇溶液至 10 mL。

0.01 mol/L 丙氨酸：称取丙氨酸 8.9 mg 溶于 11.76 mol/L(90%)异丙醇溶液至 10 mL。

(2)硅胶 G(层析用)。

(3)0.5%羧甲基纤维素钠(CMCNa)　取 CMCNa 5 g 溶于 1 000 mL 蒸馏水中，然后煮沸，静置冷却，弃沉淀，取上清液备用。

(4)层析溶剂　正丁醇(分析纯)∶冰醋酸(分析纯)∶水＝3∶1∶1(V/V)，临用时配制。

(5)0.5%茚三酮-丙酮溶液(显色剂)　称取茚三酮 0.5 g 溶于无水丙酮至 100 mL。

五、实验步骤

1. 氨基酸的提取

取已萌发好的小麦种子 2 g(或绿豆芽下胚轴 2 g)，放入研钵中，加 95%乙醇 4 mL 及少量的石英砂，研成匀浆后，倒入离心管中离心 3 000 r/min、15 min，上清液即为氨基酸提取液，用滴管小心吸入点样瓶中备用。

2. 薄层板的制备

称取层析用的硅胶 G 3 g 加 9 mL 0.5%羧甲基纤维素钠(CMCNa)，在烧杯中调成均匀糊状，迅速地倾在 1 块 6 cm×15 cm 的玻璃板上(玻璃板要清洁平整，无油污)，小心将玻璃板轻轻振荡和倾斜，使硅胶均匀铺在玻璃板上。室温下晾干后，移至 100～110℃烘箱中活化 30 min，取出后放于干燥器内备用(制得的硅胶板如果长时间暴露在外面，在使用前应放入 110℃烘箱中烘烤 30 min，去除水分)。此处羧甲基纤维素钠是起黏合剂作用。

3. 点样

活化后的硅胶板室温冷却后，画出原点线，在距板一端 2 cm 处以间距 1 cm 的宽度确定 5 个点样点，用毛细管吸取氨基酸样品溶液在硅胶板上点样，样品斑点直径控制在 2 mm 左右。干后再点一次。点样过程中，必须在第一点样品干后再点第二滴。为加快样品干燥，可用吹风机吹干，注意温度不宜过高，以免损坏氨基酸。

4. 展层

将薄板有样品的一端浸入已存放展层溶剂的层析缸中，层析溶剂液面不能高于样品线(放置薄板时尽量不要振动液面)。盖好层析缸盖，上行展层。待展层剂前沿达薄板 3/4 高度时，取出薄板，用铅笔在前沿处做一记号后用电吹风吹干。

5. 显色

用喷雾器将茚三酮溶液喷洒在薄板上（注意喷雾器和薄板要保持一定距离，不要使硅胶层吹散，且应喷洒均匀），用热吹风吹数分钟或放入烘箱内在 105℃ 条件下加热 10 min，即可观察到紫红色的氨基酸斑点，脯氨酸例外，为黄色斑点。

六、实验结果及数据处理

用铅笔圈出氨基酸斑点，用一直尺量出溶剂前沿的距离及各斑点中心与起点之间的距离，并计算各氨基酸的 R_f 值。R_f 值为迁移率，在恒定条件下，每种氨基酸有其一定的 R_f 值。R_f 值表示为：

$$R_f=\frac{\text{原点到层析斑点中心的距离}}{\text{原点到溶剂前沿的距离}}$$

计算各种氨基酸的 R_f 值。根据已知标准氨基酸和 R_f 值，与小麦（或绿豆芽）提取液中氨基酸的 R_f 值比较，确定提取液中含有哪些种氨基酸。

注意事项：

(1) 在操作过程中，手必须洗净，只能接触薄板上层边角；不能对着薄板说话，以防唾液掉在板上。

(2) 配制展层剂时，要用纯溶剂，应现用现配，以免放置过久其成分发生变化（酯化）。

(3) 点样斑点不能太大（其直径应小于 2 mm）。吹风机温度不宜过高，否则斑点变黄。

(4) 根据一定目的、要求，选择合适的溶剂系统。

(5) 由于硅胶的机械性差，必须加入黏合剂如煅石膏、淀粉或羧甲基纤维素钠（CMCNa），其中以羧甲基纤维素钠的效果为最好。市售的硅胶 G 和氧化铝 G 均已含有黏合剂（煅石膏），可直接加水调匀后铺层，但效果稍差。加黏合剂的薄层板常称硬板，不加黏合剂的薄层板常称为软板。

(6) 层析用硅胶为一多孔性物质，分子中具有硅氧烷的交链结构，同时在颗粒表面又有很多硅醇基。硅胶吸附作用的强弱与硅醇基的含量多少有关。硅醇基能够通过氢键的形成而吸附水分，因此硅胶的吸附力随吸着的水分增加而降低。若吸水量超过 17%，吸附力极弱不能用作为吸附剂，但可作为分配层析中的支持剂。对硅胶的活化，当硅胶加热至 100～110℃ 时，硅胶表面因氢键所吸附的水分即能被除去。当温度升高至 500℃ 时，硅胶表面的硅醇基也能脱水缩台转变为硅氧烷键，从而丧失了因氢键吸附水分的活往，就不再有吸附剂的性质，虽用水处理亦不能恢复其吸附活性。所以硅胶的活化不宜在较高温度进行。

实验三十四　纸层析法分离氨基酸

一、实验目的

了解并掌握氨基酸纸层析的原理和方法;学习纸层析法的操作技术,分析未知样品氨基酸的成分。

二、实验原理

用滤纸为支持物进行层析的方法,称为纸层析法,它是分配层析法的一种。分配层析利用物质在两种不相混合溶剂中的分配系数的不同而分离。分配系数(α)是物质在固定相的浓度(c_s)与物质在流动相的浓度(c_l)的比值。纸层析所用的展层溶剂大多是由水饱和的有机溶剂组成。滤纸纤维的—OH 基的亲水性基团,可吸附有机溶剂中的水作为固定相,有机溶剂作为流动相,它沿滤纸自下向上移动,称为上行层析;反之,使有机溶剂自上而下移动,称为下行层析。将样品点在滤纸上进行展层,样品中的各种氨基酸即在二相中不断进行分配,由于它们各自的分配系数不同,故在流动相中移动速率不等,从而使不同的氨基酸得到分离和提纯。纸层析法主要是依据混合组分对二相分配系数的差异进行分离,但亦存在着某种程度的吸附作用和离子交换现象。氨基酸经层析在滤纸上形成距原点不等的层析点,氨基酸在滤纸上的移动速率用 R_f 表示。

$$R_f = 原点到层析斑点中心的距离/原点到溶剂前沿的距离$$

只要实验条件(如温度、展层溶剂的组分、pH、滤纸的质量等)不变,R_f 值是常数,因此可做定性分析参考。如果溶质中氨基酸组分较多或其中某些组分的 R_f 值相同或近似,用单向层析不宜将它们分开,为此可进行双向层析,在第一溶剂展开后将滤纸转动 90°,以第一次展层所得的层析点为原点,再用另一种溶剂展层,即可达到分离目的。由于氨基酸无色,可利用茚三酮反应使氨基酸层析点显色,从而定性和定量。

三、仪器、器具与试剂

1. 仪器与器具

层析滤纸、烧杯、剪刀、层析缸、培养皿、喉头喷雾器、微量加样器或毛细管、吹风机一个、直尺、铅笔等。

2. 试剂

(1)混合氨基酸溶液(水解后的氨基酸干粉)

甘氨酸溶液:50 mg 甘氨酸溶于 5 mL 水中。

蛋氨酸溶液:25 mg 蛋氨酸溶于 5 mL 水中。

亮氨酸溶液:25 mg 亮氨酸溶于 5 mL 水中。

氨基酸混合液:甘氨酸 50 mg,亮氨酸 25 mg,蛋氨酸 25 mg 共溶于 5 mL 水中。

(2)展层溶剂

碱相溶剂:正丁醇∶12%氨水∶95%乙醇=13∶13∶13(*V*/*V*)。

酸相溶剂:正丁醇∶80%甲酸∶水=15∶3∶2(*V*/*V*),摇匀后放置半天以上,取上清液备用。

(3)显色贮备液 0.4 mol/L 茚三酮-异丙醇∶甲酸∶水=20∶1∶5。

(4)0.1%硫酸铜 75%乙醇=2∶38,临用前按比例混合。

四、实验步骤

1. 标准氨基酸单向上行层析法

(1)画基线(点样线) 戴上指套或橡皮手套,在长约 20 cm,宽约 17 cm 滤纸上,距短边 2.5 cm 处,用铅笔画一条线,即为基线。

(2)点样 在原线上,从距纸的长边 4 cm 处开始,每隔 3 cm 用微量注射器或毛细管依次分别点上甘氨酸、蛋氨酸、亮氨酸和混合氨基酸溶液。点样点干后可重复点加 1~2 次。每一点的直径不超过 2 mm,点样量以每种氨基酸含 5~20 μg 为宜。

(3)展层 将点好样的滤纸卷成筒形,滤纸两边不相接触,用线固定好,将原线的下端浸入盛有溶剂的培养皿中,不需平衡可立即展层。展层剂为酸性溶剂系统,在展层溶剂中加入显色贮备液(每 10 mL 展层剂加 0.1~0.5 mL 的显色贮备液)进行展层,基线必须保持在液面之上,以免氨基酸与溶剂直接接触。盖好层析缸,当溶剂前沿距纸端 2 cm 时(大约 3 h),取出滤纸。

(4)显色 滤纸取出后,吹干或在 80℃左右烘箱内烘 3~5 min,即出现紫红色的氨基酸层析斑点。用铅笔画下层析斑点,可进行定性、定量测定。

2. 混合氨基酸双向上行纸层析法

(1)滤纸准备 将滤纸裁成约 28 cm^2 的正方形,在距滤纸相邻两边各 2 cm 处的交点上,用铅笔画下一点,作为原点。

(2)点样 取混合氨基酸溶液(5 mg/mL)10～15 μL,分别点在原点上。

(3)展层与显色 将点好样的滤纸卷成半筒形,立在培养皿中,原点应在下端。取少量12%的氨水与小烧杯中,盖好层析缸,平衡过夜。次日,取出氨水,加适量碱相溶剂(第一向)与培养皿中,盖好层析缸,上行展层,当溶剂前沿距滤纸上端1～2 cm时,取出滤纸,冷风吹干。将滤纸转90°,再卷成半筒形,竖立在干净培养皿中,并于小烧杯中至少量酸相溶剂,盖好层析缸,平衡过夜,次日将加显色剂的酸性溶剂(每10 mL展层剂加0.1～0.5 mL的显色贮备液)倾入培养皿中,进行第2向展层。展层毕,取出滤纸,用热风吹干,蓝紫色斑点即显现。

五、结果计算

单向层析的 R_f 值,按"R_f=原点到层析斑点中心的距离/原点到溶剂前沿的距离"计量后计算。双向层析 R_f 值,由两个数值组成,在第一向计量一次,第二向计量一次,分别与已知的氨基酸在酸碱系统的 R_f 值对比,即可初步决定它为何种氨基酸的斑点,将它剪下,在同一张纸剪下一块大小相同的空白纸作为对照,用硫酸铜—乙醇溶液洗脱,用722型分光光度计测定其吸光度,在标准曲线上查出氨基酸的含量。

实验三十五 可溶性糖的硅胶G薄层层析

一、实验目的

本实验采用硅胶G薄层层析法分离鉴定植物组织中可溶性糖的种类,通过本实验学习提取植物材料中可溶性糖的一般方法,掌握薄层层析的原理、技术及其在糖类定性鉴定中的应用。

二、实验原理

糖类是自然界存在的数量非常多的有机化合物。它是构成植物躯体和细胞的必要物质,又是生命活动能量的主要来源,与植物体内各类物质代谢密切相关。植物组织中的可溶性糖可用一定浓度的乙醇提取出来,除去糖提取液中的蛋白质等干扰糖测定的物质,获得较纯的可溶性糖的混合液。薄层层析是一种快速而微量的层析方法,广泛应用于氨基酸、多肽、核苷酸、脂肪类、糖脂和生物碱等多种物质的分离和鉴定。它是将一种固定支持物均匀地涂在薄板上对物质进行层析的方法。与纸层析、柱层析等方法比较，薄层层析具有操作方便、层析时间短、可分离各种化合物、样品用量少(0.1 μg至几十微克的样品均可分离)、灵敏度高、显色和观察结果方便等优点。

本实验采取硅胶G薄层层析法分离鉴定植物组织中可溶性糖的种类。糖为多羟基化合物，具有较强的极性，在硅胶G薄板上展层时，糖与硅胶分子有一定的吸附力。硅胶分子与糖的吸附能力大小取决于糖的分子量和羟基数目，不同的糖分子由于分子量及羟基数的不同，因而与硅胶分子间的吸附力不同，造成各种糖分子在展层过程中移动的距离不同，从而将各种糖分离出来。一般吸附力的大小顺序为：三糖＞二糖(蔗糖)＞己糖(果糖、葡萄糖)＞戊糖(木糖)，其中各种糖移动的速率可用 R_f 值表示。通过与标准糖的 R_f 值比较，即可鉴定出植物组织提取液中糖的种类。

R_f(值)＝溶质斑点中心到点样点的距离/溶剂前沿到点样点的距离

三、实验材料

小麦面粉、苹果或其他植物材料。

四、仪器、器具与试剂

1. 仪器与器具

离心机及大离心管、药物天平、研钵、量筒100 mL、毛细管、恒温水浴、喷雾器、层析缸、铅笔、尺子、吹风机、玻璃板7 cm×15 cm、玻棒、烘箱。

2. 试剂

(1)0.1 mol/L硼酸溶液：称6.18 g溶解后定容至1 000 mL；每组30 mL。

(2)硅胶G：每组10 g。

(3)1%标准糖溶液(10 mg/mL)：取葡萄糖、蔗糖、果糖、麦芽糖、木糖各1 g，分别用75%乙醇溶解并定容到100 mL。

(4)苯胺-二苯胺一磷酸显色剂：2 g二苯胺，加2 mL苯胺，10 mL 85%磷酸，1 mL浓盐酸，100 mL丙酮，溶解后摇匀，置于棕色瓶中备用。

(5)展层溶剂：氯仿∶冰乙酸∶水＝30∶35∶5(V/V)。

(6)无水酒精。

五、实验步骤

1. 硅胶G薄层板的制备

取硅胶G粉2 g，加0.1 mol/L硼酸溶液4.5 mL，于研钵中充分研磨成糊状，倾倒在表面平整、光滑、清洁、干燥的薄板上(可铺 7 cm×15 cm 薄板两块),并马上倾斜玻璃或用玻棒将硅胶 G 由一端向另一端推动,使硅胶 G 铺成厚薄均匀、表面平坦光滑的薄层。将制好的薄板置于水平台上自然晾干后,用前于 110℃烘箱中活化 30～60 min 使用。

2. 可溶性糖提取液的制备

取洗净的苹果(或其他水果)削去果皮,称 3 g 果肉在研钵中研成匀浆后,倒在双层洗净的纱布上,包起置于漏斗,用干净玻璃棒将果汁压出。取果汁 1 mL 于离心管中,加无水乙醇 3 mL,充分混匀后在 3 000 r/min 下离心 20 min,上清液即为可溶性糖提取液。

也可称取小麦面粉 5 g,放入 100 mL 烧杯中,加入 40 mL 水搅匀,置于 50℃恒温水浴中浸提 1 h。倒入大离心管中,3 000 r/min,离心 5 min,上清液即为糖抽提液。

3. 可溶性糖的分离鉴定

(1)点样　取活化过的硅胶 G 玻板一块,在距底边 1.5 cm 水平线上确定 5 个点(用铅笔轻点一下,不可将薄层刺破),相互间隔 1 cm,其中 4 个点分别点上木糖、葡萄糖、果糖(麦芽糖)和蔗糖标准溶液数滴,另一个点点上苹果或面粉提出液数滴。在用毛细管点样时,可分次滴加,控制点样斑点直径不超过 2 mm。点样过程中,必须在第一点样品干后再点第二滴。

(2)展层　将已点样的薄板点样一端放入盛有展层溶剂的层析缸中,展层液面不得超过点样线,层析缸密闭,以氯仿∶冰乙酸∶水=30∶35∶5 为展层剂上行展层,当展层剂前沿达距薄板顶端 1 cm 处,停止层析。取出玻璃板,前沿用铅笔做一记号,吹风机吹干。

(3)显色　将苯胺-二苯胺-磷酸显色剂喷雾在薄层上,于 85℃烘箱中加热至层析斑点显现(或烘 10 min),各种糖显出不同颜色,如木糖为黄绿色、葡萄糖为灰蓝绿色、蔗糖为蓝褐色。

六、实验结果及数据处理

(1)显色后照相或绘图记录层析图谱,也可用 CS—930 进行扫描其展层图谱。

(2)根据各显色斑点的颜色相对位置,计算 R_f 值。与标准糖比较,根据色斑颜色及 R_f 值即可鉴定出苹果或面粉提取液中所存在的可溶性糖种类。

注意事项:

(1)制备薄板时,加硼酸搅拌及研磨的时间和铺板的速度是涂层铺板的关键之一,一般研磨到吸附剂为硼酸液所饱和时黏度最大,发出如脂肪光泽时,立即涂匀为最好。

(2)薄板的厚度及均一性对样品的分离效果和 R_f 值的重复性影响很大，普通薄层厚度以 250 nm 为宜。若用薄层层析法制备少量的纯物质时，薄厚度可稍大些，常见为 500～700 nm，甚至 1～2 mm。

(3)活化后的薄层板在空气中不能放置太久，否则会因吸潮降低活性。

(4)用于薄层层析的样品溶液的质量要求非常高，样品中必须不含盐，若含有盐分则会引起拖尾现象，甚至有时得不到正确的分离效果。

(5)样品溶液应具有一定的浓度，一般为 1～5 g/L，若样品太稀，点样次数太多，就会影响分离效果，所以必须进行浓缩处理。

(6)样品的溶剂最好使用挥发性的有机溶液(如乙醇、氯仿等)，不宜用水溶液，因为水分子与吸附剂的相互作用力较弱，当它占据了吸附表面上的活性位置时，就使吸附剂的活性降低，从而使斑点扩散。

(7)展层必须在装闭的器皿中进行，器皿事先应用展层溶液剂饱和，把薄板的点样端浸入展层剂中，深度为 0.5～1.0 cm，千万勿使点样斑点浸入展层溶剂中。

实验三十六　纸层析法鉴定酶促转氨作用

一、实验目的

掌握纸层析法的基本原理和操作方法；利用纸层析法分离鉴定氨基酸，进而了解生物体内的转氨基的作用。

二、实验原理

氨基酸分子上的氨基转移到 α-酮酸分子上的反应称为转氨基作用。转氨基作用是氨基酸的重要反应之一，由转氨酶催化经转氨基后，原来的氨基酸变成了酮酸，原来的酮酸变成相应的氨基酸。各种动物、植物细胞内都存在一类氨基酸，在该酶的作用下，细胞内的一种氨基酸上的氨基可与另一种 α-酮酸的酮基发生置换，结果形成新的氨基酸和新的酮酸。

纸层析是以滤纸作支持物，用一定的溶剂系统展开，使混合样品达到分离分析的层析方法。纸层析可看做是溶质(样品)在固定相与流动相之间的连续抽提，由于溶质在两相之间的分配系数不同而达到分离。一定的物质在两相间有固定的分配系数，因而在恒定条件(液剂、pH、温度)下，各物质有固定的 R_f 值，据此可达到分析鉴定的目的。纸层析操作按溶剂展开方向可分为上行、下行和径向三种。氨基酸分离一般用上行法。上行法又分单向(成分较为简单的样品)和双向(单向时斑点重叠分离不开,于是在其垂直方向用另一种溶剂系统展层)。双相层析谱可分辨十几种以上的样品。

三、实验材料

发芽 2～3 d 的绿豆芽(或黄豆芽)。

四、仪器、器具与试剂

1. 仪器与器具

离心机、恒温水浴、电吹风、层析滤纸、新华 1 号(180 mm×180 mm)、移液管、层析缸、培养皿、离心管、洗耳球、洗瓶、试管架、移液管架、毛细管、剪刀、铅笔、尺子、喉头喷雾器、一次性塑料手套、研钵。

2. 试剂

(1)磷酸缓冲液(0.1 mol/L,pH＝7.4)。

(2)α-酮戊二酸溶液(0.1 mol/L)。

(3)丙氨酸溶液(0.1 mol/L)。

(4)谷氨酸溶液(0.1 mol/L)。

(5)展层剂:正丁醇-甲醇-水(75∶15∶10)(V/V)。

(6)茚三酮的乙醇溶液(0.5%)(W/V)。茚三酮重结晶方法:茚三酮有时由于包装不好或放置不当常带微红色,需重结晶方可使用。5 g 茚三酮溶于 15 mL 热水,加入 0.25 g 活性炭轻轻搅动,若溶液太浓不易操作,可酌量加 5～10 mL 热水,加热 30 min 后趁热过滤(用热滤漏斗,以免茚三酮遇冷结晶而损失),滤液置冰箱内过夜,次日晨即见黄白色晶体出现,过滤,再以 1 mL 冷水洗涤结晶,置于干燥器中干燥,最后装入棕色瓶内保存。

五、实验步骤

1. 酶液的制备

(1)取材　取已去豆皮的豆芽 3 g,加入 2 mL 磷酸缓冲液,研磨成匀浆。

(2)离心　将匀浆全部转入离心管中,平衡后以 4 000 r/min 离心 10 min。取上清液作为酶液备用。

2. 转氨反应

取离心管 3 支,按表 2-30 所示顺序操作。

表 2-30　氨基酸的重要反应——转氨反应

试剂和操作项目	实验编号		
	Ⅰ	Ⅱ	Ⅲ
α-酮戊二酸溶液/mL	0.5	0.5	
丙氨酸溶液/mL	0.5		0.5
酶液/mL	1	1	1
磷酸缓冲液/mL	1.0	1.5	1.5
酶促反应	37℃恒温水浴 30 min		
终止反应	沸水浴 5 min		
离心	4 000 r/min,5 min。取上清液作点样用		

3. 纸层析

(1)在层析缸中倒入展层剂,预饱和过夜。

(2)选用国产新华 1 号滤纸,剪成 180 mm×180 mm 的正方形;用铅笔轻轻画出 6 个点样点和层析的基线和前沿。

(3)点样:取 6 支毛细管,分别取反应液Ⅰ、Ⅱ、Ⅲ、谷氨酸溶液、丙氨酸溶液、酶液按顺序点于滤纸。点样量 30～40 μL 为宜。点子的扩散直径控制在 0.5 cm 以内。点样过程中必须在第一点样品干后再点第二滴。为使样品加速干燥,可用电吹风机吹干,注意温度不宜过高,避免破坏氨基酸,影响定量结果。

(4)展层:将滤纸卷成圆筒状,用订书机接合,接合处不能重叠,不能歪斜。将滤纸筒轻轻垂直放入展层缸内的培养皿中央,盖上盖,采用上行法展层。待展层剂前沿至滤纸上方 1～2 cm 时,取出滤纸。

(5)显色:用电吹风将滤纸吹干,拆去钉书钉,展平滤纸。用喷雾器将茚三酮的乙醇溶液均匀喷于滤纸,再用电吹风吹干。

六、实验结果及数据处理

(1)用铅笔将层析纸上的显色斑点圈出。

(2)画出层析图谱,计算各种氨基酸斑点的 R_f 值。

(3)详细分析层析图谱,比较各色斑点的位置及色泽深浅,分析实验结果,做出相应结论。

注意事项:

(1)点样点的直径不要大于 5 mm,防止氨基酸斑点不必要的重叠,因此每个样品要分次点(2～3 次),每一次点样后,用电吹风吹干再点,吹风温度不宜过高,否则斑点变黄。

(2)点样时应小心操作,不要把滤纸弄破。

(3)为了防止滤纸被手上的汗液污染,应尽量在操作时戴手套。选用合适、洁净的层析滤纸,如滤纸不干净,可将滤纸浸于 0.4 mol/L HCl 中 20 h,蒸馏水洗至中性,再依次用 95%乙醇、无水乙醇及无水乙醚各浸洗一次。吹风机吹去乙醚,40℃烘干。

(4)重复点样时可用吹风机的冷风吹干样品,喷了茚三酮后的显色则要用热风吹干滤纸。

实验三十七 薄层层析法分离鉴定核苷酸

一、实验目的

掌握 DEAE-纤维素薄板层析法测定核苷酸的原理和方法。

二、实验原理

生物分子可用薄层层析法、纸层析法、柱层析法及气液层析法等分离鉴定。薄层层析法因其设备简单易行并且分辨率较高而常被应用。二乙基氨基乙基纤维素,简称 DEAE-纤维素,结构式如下:

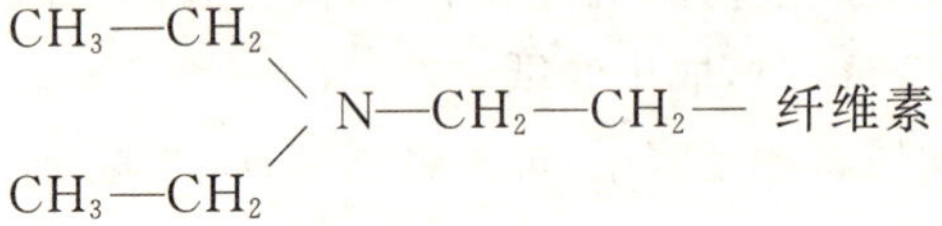

DEAE-纤维素是弱碱性阴离子交换剂,在 pH 3.5 左右 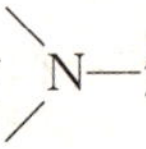 解离成 ,带负电荷的核苷酸离子可被交换上去。由于各种核苷酸结构和所带电荷不同,与 DEAE-纤维素亲和力大小不同,从而达到分离的目的。

三、仪器、器具与试剂

1. 仪器与器具

紫外分析仪(254 mm)、玻璃片 4 cm×15 cm(×4)、尼龙布、pH 试纸(pH 1~

14)、电动搅拌器、水平板、水平仪、铅笔、电吹风、烧杯 250 mL、吸滤瓶 1 000 mL。布氏漏斗直径 20 cm、微量点样管 10 μL。

2. 试剂

(1)标准核苷酸样品:浓度约为 5 mg/mL 的 AMP、ADP、ATP 溶液。

混合核苷酸样品:AMP、ADP、ATP 浓度均为 5 mg/mL。

(2)DEAE-纤维素(层析用):约 1 g。

(3)1 mol/L NaOH 溶液。

(4)1 mol/L HCl 溶液。

(5)0.05 mol/L 柠檬-柠檬酸钠缓冲液(pH 3.5):称取柠檬酸 12.20 g,柠檬酸钠 6.70 g,溶于蒸馏水,稀释至 2 000 mL。

四、实验步骤

1. DEAE-纤维素的处理

先用水洗,抽干后用 4 倍体积 1 mol/L NaOH 溶液浸泡 4 h(或搅拌 2 h),抽干,蒸馏水洗至中性,再用 4 倍体积 1 mol/L HCl 浸泡 2 h(或搅拌 1 h)抽干蒸馏水,洗至 pH 4 备用。注:如长期不用,需于 60℃以下烘干保存。

2. 层析薄板的制作(铺板)

将处理过的 DEAE-纤维素放在烧杯里,加水调成稀糊状(1 g 加水 8～9 mL 可铺两块板),搅匀后立即倒入干净玻璃板上(4 cm×15 cm),轻轻晃动玻片使其分布均匀,置于水平板自然风干 1～2 h 或 60℃烘干备用。

3. 点样

在已烘干的薄板一端 2 cm 处用铅笔轻划一基线,用微量点样管取样液 10 μL 点在基线上,冷风吹干后重复点样一次(图 2-8),继续吹干。

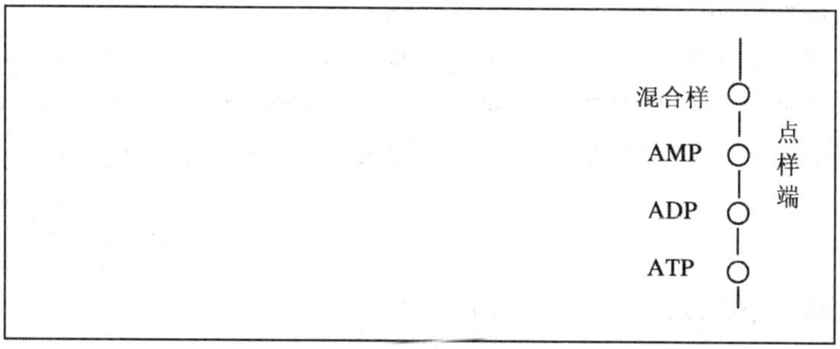

图 2-8 薄层层析点样示意图

4. 展层

向烧杯内加入 pH 3.5 柠檬酸缓冲液(厚度约 1 cm),将薄板点样端朝下倾斜插入烧杯中(切忌样品点浸入缓冲液中),溶剂由下而上流动,当溶剂前沿到达距离薄板上端约 1 cm 处(约 25 min),取出薄板,热风吹干,用 260 nm 紫外光照射 DEAE-纤维素层观察斑点,核苷酸斑点为暗区。DEAE-纤维素经处理可反复使用。此法具有快速、灵敏的特点。

实验三十八　离子交换层析分离氨基酸

一、实验目的

学习采用离子交换树脂分离氨基酸的基本原理;掌握离子交换柱层析法的基本操作技术。

二、实验原理

离子交换层析法主要是根据物质的解离性质的差异而选用不同的离子交换剂进行分离的方法。各种氨基酸分子的结构不同,在同一 pH 时与离子交换树脂的亲和力有差异,因此可依据亲和力从小到大的顺序被洗脱液洗脱下来,达到分离的效果。

离子交换树脂是一种合成的高聚物,不溶于水,能吸水膨胀。高聚物分子由能电离的极性基团及非极性的树脂组成。极性基团上的离子能与溶液中的离子起交换作用,而非极性的树脂本身物性不变。通常离子交换树脂按所带的基团分为强酸、弱酸、强碱和弱碱。

离子交换树脂分离小分子物质如氨基酸、腺苷、腺苷酸等是比较理想的。但对生物大分子物质如蛋白质是不适当的,因为它们不能扩散到树脂的链状结构中。故分离生物大分子可选用以多糖聚合物如纤维素、葡聚糖为载体的离子交换剂。

本实验用磺酸阳离子交换树脂分离酸性氨基酸(天冬氨酸)、中性氨基酸(丙氨酸)、碱性氨基酸(赖氨酸)的混合液。在特定的 pH 条件下,它们解离程度不同,通过改变洗脱液的 pH 或离子强度可分别洗脱分离。

三、实验材料

混合氨基酸溶液:将 3 种标准氨基酸溶液按 1∶2.5∶10 的比例混合。

四、仪器、器具与试剂

1. 仪器与器具

分光光度计、部分收集器、恒压洗脱瓶、20 cm×1 cm 层析管。

2. 试剂

(1)苯乙烯磺酸钠型树脂(强酸 1×8,100～200 目)。

(2)2 mol/L 盐酸溶液。

(3)2 mol/L 氢氧化钠溶液。

(4)标准氨基酸溶液:天冬氨酸、赖氨酸和组氨酸均配制成 2 mg/mL 的 0.1 mol/L 的盐酸溶液。

(5)柠檬酸-氢氧化钠-盐酸缓冲液(pH 5.8,钠离子浓度 0.45 mol/L):取柠檬酸 14.25 g,氢氧化钠 9.30 g 和浓盐酸 5.25 mL 溶于少量水后,定容至 500 mL,冰箱保存。

(6)显色剂:2 g 水合茚三酮溶于 75 mL 乙二醇单甲醚中,加水至 100 mL。

五、实验步骤

1. 树脂的处理

将干的强酸型树脂用蒸馏水浸泡过夜,使之充分溶胀。用 4 倍体积的 2 mol/L 盐酸浸泡 1 h,倾去清液,洗至中性。再用 2 mol/L 氢氧化钠处理,做法同上。最后用欲使用的缓冲液浸泡。

2. 装柱

取直径 1 cm、长度 10～12 cm 的层析柱。将柱垂直至于铁架上。自顶部注入上述经处理的树脂悬浮液,关闭层析柱出口,待树脂沉降后,放出过量溶液,再加入一些树脂,至树脂沉降至 8～10 cm 的高度即可。

3. 氨基酸的洗脱

用 pH 5.8 柠檬酸缓冲液冲洗平衡交换柱。调节流速为 0.5 mL/min,流出液达到床体积的 4 倍时即可上样。由柱上端仔细加入氨基酸的混合液 0.25～0.5 mL,同时开始收集流出液。当样品液弯月面靠近树脂顶端时,即刻加入 0.5 mL 柠檬酸缓冲液冲洗加样品处。待缓冲液弯月面靠近树脂顶端时,再加入 0.5 mL 缓冲液。如此重复两次,然后用滴管小心注入柠檬酸缓冲液(切勿搅动床面),并将柱与洗脱瓶和部分收集器相连。开始用试管收集洗脱液,每管收集 1 mL,共收集 60～80 管。

4. 氨基酸的鉴定

向各管收集液中加 1 mL 水合茚三酮显色剂并混匀，在沸水浴中准确加热 15 min 后冷却至室温，再加入 1.5 mL 的 50%乙醇溶液。放置 10 min。以收集液第 2 管为空白，测定 570 nm 波长的光吸收值，以光吸收值为纵坐标，以洗脱液体积为横坐标绘制洗脱曲线。以已知 3 种氨基酸的纯溶液样品，按上述方法和条件分别操作，将得到的洗脱液曲线与混合氨基酸的洗脱曲线对照，可确定 3 个峰的大致位置及各峰为何种氨基酸。

实验三十九　亲和层析法纯化胰蛋白酶

一、实验目的

熟悉亲和层析纯化蛋白质的原理；初步掌握亲和层析法纯化胰蛋白酶的方法步骤。

二、实验原理

亲和层析已经广泛应用于生物分子的分离和纯化。亲和层析是利用待分离物质和它的特异性配体间具有特异的亲和力，从而达到分离目的的一类特殊层析技术。具有专一亲和力的生物分子对主要有：抗原与抗体、DNA 与互补 DNA 或 RNA、酶与它的底物或竞争性抑制剂、激素（或药物）与它们的受体、维生素和它的特异结合蛋白、糖蛋白与它相应的植物凝集素等。可亲和的一对分子中的一方以共价键形式与不溶性载体相连作为固定相吸附剂，当含有混合组分的样品通过此固定相时，只有和固定相分子有特异亲和力的物质，才能被固定相吸附结合，其他没有亲和力的无关组分就随流动相流出，然后改变流动组成分，将结合的亲和物洗脱下来。亲和层析中所用的载体称为基质，与基质共价连接的化合物称配基。

本实验为了纯化胰蛋白酶，采用胰蛋白酶的天然抑制剂鸡卵黏蛋白作为配基制成亲和吸附剂，从胰脏粗提取液中纯化胰蛋白酶。鸡卵黏蛋白是专一性较高的胰蛋白酶抑制剂，对牛和猪的胰蛋白酶有相当强的抑制作用，但不抑制糜蛋白酶。在 pH 7～8 的缓冲溶液中卵粘蛋白与胰蛋白酶牢固地结合，而在 pH 2～3 时，又能被解离下来。

因此，采用鸡卵黏蛋白作成的亲和吸附剂可以从胰脏粗提液中通过一次亲和层析直接获得活力大于10 000 BAEE单位/mg蛋白胰蛋白酶制品(BAEE为苯甲酰*L*-精氨酸乙酯的缩写，在25℃，pH 7.6，反应体系3.0 mL，1 cm光路，每分钟酶解BAEE使253 nm下的吸收值增加0.001定义为一个BAEE单位)。比用经典分离纯化方法简便得多。纯化效率可达到10～20倍以上。

三、实验材料

新鲜猪胰脏。

四、仪器、器具与试剂

1. 仪器与器具

恒温水浴，温度计，G2玻璃漏斗，抽滤瓶，布氏漏斗，离心杯(50 mL)，透析袋，层析柱(2 cm×30 cm，26 cm×30 cm)，秒表，移液管，贮液瓶(1 L)，电磁搅拌器，pH计，紫外分光光度计，纱布，匀浆器，pH试纸。

2. 试剂

(1)环氧氯丙烷，1，4-二氧六环，乙烯，乙腈，溴化氰。

(2)5 mol/L硫酸。

(3)5.0 mol/L氢氯化钠。

(4)0.2 mol/L pH 9.5碳酸钠缓冲液。

(5)亲和柱平衡液：0.5 mol/L氯化钾0.05 mol/L氯化钙0.1 mol/L，pH 7.8 Tris-HCl缓冲液。

(6)亲和柱洗脱液：0.1 mol/L甲酸0.5 mol/L氯化钾，pH 2.5混合液。

(7)pH 2.5～3.0乙酸酸化水。

(8)Sepharose 4B。

(9)鸡卵黏蛋白。

(10)纯胰蛋白酶。

五、实验步骤

1. 载体——Sepharose4B的活化

(1)环氧氯丙烷活化法　取适量的Sepharose 4B，于G-3玻璃烧结漏斗(简称G-3漏斗)上抽去保护液。称10 g(湿重)Sepharose 4B，用100 mL 0.5 mol/L氯化钠溶液淋洗，除去56Pharose 4S凝胶内的保护剂，用蒸馏水洗净，转移到100 mL

的锥形瓶内。然后加入 6.5 mL 2.0 moL/L 氢氧比钠溶液、1.5 mL 环氧氯丙烷、15 mL 56%1,4-二氧六环，于 45℃的恒温水浴摇床内振荡活化 2 h。然后将活化的凝胶转移到 G-3 漏斗内抽干，用蒸馏水洗至 pH 8.0 左右，再用 20 mL 0.1 mol/L，pH 9.5 碳酸钠缓冲液淋洗。处理完毕后立即偶联。

(2)溴化氰活化法　称取 10 g Sepharose 4B(湿重)，凝胶处理方法与 1 相同，把 SePharose 4B 凝胶转移到一个 100 mL 的烧杯中(以下操作步骤必须在通风橱内进行)。加入 15 mL 0.2 mol/L pH 10.0 的碳酸钠缓冲液，然后将烧杯放置冰浴中，用电磁搅拌器慢慢搅拌。戴上胶皮手套，小心称取 3 g 溴化氰，加入 3 mL 乙腈将溴化氰溶解。

取一支滴管向烧杯内滴加溴化氰使它与 Sepharose 4B 反应，同时取另一支滴管向烧杯内滴加 6 mol/L 的氢氧化钠。使反应体系的 pH 值保持在 pH 10.0 左右(在酸度计上校正)，待溴化氰加完以后继续搅拌，反应 5 min。此时反应体系的 pH 值不再下降，仍维持在 pH 10.0 左右，停止反应。迅速转移到 G-3 漏斗内抽滤，抽滤瓶内应预先加入一定量的固体硫酸亚铁，以破坏滤液中未反应的溴化氰。用 200 mL 预冷的蒸馏水淋洗，最后浸泡在 20 mL 0.1 mol/L pH 9.5，碳酸钠缓冲液中，处理完成后立即偶联。

2. 配基——鸡卵黏蛋白的偶联

将已经活化处理好的 Sepharose 4B 转移到一个 50 mL 的锥形瓶内。然后取 10 mL 0.1 mol/L，pH 9.5 的碳酸钠缓冲液将约 150 mg 的鸡卵黏蛋白溶解，取出 0.1 mL 蛋白溶液稀释 30 倍，在紫外分光光度仪上测定 A_{280}。根据消光系数A=4.13 计算出偶联前的蛋白含量。再将 9.9 mL 蛋白溶液加入到盛有活化 Sepharose 4B 的三角瓶内，混匀，在 40～45℃的恒温水浴摇床内振荡偶联20～24 h，终止偶联。将凝胶转移到 G-3 漏斗内，用 100 mL 0.5 mol/L 的氯化钠溶液抽浊、淋洗，以除去未被偶联的鸡卵类黏蛋白。取一个干净的抽滤瓶收集滤波，测定滤液 A_{280}，计算出未被偶联蛋白的量，然后用 100 mL 的蒸馏水洗，用50 mL 0.1 mol/L 甲酸-0.5 mol/L 氯化钾 pH 2.5 混合液洗，最后用蒸馏水洗至约 pH 6.5 即可。将凝胶转移至 50 mL 小烧杯内，用 30 mL 0.5 mol/L 氯化钾 0.05 mol/L 氯化钙 0.1 mol/L、pH 7.8 Tris-HCl 缓冲液浸泡 20 min。脱气后装柱或置 4℃冰箱保存。

3. 胰蛋白酶粗提液的制备

取 50 g 猪新鲜胰脏(除去脂肪和结缔组织)剪碎置于高速组织捣碎机内，加入 200 mL 预冷的 pH 2.5～3.0 的乙酸酸化水，匀浆。于 10℃提取 4 h 以上，4 层纱布过滤，收集滤液并用 5 mol/L 的氢氧化钠调至 pH 8.0，加入终浓度为0.1 mol/L

氯化钙及 1～2 mg 胰蛋白酶品种，置 4℃激活 12～16 h 或在室温(25℃左右)激活 2～4 h。待胰蛋白酪比活达到 1 000～1 500 BAEE 单位/mg 以后，用 6 mol/L 硫酸调至 pH 3.0 停止激活。放置 4℃冰箱内备用。测定胰蛋白酶活性。

4. 亲和层析纯化胰蛋白酶

取一支层析柱(10 mm×100 mm)，装入少量亲和柱平衡液(0.5 mol/L 氯化钾-0.05 mol/L 氯化钙 0.1 mol/L，pH 7.8 Tris-HCl 缓冲液)，将亲和吸附剂一次装入柱内，待亲和吸附剂自然沉降至约 1/2 总体积后，调节合适的流速。用亲和柱平衡液平衡。用核酸蛋白质检测仪检测流出液，待基线达到稳定后即可。

取一定体积的蛋白酶粗提液(30～50 mL，视酶液的蛋白浓度及比活而定)调至 pH 8.0。用滤纸过滤，取滤液上柱吸附，然后用亲和柱平衡液平衡。用核酸蛋白质检测仪检测流出液，待基线达到稳定后改用亲和柱洗脱液(0.1 mol/L 甲酸，0.5 mol/L 氯化钾，pH 2.5 混合液)洗脱。收集洗脱峰 2，测定酶蛋白含量及活性，层析图谱，如图 2-9 所示。

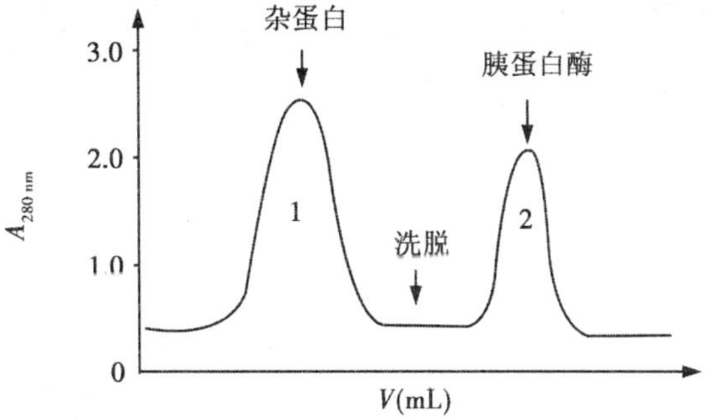

图 2-9　亲和层析纯化胰蛋白酶洗脱曲线

(平衡液：0.5 mol/L 氯化钾，0.05 mol/L 氯化钙，0.1 mol/L pH 7.8 Tris-HCl 缓冲液。洗脱液：0.1 mol/L 甲酸，0.5 mol/L 氯化钾，pH 2.5 混合液)。

5. 胰蛋白酶的保存

经亲和层析分离得到的胰蛋白酶，一般是比较纯的酶，但是酶蛋白的浓度往往很低。通常可用 pH 5.0 的乙酸透析除去溶液中的无机盐，然后冰冻干燥成粉末，长期保存。也可将酶溶液放在－20℃的冰箱冰冻保存或者在 4℃，pH 3.0 的酸性溶液中保存，可保存两年左右。

六、结果处理

$$偶联量=\frac{偶联前配基量-偶联后配基量}{凝胶体积}$$

$$活性回收率=\frac{纯酶的总活力}{上样粗酶总活力}\times 100$$

$$纯化倍数=\frac{纯酶比活力}{粗酶比活力}$$

第四部分 电泳实验

实验四十 SDS-聚丙烯酰胺凝胶电泳测定蛋白质分子量

一、实验目的

掌握SDS-聚丙烯酰胺凝胶电泳法测定蛋白质分子量的原理;掌握SDS-聚丙烯酰胺凝胶电泳法的操作方法。

二、实验原理

聚丙烯酰胺凝胶电泳(PAGE)是以聚丙烯酰胺凝胶作为支持物的一种电泳方法。1959年Davis和Ornstein报道了聚丙烯酰胺凝胶盘状电泳法,并用该法成功的对人血清蛋白进行了分离。从此,这种电泳方法成了分离蛋白质和核酸等大分子物质的重要工具之一,目前已在科研、教学及生产等方面广泛应用。目前实验室多采用不连续系统聚丙烯酰胺凝胶电泳,它是以单体丙烯酰胺和双体甲叉双丙烯酰胺(交联剂)为材料,在催化剂作用下,聚合为含酰胺基侧链的脂肪族长链,在相邻长链间通过甲叉桥连接而形成的三维网状结构物质。

用聚丙烯酰胺凝胶电泳法分离鉴定蛋白质(protein),主要依赖于电荷效应和分子筛效应。再与标准样品对照即可确定各区带的成分。要利用凝胶电泳测定某样品的蛋白质分子量就必须去掉其电荷效应,使样品的蛋白质分子的迁移率完全取决于分子量。如在电泳体系中加入一定浓度的十二烷基硫酸钠(sodium dodecyl sulfate,SDS),使蛋白质带负电荷,这种负电荷远远超过了蛋白质分子原有的电荷差别,从而降低或消除了各种蛋白质天然电荷差别。

巯基乙醇是蛋白质分子中二硫键的还原剂,使多肽组分分成单个亚单位。SDS可打断蛋白质的氢键。因此它与蛋白质结合后,还引起蛋白质构象的改变,所以各种 SDS-蛋白质复合物在电泳中的迁移率不再受原有电荷和形状的影响，而只是按照分子的大小由凝胶的分子筛效应进行分离，其有效迁移率与分子量的对数呈线性关系。这样就可以根据标准蛋白质分子量的对数和迁移率所作的标准曲线得出未知样品蛋白质的分子量。

三、实验材料

小麦芽。

四、仪器、器具与试剂

1. 仪器与器具

垂直板电泳槽及附件；直流稳压稳流电泳仪；微量进样器；其他常用用具。

2. 试剂

(1)下层胶缓冲液：18.17 g Tris，0.4 g SDS，溶于水，用 1 mol/L HCl 调 pH 值为 8.8，定容至 100 mL。

(2)上层胶缓冲液：6.06 g Tris，0.4 g SDS，溶于水，用 1 mol/L HCl 调 pH 值为 6.8，定容 100 mL。

(3)Acr/Bis 贮备液：30 g Acr，0.8 g Bis，溶解后定容至 100 mL。

(4)10%过硫酸铵，用时现配。

(5)样品缓冲液：Tris 0.6 g，甘油 5 mL，SDS 1 g 溶于水，用 HCL 调 pH 值至 8.0，再加溴酚蓝 0.1 g，巯基乙醇 2.5 mL，定容至 100 mL。

(6)电极缓冲液：Tris 3.03 g，Gly 14.14 g，SDS 1.0 g，溶于水，用 HCl 调 pH 8.3，定容至 1 000 mL。

(7)染色液的配制：45%甲醇，0.25%考马斯亮蓝 R-250。

(8)脱色液：2.5%甲醇，10%醋酸。

(9)1.5%琼脂：1.5 g 琼脂溶于 100 mL 电极缓冲液中，加热溶解。

(10)标准分子量蛋白质(可根据情况选择低分子量标准蛋白或高分子量标准蛋白)。

低分子量标准蛋白：溶菌酶(14400)、大豆胰蛋白酶抑制剂(215000)、碳酸酐酶(310000)、卵白蛋白(450000)、牛血清白蛋白(662000)、磷酸化酶 b(925000)。

高分子量标准蛋白质：卵白蛋白(450000)、牛血清白蛋白(662000)、磷酸化酶 b(925000)、β-半乳糖苷酶(1162500)、肌球蛋白重链(2000000)。

标准分子量蛋白可用样品缓冲液配成 2 mg/mL 的溶液，在沸水浴中加热 3～4 min 冷却备用。

五、实验步骤

1. 电泳槽的安装

将干燥的两块玻璃板装入配套塑料夹套内，垂直固定在电泳槽上，周边用1.5%的琼脂密封。

2. 样品处理

将各种标准蛋白质和待测样品分别溶于蛋白质处理液(浓度2 mg/mL)，在沸水中加热3～4 min，待冷却后作点样用。

3. 制胶

按配制7.5%的分离胶，混合后将其沿长玻璃板加入两块玻璃板之间(小心不要产生气泡)，加到距短玻璃板上边缘3 cm处，立即覆盖2～3 mm水层，静止聚合40 min左右。胶聚合好的标志是胶与水之间形成清晰的界面。吸取分离胶的水分，将配制好的浓缩胶(2.5%)注入分离胶之上，立即插上有机玻璃的点样槽模板，待浓缩胶聚合好备用。

4. 点样

用微量注射器分别吸取标准蛋白质样品液5 μL，按分子量(从小到大)的顺序注入样品槽内的浓缩胶面上，同时吸取待测样品液25 μL，注入其他样品槽内，在样品上小心地注入电极缓冲液。

5. 电泳

加样完毕，两槽注入电极缓冲液，接通电源(上负下正)，调节电流为15 mA，当指示剂进入分离胶后，电流需加大到30 mA，电压恒定在80～100 V，在3～4 h后，指示剂达到距前沿1～2 cm时，可终止电泳。

6. 固定

胶取出后，在水中浸泡10 min，浸出部分SDS，然后将胶浸泡在25%异丙醇和10%乙酸的混合液中1 h，蛋白质就得到固定了。

7. 染色

取出凝胶板，加入染色液染色2 h。

8. 脱色

将胶放在脱色液中脱色0.5 h，每隔0.5 h换一次脱色液，至少换3次，待蓝色基本脱掉，再放在脱色液里浸泡至蛋白质谱带清晰为止。

9. 蛋白质标准样品迁移率和待测样品分子量的计算

六、实验结果及数据处理

根据蛋白质分子量对数和电泳迁移率的关系，测量溴酚蓝和各种蛋白质迁移距离。把溴酚蓝迁移的距离定为 D_1，蛋白质迁移距离定为 D_2，根据 $R_f=D_2/D_1$ 算各种蛋白质的迁移率 R_f。

以标准蛋白质的迁移率为横坐标，以其对应的分子量对数为纵坐标，绘制标准曲线，可得到一条直线，然后根据未知样品的迁移率，在半对数坐标图上查出其对应的分子量。要得到一个可靠的结果，实验需多次重复。

注意事项：

SDS-聚丙烯酰胺凝胶一般需要 5 大步骤：制胶、样品处理、电泳及染色和实验结果的处理等，这里以垂直板电泳为例说明一下各大步骤的注意事项。

1. 垂直板电泳制胶

(1)灌胶前应注意灌胶装置应严格地清洗，以避免凝胶板与玻璃板之间产生气泡或滑胶。电泳后取凝胶板时因玻璃不干净，凝胶不易从玻璃板上取下而易断裂。

(2)在灌制分离胶后，应立即在分离胶液面上加入 1～3 mm 去离子水，目的是隔离空气中的氧并使胶面平整。做水封的操作要特别小心，切忌加水时水滴坠入胶面，造成水和凝胶的混合，使顶部的凝胶浓度变稀，聚合后顶部凝胶孔径改变或凝胶表面不平坦。

(3)配制凝胶溶液时，在加入过硫酸铵和 TEMED 之前，溶液真空抽气 15 min，目的是除去溶液中溶解的氧，在核黄素催化时需要少量氧气，抽气时间 5 min 即可。

(4)在灌胶时必须清除两块玻璃板之间出现的气泡，否则造成电泳时电流不均匀。插入样品槽模板时模板下沿如果有气泡，会造成凝胶后样品槽不平，电泳后条带不平整。

(5)在操作中要一直戴手套，用无尘纸巾擦拭玻板，称量 Acr 和 Bis，使用 TEMED、APS 时，应在通风橱中进行，并戴口罩和手套。

2. 样品的处理

一般生物样品的粗提物常需要经过处理，否则不溶物质会产生拖尾或纹理现象，甚至堵塞凝胶，干扰电泳分离。可对样品进行离心、过滤、增加溶解性等方法，去除沉淀，取可溶部分进行电泳。

(1)样品浓度的选择，取决于样品中含有的组分、分析目的和检测方法　选择合适的样品浓度，也是电泳成败的关键。样品浓度过高，电泳条带互相干扰，甚至在浓缩胶面上或浓缩胶与分离胶界面上产生沉淀，随着电泳过程，沉淀逐渐溶解进入凝胶中，造成拖尾现象；样品浓度太低，不易观察到分离组分，需要事先浓缩。一般样品浓度的选择就注意以下几点。

(2)未知样品 做 0.1～20 mg/mL 浓度的稀释系列，摸索最佳加样浓度。

(3)一般分析 用考马斯亮蓝染色，用 1～2 mg/mL 的样品浓度即可得到清晰的蛋白条带。对于高纯度样品量可低至 0.5 mg/mL。

(4)痕量分析 银染法染色，样品最低浓度可低至 5 μg/mL。

(5)活性分析 根据同工酶酶活性染色的灵敏度，可选用 1～10 mg 样品浓度。

3. 加样要求

(1)加样孔道内不能有气泡，否则造成该泳道短路。

(2)不要空孔电泳，如果没有足够量的样品，可以用样品溶解液补齐，以防电泳时蛋白条带向邻带扩展。

(3)加样体积要小于加样孔的总体积，以防溢出污染相邻样品。连续电泳加样量不能多，要加成一条窄带，否则会影响电泳分辨率。

4. 电泳过程

电泳过程中，可采用恒压或恒流两种方式。如采用恒流时，通常用低电流使样品进胶，待样品进入分离胶后加大电流进行电泳分离，电泳时间可根据电泳指示剂的迁移来判定，一般指示染料前沿到达距凝胶底部 0.5 cm 时即可停止电泳。电泳过程中应选择合适的电流和电压，过高或过低，均可影响电泳结果。电泳中电流过大，电压过高时，必然产热多，即使使用冷却装置，凝胶的不同部位温度也会有差异，导致凝胶中相同的蛋白质分子有不同的迁移率，使电泳条带产生弯曲变形。所以在电泳时要根据实际情况选择合适的电流或电压，可采取降低电流，延长电泳时间，或使用有效的冷却装置，或在低温条件下进行电泳等方法，以求好的分离效果。

5. 染色、脱色

实验室中最常用的是考马斯亮蓝染色法，固定染色同时进行，操作简便，凝胶经染色、脱色后，可进一步进行结果分析。如果样品浓度低，可以采用灵敏度高的银染法；如果是对同工酶进行测定，使用活性染色方法。

6. 实验结果处理

实验室中对电泳凝胶主要是凝胶保存和电泳结果分析，电泳凝胶结果的保存可采用照相的方法，或采用制干胶的方法即将凝胶在含有乙醇、乙酸和甘油的保存液中浸泡后，用保存液浸湿的两张玻璃纸制成“凝胶三明治”，晾干可长期保存；用凝胶薄层层析扫描仪可测定目的蛋白质占样品混合物中的百分含量，可以做定量分析；用凝胶成像系统，进行样品的迁移率及相对分子质量的计算。

实验四十一　聚丙烯酰胺凝胶等电聚焦电泳测定蛋白质等电点

一、实验目的

了解等电聚焦的原理，学习和掌握等电聚焦电泳测定蛋白质等电点的方法；通过蛋白质等电点的测定，掌握聚丙烯酰胺凝胶垂直管式等电聚焦电泳技术。

二、实验原理

蛋白质分子是典型的两性电解质分子。它在大于其等电点的 pH 环境中解离成带负电荷的阴离子，向电场的正极泳动，在小于其等电点的 pH 环境中解离成带正由荷的阳离子，向电场的负极泳动。这种泳动只有在等于其等电点的 pH 环境中，即蛋白质所带的净电荷为零时才能停止。如果在一个有 pH 梯度的环境中，对各种不同等电点的蛋白质混合样品进行电泳，则在电场作用下，不管这些蛋白质分子的原始分布如何，各种蛋白质分子将按照它们各自的等电点大小在 pH 梯度中相对应的位置处进行聚焦，经过一定时间的电泳以后，不同等电点的蛋白质分子便分别在不同的位置聚焦形成蛋白质区带。这种生物分子按等电点的大小在 pH 梯度的某一相应位置上进行聚焦的行为就称为“等电聚焦”。

聚丙烯酰胺等电聚焦电泳就是以聚丙烯酰胺凝胶为电泳支持物，并在其中加入两性电解质载体，在电场作用下，两性电解质载体按各自 pI 形成从阳极到阴极逐渐增加的平滑和连续的 pH 梯度。蛋白质样品在此 pH 梯度凝胶中泳动，当迁移至 pH 值等于其 pI 处时，就不再泳动，而被浓缩成狭窄的区带，从而达到分离、测定和鉴定的目的。在蛋白质聚焦的相应位置测定凝胶的 pH 值，就可得知该蛋白质的等电点。

三、实验材料

蛋白质样品：纯牛血清白蛋白 5 mg，溶于 1 mL 蒸馏水，配制成 5 mg/mL 的浓度（此蛋白溶液应无盐离子）。

四、仪器、器具与试剂

1. 仪器与器具

垂直管式圆盘电泳槽、小玻璃管、稳压稳流电泳仪、注射器与针头、移液管、精密 pH 试纸、pH 计、培养皿、小烧杯、直尺、小刀、塑料薄膜、橡皮筋。

2. 试剂

(1)丙烯酰胺贮液(30%丙烯酰胺,交联度 2.6%):30 g 丙烯酰胺和 0.8 g 甲叉双丙烯酰胺溶于 H_2O,定容至 100 mL,滤去不溶物后存于棕色瓶,4℃可保存数月。

(2)两性电解质 ampholine(40%,pH 3～10)。

(3)1 mg/mL 的过硫酸铵(催化剂)。

(4)TEMED(四甲基乙二胺)(加速剂)。

(5)5%磷酸溶液。

(6)2%氢氧化钠溶液。

(7)固定液:10%的三氯乙酸(TCA)。

五、实验步骤

1. 凝胶柱的制备

(1)配胶　按表 2-31 操作,配成 5.0%的凝胶。

表 2-31　凝胶柱的制备——配胶(5.0%)

试剂	体积/mL
丙烯酰胺贮液	2.0
两性电解质载体 ampholine	0.60
TEMED	0.012
蛋白质样品	0.120
H_2O	3.27
过硫酸铵/1 mg/mL	6.0

胶液总体积 12 mL,可装 6 支管。过硫酸铵是胶聚合的催化剂,因此最后加入,加毕立即摇匀并装管。

(2)装管　将圆盘电泳槽的玻璃管洗净,底端用塑料薄膜和橡皮筋封口,垂直放在试管架上,用细长头滴管将配好的胶液加到玻璃管中,液面加至距管口 1 cm 处,再用注射器缓缓加入少许水进行水封,以消除弯月面使胶柱顶端平坦。等待凝胶聚合,聚合完成时可观察到水封下的折光面。

2. 装槽和电泳

管内凝胶凝聚后,用滤纸将顶端水吸去,除去下端的薄膜,然后将小玻璃管垂直插入圆盘电泳槽内,每支管约 1/3 在上槽,2/3 在下槽。在上槽中加入 5%磷酸缓冲液，下槽中装入2%氢氧化钠溶液，淹没各管口和电极，用注射器或滴管吸去管口的气泡。上槽接电泳仪的正极，下槽接负极，开启电源，恒压160V电泳2 h以上，至电流近于零不再降低时停止电泳，关闭电源。

3. 剥胶

电泳结束后，取下凝胶管，用蒸馏水充分洗净两端电极液。用灌满蒸馏水的注射器长针头插入凝胶与玻管管壁之间，边注入水边慢慢转动玻管，同时推动注射器前进，靠水流压力和润滑力将玻璃管内壁与凝胶分开，使凝胶胶条从玻璃管中脱出。若不滑出可用洗耳球轻轻挤出。胶条置于小培养皿内，记住正极端为“头”，负极端为“尾”，若分不清时，可用pH试纸鉴定，酸性端为正，碱性端为负。

4. 固定

小培养皿内倒入10%三氯乙酸溶液至没过胶条，进行固定，约半小时后，即可看到胶条内蛋白质的白色沉淀带。固定完毕，倒出固定液，用直尺量出胶条长度和正极端到蛋白质白色沉淀带中心(即聚焦部位)的长度。也可在康强860紫外/可见分光光度计上用280 nm或238 nm波长作凝胶扫描，然后用扫描图作相应的测量和计算。

5. 测定pH梯度

将放在另一个培养皿内未固定的胶条，用直尺量出待测pH胶条的长度。按照由正极至负极的顺序，用镊子和小刀依次将胶条切成0.5 cm长的小段，分别置于小试管中，加入1 mL H_2O，浸泡0.5 h以上或过夜，用酸度计分别测定每管浸提液的pH值。

六、实验结果及数据处理

(1)以胶条长度为横坐标，pH值为纵坐标，绘制标准pH梯度曲线。所测每管的pH值为0.5 cm长的胶条的pH混合平均值。作图时将此pH值取为0.5 cm小段中心即0.25 cm处的pH值。

(2) 用下式计算蛋白质聚焦部位至胶条正极端的实际长度L：

$$L=L'\times\frac{L_1}{L_2}$$

式中：L'——量出蛋白质的白色沉淀带中心至胶条正极端的长度；

L_1——待测pH的胶条的长度(未固定的胶条的长度)；

L_2——固定后胶条的长度。

(3)根据计算出的L，由pH梯度曲线上查出相应的pH值，即为该蛋白质的等电点。

注意事项：

(1)对两性电解质的要求　两性电解质是等电聚焦的关键试剂，所以对两性电解质的质和量都要特别注意。两性电解质含量2%～3%较适合，能形成好的pH梯度。载体两性电解质由多乙烯胺与丙烯酸进行加成反应生成的混合物，放置时间过长会长菌，分解变质，不能使用。

(2)制胶应注意的问题

①丙烯胺最好是重结晶的。

②过硫酸铵一定要新配制的。

③所有水要用重蒸水。

(3)对样品的要求

①样品必须无盐，否则电泳时样品条带可能走歪，拖尾或根本不成条带。

②加样的量要适当，电泳后蛋白质条带才能清晰规整。加样量则取决于样品中蛋白质的种类、数目以及检测方法的灵敏度。

实验四十二　植物抗氧化酶(SOD，POD和CAT)同工酶电泳分离

一、实验目的

掌握活性氧的产生、危害和植物体中活性氧清除的主要酶系统；掌握常见抗氧化酶的电泳分离及染色方法。

二、实验原理

活性氧(reactive oxygen species，ROS)是化学性质活泼、氧化能力很强的含氧物质的总称。活性氧包括含氧自由基和含氧非自由基。主要活性氧有超氧阴离子自由基(O_2^-·)、单线态氧($^1O_2$)、羟自由基(OH·)、烷氧自由基(RO·)和含氧非自由基(H_2O_2)等。活性氧的主要危害是引起膜脂过氧化，蛋白质变性，核酸降解等。

植物可通过多种途径产生活性氧，同时细胞内也存在清除这些活性氧的多种途径，包括活性氧清除的酶系统。其中主要的酶系统包括超氧化物歧化酶(SOD)、过氧化物酶(POD)、过氧化氢酶(CAT)、抗坏血酸过氧化物酶(APX)等，他们是活性氧清除酶系统的重要保护酶。环境胁迫可以引起植株整体水平碳和氮代谢的改

变，从而降低光合和生长速率。然而在分子水平上，则由于活性氧的产生与活性氧清除系统之间的平衡被破坏，植物细胞中积累大量的活性氧，从而对许多重要的细胞组分造成氧化损伤。

植物细胞中产生 ROS 的部位有细胞膜、叶绿体、线粒体和过氧化物体等，其中叶绿体和线粒体是产生 ROS 的主要部位。ROS 既可以通过电子传递过程产生，如线粒体和叶绿体的电子传递；也可通过代谢产生，如脂肪酸-β 氧化等。

过多的 ROS 对植物细胞有很强的毒害作用，但在有些代谢过程中它却能被有效利用。ROS 具有胁迫信号传导功能。一些研究表明植物产生的 ROS 可以作为信号分子调控许多生理过程，例如细胞程序化死亡、非生物胁迫响应、病原菌抵抗和系统信号传导，因此 ROS 常作为第二信使参与胁迫信号的传导，并作为细胞受胁迫程度的指标。

本实验采用垂直板聚丙烯酰胺凝胶电泳分离 SOD、POD、CAT 三种同工酶后，采用特异的活性染色法显现其同工酶带。

三、实验材料

水稻叶片。

四、仪器、器具与试剂

1. 仪器与器具

电泳仪、垂直板电泳槽、注射器（5 mL、2 mL、1 mL）、微量进样器、培养皿等。

2. 试剂

(1) 贮液的配制（表 2-32）。

表 2-32　各种贮液的配制

贮液编号		（100 mL 溶液中的含量）	pH	工作溶液混合比
1	1 mol/L 盐酸	48.0 mL	8.9	①小孔胶（分离胶）
	Tris	36.6 g		1 份 1 号
	TEMED	0.23 mL		2 份 2 号
2	Acr	23.0 g		1 份水
	Bis	0.735 g		4 份 3 号
3	过硫酸铵	0.14 g		pH8.9 凝胶浓度 7.5%
4	1 mol/L 盐酸	48.0 mL	6.7	
	Tris	5.98 g		②大孔胶（浓缩胶）
	TEMED	0.46 mL		1 份 4 号

续表 2-32

贮液编号	（100 mL 溶液中的含量）	pH	工作溶液混合比
5 Acr	10.0 g		2 份 5 号
Bis	2.50 g		1 份 6 号
6 核黄素	4.0 mg		4 份 7 号
7 蔗糖	40.0 g		pH6.7 凝胶浓度 2.5%
8 电极缓冲液			
Tris	60 g	8.3	电极缓冲液用时稀释 10 倍
甘氨酸	28.8 g		
加水到 1 L			

注：Acr 为丙烯酰胺、Tris 为三羟甲基氨基甲烷、Bis 为甲叉双丙烯酰胺、TEMED 为四甲基乙二胺。

（2）0.1%溴酚蓝液　0.1 g 溴酚蓝重蒸水定容至 100 mL。

（3）酶提取缓冲液　50 mmol/L Tris-HCl，1 mmol/L EDTA，10%甘油，pH 8.0。

（4）同工酶活性染色液。

①SOD 活性染色液：染色液 A：氮蓝四唑（NBT）2.45×10^{-4} mol/L；染色液 B：四甲基乙二胺 2.8×10^{-2} mol/L，核黄素 2.8×10^{-5} mol/L，磷酸缓冲液 3.6×10^{-2} mol/L（pH＝7.8）；染色液 C：EDTA 1.0×10^{-4} mol/L，磷酸缓冲液 5×10^{-2} mol/L（pH＝7.8）。

②POD 活性染色液（现配现用）：醋酸联苯胺染液：5 mL，H_2O_2（30%），200 μL；dH_2O：95 mL。

③CAT 染色液：染色液 A：1%淀粉；染色液 B：3% H_2O_2 20 mL，0.33 mol/L 磷酸缓冲液 5 mL，0.1 mol/L $Na_2S_2O_3$ 10 mL，H_2O 65 mL；染色液 C：0.09 mol/LKI。

五、实验步骤

1. 样品提取

取植物材料 1 g，加 3 mL 酶提取液在冰浴上研磨提取，再以 10 000 r/min 4℃离心 20 min，取上清液用于电泳。

2. 电泳槽的安装

干燥的两块玻璃板装入配套塑料夹套内，垂直固定在电泳槽上，周边用 1.5%的琼脂密封。

3. 制胶

按上表配制 7.5%的分离胶，混合后将其沿长玻璃板加入两块玻璃板之间（小心不要产生气泡），加到距短玻璃板上边缘 3 cm 处，立即覆盖 2～3 mm 水层，静止聚合 40 min 左右。胶聚合好的标志是胶与水之间形成清晰的界面。吸取分离胶的水分。按上表配制 2.5%的浓缩胶，注入分离胶之上，立即插上有机玻璃的点样槽模板，待浓缩胶聚合好备用。

4. 点样

用微量注射器分别吸取酶提取液 50～100 μL，注入样品槽内的浓缩胶面上，每点三个样池空一个样池，在样品上小心地注满电极缓冲液。

5. 电泳

加样完毕，两槽注入电极缓冲液，在上槽中（负极）滴加数滴前沿指示剂并混匀，接通电源（上负下正），调节电流为 15 mA，当指示剂进入分离胶后，电流需加大到 30～50 mA，电压恒定在 150～200 V 之间，在 3～4 h 后，指示剂达到距前沿 1～2 cm 时，可终止电泳。

6. 染色

胶片取出后，用少量去离子水中淋洗后，用小刀片在空样池处将凝胶片切割为三个胶条，分别进行 SOD、POD 和 CAT 活性染色并照相记录。

(1)SOD 染色方法：电泳完毕后，取出凝胶，用蒸馏水冲洗 2～3 次。然后置于染色液 A 中浸泡染色 25 min；再用蒸馏水冲洗 2～3 次，然后置于染色液 B 中染色 25 min；再用蒸馏水冲洗 2～3 次，然后置于染色液 C 中于光照条件下染色，直至条带清楚后立即照相。

(2)POD 染色方法：将取出的胶浸入染色液中，在室温下染色至酶带清楚。

(3)凝胶先在 CAT 染色液 A 中浸泡 2 h（冰箱中），然后加入 B 液 25℃下染色 15 min，倒出 B 液冲洗干净，加入 C 液，酶活性表现在蓝色背景下的白色区带，呈现蓝色后。

六、结果分析

对各酶谱从正极向负极对同工酶谱带条数依次编号记录。

实验四十三　醋酸纤维薄膜电泳法分离动物血清蛋白

一、实验目的

学习醋酸纤维薄膜电泳的操作，了解电泳技术的一般原理。

二、实验原理

醋酸纤维素薄膜电泳是以醋酸纤维素薄膜为支持物的电泳，醋酸纤维素是纤维素的羟基乙酰化所形成的产物——纤维素乙酸酯。当将它溶于有机溶剂（如丙酮、氯仿、氯乙烯、乙酸乙酯等）后，涂抹成均匀的薄膜，待溶剂蒸干后，则成为醋酸纤维素薄膜。该膜一面光滑，而另一面粗糙无光泽。电泳时，将待测物样点点样于粗糙屋光泽面，经电场作用，样品即可被分离。

醋酸纤维素薄膜具有均一的泡沫状结构，有强渗透性，厚度约为 120 μm。该膜渗透性强，用它作为支持物进行电泳，具有微量、快速、简便、分辨率高、对样品无拖尾和吸附现象、电泳区带清晰、灵敏度高等优点。目前已广泛应用于血清蛋白、血红蛋白、糖蛋白、脂蛋白、结合球蛋白、同工酶的分离和测定等方面。

蛋白质是两性电解质，在不同的缓冲液中所带电荷的极性与数量会有所不同，因而在电场中的行为也相应地会有所不同；在 pH 小于其等电点的缓冲液中，蛋白质为正离子，在电场中向阴极移动；在 pH 大于其等电点的缓冲液中，蛋白质为负离子，在电场中向阳极移动；而当缓冲液的 pH 为蛋白质的等电点时，则该蛋白质在电场中既不向阳极移动，也不向阴极移动。血清中含有多种蛋白质，如清蛋白、α-球蛋白、β-球蛋白、γ-球蛋白等，它们所具有的可解离基团不同，在同一 pH 的缓冲液中，所带静电荷不同，因此它们在电场中的移动情况也就不同，故可利用电泳法将它们分离。人血清中有关蛋白质的相对分子质量、等电点的差异如下表所示。从表 2-33 中可知，血清中 5 种蛋白质的等电点低于 pH 7.0，所以在缓冲液 pH 8.6 中，它们都电离成负离子，在电场中向正极移动。由于清蛋白所带负电荷量最大，泳动最快，向正极迁移的距离最大，其余依次为 α_1-球蛋白、α_2-球蛋白、β-球蛋白及 γ-球蛋白。

表 2-33　人血清中各种蛋白质的等电点及相对分子质量

蛋白质名称	等电点（pI）	相对分子质量
清蛋白	4.88	69 000
α_1-球蛋白	5.06	200 000
α_2-球蛋白	5.06	300 000
β-球蛋白	5.12	90 000～150 000
γ-球蛋白	6.85 ～7.50	156 000～300 000

由于血清蛋白质为无色的胶体颗粒，因此需要用染色的方法来进行观察。现有多种染料可与蛋白质结合，如本实验中所用的氨基黑 10B。电泳结束后，将薄膜

浸入染色液中浸泡染色，然后用漂洗液漂洗。漂洗液可洗去薄膜上未与蛋白质结合的染料，但是不能洗去已与蛋白质结合的染料。这样，漂洗之后就可以在薄膜上看到不同的蛋白质处于不同的位置，形成电泳区带。在一定范围内，蛋白质的量与结合的染料量成正比，因而可以进行定量分析。本实验中将醋酸纤维素薄膜上各蛋白质区带剪下，分别用 0.4 mol/L 的 NaOH 溶液将蛋白质浸洗下来，用比色法测定其相对含量。也可以将染色后的薄膜直接用光密度计扫描测定其相对含量。

三、实验材料

新鲜血清（制备时要无溶血现象）。

四、仪器、器皿与试剂

1. 仪器和器皿

光密度计\微量加样器、水平电泳槽、电泳仪、镊子、醋酸纤维素薄膜、滤纸、铅笔与直尺、载玻片或白瓷比色板。

2. 试剂

（1）电极缓冲液　0.075 mol/L 巴比妥-巴比妥钠缓冲液（pH 8.5，离子强度 0.06 mol/L）；称取巴比妥 1.66 g 和巴比妥钠 12.76 g，溶于少量水中，并定容至 1 000 mL。

（2）染色液　称取氨基黑 10B 0.5 g，加水 40 mL、甲醇 50 mL 和冰乙酸 10 mL，混匀，装具塞试剂瓶中贮存。

（3）漂洗液　95%乙醇 45 mL、冰乙酸 5 mL 和水 50 mL 混匀，装具塞试剂瓶中贮存。

（4）透明液

①透明液甲：冰乙酸 25 mL、无水乙醇 75 mL，混匀，装具塞试剂瓶中贮存。

②透明液乙：冰乙酸 25 mL、无水乙醇 75 mL，混匀，装具塞试剂瓶中贮存。

（5）0.4 mol/L NaOH 溶液　称取 16 g NaOH，用蒸馏水溶解并定溶至 1 000 mL。

注：染色液、漂洗液、透明液应在具塞瓶中密封贮存，否则由于易挥发成分的挥发，使组分比例发生变化，会影响实验结果，尤其在高温季节，更要十分注意。

五、实验步骤

1. 仪器和薄膜的准备

（1）醋酸纤维薄膜的润湿和选择　将薄膜置于装有缓冲液的培养皿中，使它漂浮在液面。若迅速润湿，整条薄膜色泽深浅一致，则表明薄膜质地均匀。否则表明薄膜的厚度不匀。实验中应选择前者，而不能选用后者。后者对实验结果影响颇大，造成区带歪扭不齐、各带界限不清、背景脱色困难、结果难于重复等问题。将选用的薄膜用镊子轻压，使它全部浸入缓冲液中，约 0.5 h 后取出，用清洁的滤纸吸去多余的缓冲液，同时分辨出光泽面和无光泽面。

(2)制作电桥　将缓冲液倒入电泳槽，根据电泳槽纵向尺寸，于两极支架上各放入三层滤纸，滤纸一端与支架前沿对齐，另一端浸入缓冲液中，除去气泡使滤纸紧贴在支架上，即为“滤纸桥”。它是联系薄膜和缓冲液之间的“桥梁”。

(3)平衡　用平衡装置(或自制的平衡管)使两槽内缓冲液的液面处于同一水平面，需平衡 15～20 min。注意，平衡后应将平衡装置活塞关好(或除去平衡管)。

2. 点样

将薄膜的无光泽面朝上，在距负极端 1.5 cm 处，用毛细管或盖玻片取 0.1 mL 血清均匀“印”在薄膜的点样点处。注意：点样时应使血清均匀地分布在点样区，形成有一定的宽度、粗细匀称的直线，这是获得清晰区带电泳图谱的重要环节之一。可事先在滤纸上练习，掌握点样技术。

3. 电泳

将点好样的薄膜无光泽面向下，两端贴在电泳槽支架的滤纸上(点样端放负极)，平衡 10 min。打开电泳仪开关，调节电流，调到每厘米宽薄膜电流强度为 0.3 mA，电泳 10～15 min，将电流提高到每厘米宽 0.4～0.6 mA，电压为每厘米长 10 V 左右，电泳 45～50 min，(电泳区带展开 3.5 cm 左右)，关闭电源。注意电泳过程中防止电流和电压过高或偏低。

4. 染色

电泳完毕，取出薄膜直接浸入染色液中，染色 5 min，然后用漂洗液漂洗，隔 10 min 左右换一次漂洗液，直至背景颜色脱去。将膜压在干净的滤纸中，吸去多余的漂洗液。

5. 结果分析

经漂洗后一般在薄膜上呈现清晰的 5 条区带，由正极开始依次为清蛋白、α_1-球蛋白、α_2-球蛋白、β-球蛋白和 γ-球蛋白。

6. 透明处理

将漂洗后的薄膜用电吹风机吹干，然后浸入透明液甲中，2 min 后立即浸入透明液乙中，浸泡 1 min(时间要准确)，取出薄膜，将其紧贴在载玻片上，不要留气泡。经 2～3 min 薄膜完全透明，放置 10～15 min 后，用吹风机吹干，在水龙头下将载玻片上的薄膜润湿，用刀片从膜的一角撬起，将薄膜轻轻揭下，以滤纸吸干水珠。将薄膜浸液体石蜡中约 3 min 后取出，再用滤纸吸干、压平，则成为可长期保存的醋酸纤维膜电泳图谱。

7. 定量分析

未经透明处理的醋酸纤维薄膜电泳图谱，可直接用于血清各组分蛋白相对百分含量的定量测定。一般采用洗脱法和光吸收法。

(1)洗脱法　将电泳图谱的各区带剪下，分别浸入盛有 0.4 mol//L 氢氧化钠溶液的试管中，清蛋白管加 4 mL，其余各管加 2 mL，振摇。放入 37℃恒温水浴中浸提 30 min，中间每隔 10 min 摇动一次。然后在 620 nm 波长下比色，测定各管的光吸收。

按下述方法计算各组蛋白质的百分率。

先计算总光吸收值 A

$$A=2\times A_{清}+A_{\alpha 1}+A_{\alpha 2}+A_{\beta}+A_{\gamma}$$

各组分蛋白质的百分率

$$清蛋白=\frac{2\times A_{清}\times 100}{A}$$

$$\alpha_1\text{-}球蛋白=\frac{A_{\alpha_1}\times 100}{A}$$

$$\alpha_2\text{-}球蛋白=\frac{A_{\alpha_2}\times 100}{A}$$

$$\beta\text{-}球蛋白=\frac{A_{\beta}\times 100}{A}$$

$$\gamma\text{-}球蛋白=\frac{A_{\gamma}\times 100}{A}$$

血清蛋白组分正常值：清蛋白 54.0%～73%，α_1-球蛋白 2.8%～5.1%，α_2-球蛋白 6.3%～10.6%，β-球蛋白 5.2%～11.0%，γ-球蛋白 12.5%～20%。

(2)除洗脱法外，还可采用光吸收法测定血清蛋白组分的相对百分率。

注意事项：

(1)血清标本宜新鲜，不可溶血。溶血后血清中的血红蛋白混入球蛋白中，影响结果。

(2)市售醋酸纤维素薄膜均为干膜片，薄膜需要充分浸泡于缓冲液中，使其恢复到原来的多孔网状结构。且薄膜颜色一致无斑点。

(3)对于定量分析来说，定量取样是必需的。

(4)使血清均匀分布在点样线，这是获得清晰区带电泳图谱的重要环节之一。加样时不能太用力，不要重复加样。加样量要适中，如加样量过大，则电泳区带不易分离清楚。

(5)电压高，电流大，电泳速率快，产生的热效应较大，膜上水分蒸发严重。致使电泳图谱短而不清。故电流强度以 0.4～0.5 mA/cm 膜宽为宜。

(6)应尽量采用水溶性染料，不宜选择醇溶性染料，以免引起醋酸纤维素薄膜溶解；另外多次染色后的染料应弃去，否则，可使染料中的盐类浓度增加，pH 升高，甲醇挥发，致使清蛋白结果偏高。

实验四十四　家兔血清乳酸脱氢酶同工酶的分离

一、实验目的

掌握盘状凝胶电泳分离乳酸脱氢酶同工酶的方法；了解乳酸脱氢酶的生理和临床意义。

二、实验原理

盘状聚丙烯酰胺凝胶电泳的原理见前述。

本实验采用碱性缓冲系统(pH 8.3)分离家兔血清中的乳酸脱氢酶同工酶(LDH)。乳酸脱氢酶(LDH)是乳酸发酵中非常重要的酶，其主要功能是催化丙酮酸和乳酸互变的化学反应。研究证明，LDH 是包括具有催化相同化学反应而分子组成不同的几种同工酶。由于某结构不同，因而具有不同的理化性质和免疫学特性。最为明显的是等电点不同，因此，用电泳的方法可以将它们分开，然后在凝胶上显色。乳酸脱氢酶的显色是通过底物显色剂显色。其底物显色剂包括乳酸，辅酶Ⅰ(NAD^+)，酚嗪二甲酯硫酸盐(PMS)，氯化硝基四氮唑蓝(NBT)。NBT 最后接收氢被还原成紫色的甲酯类化合物。其反应如下：

$$CH_3CHOHCOOH + NAD^+ \xrightarrow{\text{乳酸脱氢酶}} CH_3COCOOH + NADH^+ + H^+$$

$$NADH + H^+ + PMS \longrightarrow NAD^+ + PMSH_2$$

$$PMSH_2 + NBT \longrightarrow PMS + NBTH_2\text{(紫色甲酯化合物)}$$

紫色的深浅与 LDH 活力大小成正比，因此可鉴定 LDH 同工酶的种类和测定 LDH 活力。根据 1964 年国际生化学会报告建议，同工酶的命名可以根据电泳迁移率区别并加以编号，以向阳极方向泳动最快者编为同工酶 1，依此类推。本实验一般可分离出 5 条清晰的电泳区带。

三、实验材料

家兔血清。

四、仪器、器具与试剂

1. 仪器和器具

电泳仪及圆盘电泳槽、注射器（5 mL、2 mL、1 mL）、玻璃管（5～6）mm×100 mm（两端应用金刚砂磨平）、微量进样器、带孔青霉素胶塞、培养皿等。

2. 试剂

（1）贮液的配制（同实验四十二）。

（2）0.1%溴酚蓝液（0.1 g 溴酚蓝重蒸水定容至 100 mL）。

（3）底物显色系统〔辅酶Ⅰ（NAD^+ 40 mg，加 0.1 mol/L 磷酸缓冲液 4 mL；乳酸（钠）5 mL 加 0.1 mol/L 磷酸缓冲液 5 mL；酚嗪二甲酯硫酸盐（PMS）10 mg，加 0.1 mol/L 磷酸缓冲液 10 mL；氯化硝基四氮唑蓝（NBT）45 mg，加 0.1 mol/L 磷酸缓冲液 15 mL。可染 30～40 条凝胶〕。

（4）0.1 mol/L 磷酸缓冲液。

（5）7%醋酸溶液（V/V）。

五、实验步骤

1. 工作溶液的配制（略）

2. 制胶

（1）将 0.2 mL 40%蔗糖溶液加入青霉素胶帽中，将此胶帽套在小玻璃管下端（也可用 1%琼脂糖封口）。

（2）按贮液配制表比例将 1 号、2 号和水混合于一烧杯中；3 号另放一烧杯中，于真空干燥器内抽气。抽气后，将二杯溶液立即混匀，用注射器将此液加到各小玻璃管中，使胶高达 6～7 cm。用另一注射器小心地在胶面上覆盖一薄层水，注意加水时勿搅动胶面。放置 25～40 min，刚加水时能清楚地看到凝胶与水层间有一界面，后此界面逐渐消失，等界面再重新出现时，表明凝胶已经聚合，再放置 30 min 使聚合完全。

（3）浓缩胶的制备：按凝胶配制表比例，将 4 号、5 号、7 号混合于一烧杯中，6 号放另一烧杯抽气。用注射器和滤纸吸去玻璃管内胶面上的水层，注意滤纸尽量不要触及胶面。将抽好气的 4 号、5 号、7 号与 6 号混合，用注射器向分离胶上面加浓缩胶约 0.5～1 cm。按（2）法小心地加水层，将玻璃管移到日光灯旁或阳光下，放置 20～50 min，浓缩胶变乳白色时聚合作用完成。最后移去覆盖水层，加入 pH 8.3 的缓冲液。

3. 安装凝胶玻璃管及加电极缓冲液

将装有凝胶的玻璃管安装在圆盘电泳槽中，注意管要垂直、塞紧，以防止上槽缓冲液漏下。玻璃管下端去掉胶帽后存有气泡，可用注射器加缓冲液将气泡排除。向电泳槽上下槽加缓冲液，上下槽共需缓冲液 800～1 000 mL。

4. 加样

(1)血清样品制备：取兔血清 1 mL，加等体积 40%蔗糖液及 0.1%溴酚蓝指示剂混匀。

(2)每条胶可分离 5～100 μg 样品(或 5～100 μL)。因此每管可加入 5～100 μg/mL 样品。用微量进样器加 80～90 μL/管血清混合液。

5. 电泳

上槽连接负极、下槽连接正极，打开电泳仪开关，调节电流，开始时用 1～2 mA/管，1～3 min 提高电流至 4 mA/管。电流强度太高会造成产热量大，使分离失败，故最好不要超过 5 mA/管。电泳的时间一般可根据指示剂染料的迁移来决定，当溴酚蓝指示剂接近凝胶底部时停止电泳。

6. 剥胶

将凝胶玻璃管从电泳槽上取出。取带长针头的注射器，灌满水，将针头从浓缩胶一端小心地插入到管壁与凝胶之间，转动玻璃管，同时推动注射器，靠水流压力和润滑作用将玻璃管内壁与凝胶分开，使凝胶从玻璃管中脱出。

7. 染色及固定

将剥出的凝胶放入装有底物显色剂的培养皿中，37℃保温 10～30 min，凝胶上可显出紫色的 LDH 酶带。将染过色的凝胶放入装有 7%醋酸的培养皿中进行固定和脱色。要经常更换 7%醋酸液，需 1～2 d 可将背景洗至无色。凝胶条可放 7%醋酸液中长期保存。

六、结果与分析

将上述酶带画在报告纸上并照相记录、保存。

第五部分 基础分子生物学技术

实验四十五 动物肝脏中 DNA 的提取与电泳检测

一、实验目的

通过本实验了解并掌握提取动物基因组 DNA 的原理和技术，以及琼脂糖凝胶电泳检测 DNA 的方法和技术。

二、实验原理

动物的 DNA 是以染色体的形式存在于细胞核内，在制备 DNA 的时既要将 DNA 与蛋白质、脂类和糖类等分离，又要保持 DNA 分子的完整。提取 DNA 的一般过程是将分散好的组织细胞在含 SDS(十二烷基硫酸钠)和蛋白酶 K 的溶液中消化分解蛋白质，再用酚和氯仿/异戊醇抽提分离蛋白质，得到的 DNA 溶液经乙醇沉淀使 DNA 从溶液中析出。其中蛋白酶 K 的重要特性是能在 SDS 和 EDTA (乙二胺四乙酸二钠)存在下保持很高的活性。在匀浆后提取 DNA 的反应体系中，SDS 可破坏细胞膜、核膜，并使组织蛋白与 DNA 分离，EDTA 则抑制细胞中 DNase 的活性；而蛋白酶 K 可将蛋白质降解成小肽或氨基酸，使 DNA 分子完整地分离出来。用此方法得到的 DNA 长度为 100～150 kb，适用于 Southern 杂交、基因组 DNA 文库的构建，酸性条件下 DNA 溶于有机相，碱性条件下溶于水相。

DNA 在琼脂糖凝胶中泳动时有电荷效应和分子筛效应。核酸为两性分子，在 pH 3.5 时，整个分子带正电；pH 8 左右时，碱基几乎不解离，整个分子带负电。在碱性环境下，不同的核酸分子由于具有相同的磷酸戊糖结构，几乎具有相同的电荷密度，相同碱基数量的双链 DNA 几乎具有等量的净负电荷，因此它们能以同样的速度向正极方向移动。在一定的电场强度下，DNA 分子的迁移速度取决于分子筛效应即DNA分本身的大小和构象。具有不同的相对分子质量的DNA片段泳动速度不一样，可进行分离。

三、实验材料

新鲜动物肝脏。

四、仪器、器具与试剂

1. 仪器与器具

捣碎机、离心机、手术剪、离心管、刻度吸管、烧杯（100 mL）、玻棒、石英比色皿、紫外分光光度计、水平板电泳槽、电泳仪、微量移液器、紫外灯。

2. 试剂

（1）提取用试剂

①5 mol/L NaCl溶液：NaCl 146.15 g溶于蒸馏水稀释到500 mL。

②0.14 mol/L NaCl-0.15 mol/L $EDTANa_2$溶液：NaCl 4.09 g及$EDTANa_2$ 27.9 g溶于蒸馏水稀释到500 mL。

③25% SDS溶液：SDS 25 g溶于45%乙醇100 mL中。

④苯酚氯仿-异丙醇混合液：苯酚∶氯仿∶异丙醇＝25∶24∶1（V∶V）。

（2）纯化用试剂

①核糖核酸酶A（RNase A）。

②95%乙醇。

③80%乙醇。

（3）琼脂糖凝胶电泳检测试剂

①5×TBE电泳缓冲液。

②6×电泳载样缓冲液。

③10 mg/mL溴化乙锭水溶液（EB）或最好GoldView核酸染料（购自北京赛百盛基因技术有限公司）。

五、实验步骤

1. DNA的提取

（1）称取新鲜动物的脾（或猪肝、兔肝等）约10 g，于研钵中，在冰浴中剪碎，加2倍组织重的冷的0.14 mol/L NaCl-0.15 mol/L EDTA溶液（约20 mL）研磨成浆状，得匀浆液。

（2）将匀浆液（除去组织碎片）于3 000 r/min离心10 min，弃去上清液，收集沉淀，沉淀中加两倍体积的冷的 0.14 mol/L NaCl-0.15 mol/L EDTA 溶液，搅匀，如前离心，重复洗涤 2～3 次。所得沉淀为 DNA 粗制品，移至烧杯中。

2. DNA 的纯化

(1)加 5 μL RNA 酶至粗品 DNA 中，用玻璃棒慢慢搅拌 20 min。

(2)向沉淀中加入预冷过的 0.14 mol/L NaCl-0.15 mol/L EDTA 溶液，使总体积达到 20 mL，在缓慢搅拌的同时滴加 25%的 SDS 溶液 1.5 mL，边加边搅拌，此步骤系使核酸与蛋白质分离。

(3)加入 5 mol/L NaCl 溶液 5 mL，使 NaCl 最终浓度约为 1 mol/L，搅拌 10 min(速度要慢)。溶液变得黏稠并略带透明。

(4)加入等体积的冷的氯仿-异丙醇混合液，于冰浴中搅拌 20 min，3 000 r/min 离心 10 min。分层，上层为水相(含 DNA 钠盐)，中层为变性的蛋白沉淀，下层为氯仿混合液。

(5)用吸管小心地吸取上层水相，弃去沉淀，再在相同条件下重复抽提 2～3 次。上清液用于做以下实验。

3. DNA 的电泳检测

(1)取 5×TBE 缓冲液 20 mL 加水至 200 mL，配制成 0.5×TBE 稀释缓冲液，待用。

(2)胶液的制备：称取 0.4 g 琼脂糖，置于 200 mL 锥形瓶中，加入 50 mL 0.5×TBE 稀释缓冲液，放入微波炉里加热至琼脂糖全部熔化，取出摇匀，此为 0.8%琼脂糖凝胶液。加热过程中要不时摇动，使附于瓶壁上的琼脂糖颗粒进入溶液。

(3)胶板的制备：将凝胶槽两侧挡板放好，调节好梳子与底板的距离(一般高出底板 0.5～1 mm)。待溶解好的凝胶冷却 50～60℃时，向内加入溴化乙锭终浓度为 0.5 μg/mL 的水溶液，轻轻混匀后倒入凝胶槽，胶厚一般为 5～8 mm。待胶彻底凝固后，去掉两侧挡板，将凝胶放入盛有电泳液的槽中(加样孔朝向负极端，DNA 由负极向正极移动)，使液面高出凝胶 2～3 mm，小心拔出梳子。

(4)加样：DNA 样品 10 μL 与 2 μL 6×上样液混匀即 5∶1 混合并加入凹孔中(样品不可溢出)。每加完一个样品要更换枪头，以防止互相污染，注意上样时要小心操作，避免损坏凝胶或将样品槽底部凝胶刺穿。

(5)电泳：加完样后，合上电泳槽盖，打开电源，调节所需电压，电压与凝胶的长度有关，一般使用电压不超过 5 V/cm。

(6)当溴酚蓝条带移动到距凝胶前沿约 2 cm 时，电泳 30～60 min，停止电泳。电泳完毕关闭电源。将凝胶放波长为 254 nm 紫外灯下观察并拍照。

注意事项：

(1)如使用核酸染料 EB(溴化乙锭)和酚为剧毒，在操作有毒试剂，必须戴上PE 手套，小心操作，防止进入人体。

(2)EB 处理

①固体溴化乙锭在 262℃分解，在标准条件进行焚化后不可能再有危害性。

②EB 溶液中加入足量的水使 EB 的浓度降到 0.5 mL/mL 以下，再加入 1 倍体积的 0.5 mol/L 高锰酸钾，小心混匀后再加 1 倍体积的 2.5 mol/L 盐酸，小心混匀，于室温放置数小时，然后加入 1 位体积的 2.5 mol/L 氢氧化钠，小心混匀后可丢弃该溶液。

(3)也可使用新型核酸染料 GV(GoldviewTM)，其使用方法与 EB 同，紫外光下双键 DNA 显绿色，目前未发现其有致癌作用，已广泛使用。

实验四十六 植物核 DNA 的提取(CTAB 法)与电泳检测

一、实验目的

DNA 是遗传信息的载体和基本遗传物质，是分子生物学和基因工程研究的主要对象。本实验的目的是学习掌握植物基因组 DNA 提取的基本原理及各种试剂的作用。了解凝胶电泳检测 DNA 的基本原理，掌握 DNA 琼脂糖凝胶电泳的方法。

二、实验原理

DNA 是一切生物细胞的重要组成成分，主要以核蛋白(即染色质或染色体)的形式存在于细胞核中。因此提取核酸的基本过程就是：细胞破碎→抽提去蛋白质→沉淀核酸。CTAB(十六烷基三乙基溴化铵)是一种阳离子去污剂，可溶解细胞膜，它能与核酸形成复合物，在高盐溶液中(0.7 mol/L NaCl)是可溶的，当降低溶液盐浓度到一定程度(0.3 mol/L NaCl)时，从溶液中沉淀，通过离心就可将 CTAB-核酸的复合物与蛋白，多糖类物质分开。最后通过乙醇或异丙醇沉淀 DNA，而 CTAB 溶于乙醇或异丙醇而除去。

分离纯化后的植物 DNA，可用琼脂糖凝胶电泳检测。

三、实验材料

新鲜的植物组织材料或－80℃冻存的植物材料。

四、仪器、器具与试剂

1. 仪器与器具

离心机、恒温水浴、台式高速离心机、水平电泳槽、电泳仪、液氮罐等。

2. 试剂

(1)2×CTAB 溶液

CTAB(*W*/*V*)	2%
Tris-HCl	100 mmol/L(pH 8.0)
EDTA	20 mmol/L(pH 8.0)
NaCl	1.4 mol/L
PVP(聚乙烯吡咯烷酮)	1%

灭菌备用。没灭菌前呈黏稠状,CTAB 灭菌后变成清亮的溶液。

(2)氯仿/异戊醇(24∶1)。

(3)3 mol/L NaAc,用冰乙酸调 pH 至 5.2。

(4)异丙醇。

(5)β-巯基乙醇。

(6)75%乙醇。

(7)上样缓冲液:40%蔗糖、0.25%溴酚蓝。

(8)TE 缓冲液:

①10 mmol/L Tris·HCl;

②1 mmol/L EDTA(pH 8.0)。

(9)50×TAE 缓冲液(贮备液)

242 g Tris;

57.1 mL 冰醋酸;

100 mL 0.5 mol/L EDTA (pH 8.0)。

(10)1×TAE 缓冲液(工作液)

0.04 mol/L Tris-HAc;

0.04 mol/L EDTA。

(11)10 mg/mL 溴化乙锭水溶液(EB)或 GV(Goldview)水溶液。

(12)已知分子质量的标准 DNA (λDNA-*Eco*RⅠ/*Hin*d Ⅲ)。

(13)液氮。

五、实验步骤

1. DNA 提取

(1)向 5 mL 离心管中预先加入 1.5 mL CTAB 抽提液及 30 μL 的 β-巯基乙醇，混匀，65℃预热。

(2)0.5～1 g 植物材料用液氮磨成粉末，迅速用药勺转入预热的离心管中，盖严后迅速摇匀；于 65℃水浴 30 min，中途间隔轻柔颠倒混匀 2～3 次。

(3)取出离心管，冷却至室温，加入与上清液等体积(约 1.5 mL)的氯仿/异戊醇(24：1)，轻柔颠倒混匀使乳化 10 min。

(4)10 000 r/min 室温离心 10 min。

(5)充分吸取上清液转移至另一新的 5 mL 离心管中(注意不要吸取或破坏中间的蛋白相)，加入占上清液的 1/5 至 1/10 体积(约 150 μL)的醋酸钠溶液，混匀。

(6)加入与上清液等体积(约 1.3 mL)的－20℃预冷的异丙醇，轻轻摇晃至形成 DNA 白色絮状沉淀。

(7)挑出或吸出 DNA 絮状沉淀，置于含 1 mL 75%乙醇的 1.5 mL 离心管中漂洗，重复一次。

(8)吸干乙醇后干燥沉淀，并用 200 μL TE 溶解沉淀，即得到 DNA 粗提物，可保存于－20℃备用，或进一步纯化。

2. 电泳检测

(1)琼脂糖凝胶板的制备　称取 0.7 g 琼脂糖置于三角瓶中，加入 100 mL TAE 缓冲液，在微波炉中加热至琼脂糖完全溶 解，冷却至 50 ℃，然后加入 EB 溶液使终浓度为 0.5 μg/mL。倒入制胶槽中，使其成 2 mm 左右的凝胶板。在其未凝固前将样品槽模板(梳子)插入凝胶的一端。待全部凝固后取出梳子，将凝胶板放入电泳槽内，加入 TAE 缓冲液使刚好超过凝胶面约 1 mm。

(2)加样　将样品与上样缓冲液按 5：1 的比例混合，用移液器缓慢加入凝胶样品孔中，点样量为每孔 5 μg DNA。

(3)电泳　点样端接负极，电泳开始时，可用较高的电压，如 100 V，这样可使样品很快进入胶内，而减少样品扩散，待样品进入胶内即可保持每厘米 5 V 左右的电压，DNA 在电泳中向正极移动。当溴酚蓝的区带移至距凝胶底部 1～2 cm，停止电泳。

六、实验结果及数据处理

电泳结束后，取出凝胶板，在波长为 254 nm 的凝胶成像系统下，观察电泳图谱(如果 EB 染色看到橘黄色荧光条带,GV 染色则看到绿色荧光条带),将凝胶照相。根据 DNA 分子量标准的电泳图谱,可以得知样品 DNA 的分子大小。

注意事项:

(1)在 DNA 提取过程中必须始终注意以下几个关键问题

①DNA 的二级结构和双链易受多种因素(如强酸、强碱、加热、低盐浓度、有机溶剂、酰胺类、尿素等)的影响引起双链解开,即“ 变性 ”,因此抽提时避免使用变性的条件。

②抑制内外源 DNase 的活力。DNase 就像一把刀,它能把大分子的 DNA 切成碎片,所以在操作中要注意低温操作、调节 pH 偏碱(pH8.0)、加表面活性剂、加螯合剂(EDTA)除去酶的辅助因子(Mg^{2+}),使酶活性丧失等。

③防止物理因素降解。如温度太高或机械张力剪切等,DNA 分子特别大,其分子量可达 10^{12} 道尔顿,极易被机械张力拉断,甚至在细管中稍急一些的流动也会使 DNA 断裂,所以在抽提过程中要特别注意这一点,操作过程要尽量简便、温和、减少搅拌次数,也不要剧烈摇动。

④植物的次生代谢物(主要是胞质内的多酚类或色素类化合物)对核酸提取有干扰作用。因此,一般尽可能选幼嫩的、代谢旺盛的新生组织作为提取 DNA 的材料,这是因幼嫩的新生组织次生代谢物较少,DNA 含量高,且易于破碎,植物材料最好是新鲜的。低温保存材料避免反复冻融。

(2)溴化乙锭是一种很强的 DNA 诱变剂,接触含有该染料的凝胶或溶液时一定要戴上一次性塑料或者橡胶手套。电泳后的凝胶板,不能倒在下水道里,应做专门的处理(见实验四十五)。

(3)CTAB 溶液在低于 15℃时会形成沉淀析出,因此在加入植物材料之前必须预热,且离心时温度不要低于 15℃。

(4)多酚、多糖的去除。β-巯基乙醇是抗氧化剂,有效地防止酚氧化成醌,避免褐变,使酚容易去除;PVP(聚乙烯吡咯烷酮)是酚的络合物,能与多酚形成一种不溶的络合物质,有效去除多酚,减少 DNA 中酚的污染;同时它也能和多糖结合,有效去除多糖。

实验四十七　动物组织 RNA 的提取及鉴定

一、实验目的

了解动物组织 RNA 提取和凝胶电泳检测的基本原理和实验过程中应用到的各种提取试剂的作用；掌握采用 Trizol 抽提法提取动物组织 RNA 及琼脂糖凝胶电泳检测 RNA 的方法。

二、实验原理

RNA 是基因表达的中间产物，存在于细胞质与核中，是一种极易降解的核酸分子。获得高纯度和完整的 RNA 是很多分子生物学实验所必需的。动物组织样品 RNA 的抽提最基本的要素是防止 RNA 在抽提过程中降解，以及尽可能得到最高的 RNA 抽提效率。为了快速从细胞中分离完整的 RNA，许多方法都用到了高浓度的强变性剂异硫氰酸胍。高浓度的异硫氰酸胍可以破坏细胞结构，溶解蛋白质，失活 RNA 酶，使核蛋白与核酸分离，最终使从细胞中释放出来的 RNA 不会被降解。进一步通过酚、氯仿等有机溶剂处理可以去除蛋白质，得到纯化、均一的总 RNA。

Trizol 是一种新型的总 RNA 即用型制备试剂，适用于从各种组织或细胞中快速分离总 RNA。Trizol 试剂是由苯酚和异硫氰酸胍配制而成的单相的快速抽提总 RNA 的试剂，在匀浆和裂解过程中，能在破碎细胞、降解细胞其他成分的同时保持 RNA 的完整性。在氯仿抽提、离心分离后，RNA 处于水相中，将水相转管后用异丙醇沉淀 RNA。在提取的过程中要抑制内源和外源的 RNase 活性，保护 RNA 分子不被降解，因此提取必须在无 RNase 的环境中进行。可使用 RNase 抑制剂，如 DEPC（焦碳酸二乙酯）是 RNase 的强抑制剂，常用来抑制外源 RNase 活性。

RNA 完整性的鉴定可通过甲醛变性胶凝胶电泳进行。甲醛与谷氨酸残基的单亚氨基基团形成不稳定的碱基配对，这种配对可以阻止 RNA 链内碱基配对，使 RNA 维持变性状态。当缓冲液或凝胶中有甲醛时，更有利于消除单链 RNA 的二级结构，维持变性状态，使 RNA 在琼脂糖凝胶中电泳时的迁移率与其大小的对数呈正比。有溴化乙锭（EB）存在时，完整性好的 RNA 在紫外灯下可以清楚地观察到 28S rRNA 和 18S rRNA，且 28S rRNA 的亮度是 18S rRNA 亮度的 1.5～2.0

倍。mRNA 由于含量少，一般是不可见的。本实验用 Trizol 法提取动物组织总 RNA 并通过电泳进行鉴定。

三、实验材料

哺乳动物组织和细胞。

四、仪器、器具与试剂

1. 仪器与器具

高速冷冻离心机、涡旋混合器、研钵、匀浆器、镊子、铝箔、凝胶成像系统、电泳装置、微波炉、移液器、离心管等。

玻璃器皿洗净后置 180℃烘烤 8 h；不耐高温的器皿（如塑料制品）应用 0.1% DEPC 浸泡 2 h，70～80℃烘烤干燥，120℃高压 20 min，再 70～80℃烘烤干燥方可使用。

2. 试剂

(1)Trizol RNA 抽提试剂。

(2)氯仿。

(3)异丙醇。

(4)75%乙醇。

(5)DEPC 处理水（无 RNase 水）。

(6) 10×凝胶缓冲液：

吗啉代丙璜酸(MOPS)(pH7.0)	200 mmol/L
NaAc	100 mmol/L
EDTA(pH 8.0)	10 mmol/L

过滤除菌后避光保存。

(7)0.1% DEPC。

(8)5×变性上样缓冲液：

水饱和的溴酚蓝	16 μL
500 mmol/L EDTA(pH 8.0)	80 μL
甲醛(37%)	720 μL
甘油	2 mL
甲酰胺	3 084 μL

(9)琼脂糖。

(10)10 mg/mL 溴化乙锭水溶液(EB)或 GV(Goldview)水溶液。

五、实验步骤

1. Trizol 试剂提取 RNA

(1)取新鲜动物组织 0.1～0.2 g 置于组织匀浆器中，加入预冷的 Trizol 液 1 mL 于玻璃匀浆器中，在冰浴中迅速匀浆 15～30 s，以充分研碎组织。然后将细胞悬浮液吸入另一 1.5 mL 离心管管中，于室温下静置 5 min。

(2)加入 200 μL 氯仿，剧烈振摇 15 s 混匀后，室温静置 3 min。

(3)4℃，10 000 r/min 离心 15 min，RNA 分布于水相中。

(4)将上层无色水相转移到另一 1.5 离心管中，加入 500 μL 异丙醇，室温静置 10 min。

(5)4℃，10 000 r/min 离心 10 min。

(6)弃上清液，用 1 mL 75%乙醇洗涤 RNA 沉淀物，4℃、7 500 r/min 离心 5 min。

(7)弃上清液，室温干燥 15 min。

(8)向干燥过的沉淀物中加入 200 μL DEPC 处理水溶解沉淀物，于－20℃保存备用。

2. 琼脂糖凝胶甲醛变性电泳检测

(1)琼脂糖凝胶板的制备(1.2%)　称 1.2 g 琼脂糖，加 72 mL DEPC 处理水，加热熔化。冷却至 60℃，在通风橱内加入 10×凝胶缓冲液 10 mL，甲醛(37%) 18 mL，混匀后，倒胶。

(2)制备样品　在离心管中，将 RNA 样品与 5×变性上样缓冲液以 4∶1 混匀。65℃温育 5～10 min，迅速在冰上冷却 5 min，离心数秒。

(3)点样　每孔上 1.5～2 μL。

(4)电泳　以 5 V/cm 的电压电泳，待溴酚蓝迁移至凝胶长度的 2/3～4/5 处结束电泳。将凝胶置于溴化乙锭溶液(0.5 μg/mL，用 0.1 mol/L 乙酸胺配制)中染色约 15 min。

六、实验结果及数据处理

在凝胶成像系统观察并分析。

注意事项：

(1)RNA 是极易降解的核酸分子。因此提取总 RNA 必须在无 RNase 环境中，戴口罩、手套、使用无 RNase 污染的试剂、材料、容器。

(2)所有溶液应加 DEPC 至 0.05%～0.1%，室温处理过夜，然后高压处理或

70℃加热 1 h 或 60℃过夜，以除去石油残留的 DEPC。

(3)所用的化学试剂应为新包装，称量时使用干烤处理的称量勺，所有操作均应在冰浴中进行，低温条件可减低 RNA 酶活性。

(4)RNA 样品电泳后，可见 28S、18S 及 5S 小分子 RNA 条带，则说明完整性好。若有降解可能是操作不当或污染了 RNase。28S 和 18S RNA 亮度比值约为 2∶1，表明 RNA 无降解。如比值逆转，则表明 RNA 降解。电泳中如果在 28S 后方还有条带，表明有 DNA 污染，应用 DNase 处理后再进行纯化。

实验四十八　大肠杆菌质粒 DNA 的提取、酶切与鉴定

一、实验目的

学习掌握碱变性法提取大肠杆菌质粒 DNA 的原理和方法以及琼脂糖凝胶电泳检测 DNA 技术。

二、实验原理

质粒(plasmids)是细菌染色体外独立存在的环状双链 DNA 分子，可以自我复制，在细胞分裂时能稳定地传递给子代细胞。质粒与细菌的抗药性、细菌毒素的生成等性状有关。细菌质粒是基因工程中常用的载体，也是分子生物学中研究基因结构、功能及表达的好工具。

细菌质粒 DNA 的提取方法很多，如碱变性法、SDS 裂解法、Triton 裂解法等。碱变性法是常用的方法之一。此法基于染色体 DNA 与质粒 DNA 变性、复性的差异而达到分离的目的。

在 pH 12.6 的强碱条件下，染色体 DNA 与质粒 DNA 均发生变性，染色体 DNA 除链间氢键断裂外，两条互补链彼此分离，而质粒 DNA 尽管两条链间大部分氢键断裂，但由于质粒 DNA 是共价闭合环状的超螺旋结构，两条互补链不会完全分开。当溶液调至中性时，质粒 DNA 易复性而存在于溶液中，染色体 DNA 则不易复性，互相缠绕，与不稳定的大分子 RNA、蛋白质等一起沉淀出来。用乙醇可沉淀出上清液中的质粒 DNA，用核糖核酸酶除去 RNA，苯酚除去蛋白质，可得到较纯的 DNA。

提取的质粒 DNA 可用琼脂糖凝胶电泳检测。一般质粒电泳有三条带，即跑最前边的是超螺旋状态的质粒，中间的是双螺旋状态的质粒，泳动速度最慢的线型

质粒 DNA。超螺旋质粒含量越高,质粒提取效果越好。

三、实验材料

大肠杆菌 DH5α 或 JM 系列菌株。

四、仪器、器具与试剂

1. 仪器与器具

超净工作台、恒温振荡培养箱、高速台式冷冻离心机、高压灭菌器、微量移液器(10 μL、200 μL、1 000 μL)及吸头、旋涡振荡器、1.5 mL 离心管、电泳仪、水平电泳槽、紫外线透射仪等。

2. 试剂

(1)LB 培养基:称取蛋白胨 10 g、酵母浸膏 5 g、氯化钠 5 g,用 800 mL 蒸馏水加热溶解,以 1 mol/L NaOH 调 pH 至 7.3,水定容至 1 000 mL,此为液体培养基。将液体培养基分装于三角瓶中,1.1～1.5 kg/cm^2 灭菌 20 min。

(2)50 mg/mL 氨苄青霉素母液:－20℃保存备用。

(3)试剂Ⅰ:50 mmol/L 葡萄糖、10 mmol/L EDTA、25 mmol/LTris. HCl(pH 8.0)1.1～1.5 kg/cm^2。灭菌 15 min,4℃保存。

(4)试剂Ⅱ:0.2 mol/L NaOH、1% SDS(使用时现配)。

(5)试剂Ⅲ:5 mol/L KAc 60 mL、冰乙酸 11.5 mL、重蒸水 28.5 mL(pH 4.8)。配制好的溶液Ⅲ中钾浓度为 3 mol/L,乙酸根浓度为 5 mol/L;高压灭菌。

(6)10 mg/mL 核糖核酸酶溶液:称取核糖核酸酶粉剂 100 mg 溶于 100 mL 10 mmol/LTris-HCl(pH 7.5)15 mmol/L 氯化钠缓冲液中,水浴,煮沸 15 min,缓慢冷却至室温。分装－20℃贮存备用。

(7)TE 缓冲液:10 mmol/L (pH 8.0) Tris. HCl、10 mmol/L EDTA。

(8)酚/氯仿(1∶1,V/V)。

(9)无水乙醇。

(10)70%乙醇。

(11)5×TBE 缓冲液:(pH 8.0)称取 5.4 g Tris、2.75 g 硼酸、0.5 mol/L EDTA-$Na_2$20 mL,定容到 100 mL,用时稀释 5 倍。

(12)凝胶加样缓冲液。

(13)琼脂糖。

(14)溴化乙锭溶液:0.5 μg/mL。

五、实验步骤

(1)挑取大肠杆菌菌落或保存在50%甘油中的菌液100 μL,接种于内含抗菌素(氨苄青霉素100 μg/mL)的10 mL LB培养液中,37℃恒温振荡培养15～20 h至对数生长后期。

(2)取1.5 mL菌液移至1.5 mL无菌的Eppendof离心管中,12 000 r/min离心30 s,弃去上清液。

(3)用无菌吸水纸吸去管壁上的液滴。

(4)向离心管内加100 μL冰冷的试剂Ⅰ,振荡悬浮菌体,室温下放置5～10 min。

(5)向离心管内加入200 μL新配制的试剂Ⅱ,迅速盖严离心管盖,快速颠倒(千万不要振荡)离心管数次,冰浴放置5 min。

(6)向离心管加150 μL试剂Ⅲ,盖紧管口,颠倒离心管,置冰水浴中5～10 min,12 000 r/min离心10 min。

(7)将上清液转入1.5 mL无菌的Eppendof管中,加2 μL核糖核酸酶液,37℃保温1 h。

(8)分别用等体积的Tris饱和酚、酚/氯仿、氯仿各抽提1次,每次抽提后均于12 000 r/min离心5 min,仔细吸取上层水相。

(9)向上清液中加入2倍体积的无水乙醇,－20℃放置30 min。12 000 r/min离心10 min,弃去上清液,用无菌吸水纸吸去管壁上的液滴。

(10)用500 μL乙醇洗沉淀1次,振荡并离心,倒去上清液,真空抽干或空气中干燥。

(11)用20 μL TE缓冲液溶解质粒DNA,储存于－20℃冰箱中。

(12)酶切:取5 μL DNA溶液,加1 μL酶切缓冲液,EcoRI酶1 μL(2 U),无菌水补至总体积10 μL,37℃保温3 h。

(13)质粒DNA的琼脂糖凝胶电泳。

①取有机玻璃内槽,洗净,晾干,用橡皮膏将有机玻璃内槽的两端封好(一定封严,不留缝隙);将有机玻璃内槽放置于一水平位置,并放好样品梳子。

②称取0.7～0.8 g琼脂糖放入锥形瓶中,加100 mL 1×TBE电泳缓冲液,置微波炉中加热3 min,使琼脂糖充分熔化,混匀,倒入凝胶槽内,高度0.5～0.8 cm,插上样品梳。待琼脂糖凝固后,小心取出样品梳,将凝胶槽放入电泳槽内,倒入TBE电泳缓冲液直至淹没琼脂糖。

③点样:待测样品中加2 μL的(6×)溴酚蓝液,混匀,用微量进样器吸取

10 μL，将进样器针头穿过缓冲液到达样品槽，轻轻推出样品，使样品沉入槽底。

④电泳：盖好电泳槽盖，接好电源，点样端接负极。打开电源，调整电压，一般不超过 5 V/cm 胶长，电泳 30 min，至溴酚蓝快移出凝胶时关闭电源，取出凝胶。

⑤检测：在 EB 溶液或 Goldview 染料中浸泡 15 min 左右，可用手提紫外灯检测 DNA 各区带，亦可在紫外检测仪下观察或照相记录。

实验四十九　氯化钙法制备大肠杆菌感受态细胞

一、实验目的

掌握氯化钙法制备大肠杆菌感受态细胞的原理和方法；掌握相关仪器设备的使用方法。

二、实验原理

细菌（如大肠杆菌）细胞在一定的条件下可以接受外源 DNA（如质粒 DNA），这个过程被称为细菌转化，是微生物遗传、分子遗传、分子克隆和基因工程领域的基本实验技术。细菌转化的方法多以 Mendel 和 Higa（1970）的发现为基础，其基本方法是用冰预冷的 $CaCl_2$ 或多种二价阳离子等处理细菌，使之进入感受态得以转化。本实验就是使用一定浓度（100 mmol/L）的 $CaCl_2$ 溶液人为处理大肠杆菌细胞，使其细胞膜的通透性发生变化，成为能容许外源 DNA 分子通过的细胞，即感受态细胞，并且这种感受态细胞在一定的冻存条件下可以保存比较长的时间，如用含 15%甘油的 100 mmol/L $CaCl_2$ 溶液在 −70℃ 条件下，可保存半年至一年。经过转化的细胞在选择性抗生素培养基上，可以筛选出转化体，即带有外源 DNA 分子的受体细胞。本法常用于成批制备感受态细菌，适用于大多数大肠杆菌菌株，且迅速、重复性好。

三、实验材料

E. coli DH5α 菌种、质粒 DNA。

四、仪器、器具与试剂

1. 仪器与器具

低速冷冻离心机、超净工作台、恒温水浴锅、制冰机、分光光度计、恒温培养箱、酒精灯、高压灭菌锅、移液枪、恒温摇床等。

2. 试剂

(1)0.1 mol/L $CaCl_2$ 溶液。

(2)LB液体培养基:每升含10 g胰蛋白胨、5 g酵母提取物、5 g NaCl、1 mL 1 mol/L NaOH。

(3)甘油。

五、实验步骤

1. 受体菌的培养

从37℃培养16～20 h的新鲜*E. coli* DH5α平板中挑取一个单菌落,或1 mL新鲜的16～20 h过夜培养物,转到一个含有100 mL LB培养基的1 L或500 mL培养瓶中,于37℃振摇培养约2～3 h(旋转摇床200～300 r/min)。为得到有效转化,活细胞数不应超过10^8/mL细胞,可每隔20～30 min测量OD_{600}值来监测培养物的生长情况。$OD_{600} \leqslant 0.5$时停止培养(2～3 h),进行下步操作。

2. 感受态细胞的制备

(1)在无菌条件下,将培养的菌液转入冰预冷的1.5 mL离心管中,冰上放置10～20 min,使其停止生长。

切记:下述所有步骤均需无菌操作。

(2)4 ℃下、4 000 r/min离心10 min,弃上清液(从这一步开始,所有操作均在冰上进行,速度尽量快而稳)。

(3)加入0.75 mL冰预冷的0.1 mol/L $CaCl_2$ 溶液轻轻悬浮沉淀,冰浴15～30 min。

(4)4 ℃下4 000 r/min离心10 min,弃上清液。

(5)加入100 μL冰预冷的0.1 mol/L $CaCl_2$ 溶液,小心悬浮细胞,即制成了感受态细胞悬液,贮存于4℃备用。

(6)制备好的感受态细胞悬液可直接用于转化实验,也可加入占总体积15%～20%高压灭菌过的甘油,混匀后分装于1.5 mL离心管中,置于−70 ℃条件下,可保存半年至一年。

实验五十 小麦微管蛋白(Tubulin)基因的PCR扩增

一、实验目的

通过本实验学习PCR反应的基本原理与实验技术。

二、实验原理

聚合酶链式反应(polymerase chain reation,PCR)的原理类似于DNA的天然(体内)复制过程。待扩增的DNA片段两侧和与其两侧互补的两个寡核苷酸引物,经变性、退火和延伸若干个循环后,DNA扩增2^n倍。PCR主要由三步构成。

(1)变性 加热使模板DNA在高温下(94℃)变性,双链间的氢键断裂而形成两条单链,即变性阶段。

(2)退火 使溶液温度降至50～60℃,模板DNA与引物按碱基配对原则互补结合,即退火阶段。

(3)延伸 溶液反应温度升至72℃,耐热DNA聚合酶以单链DNA为模板,在引物的引导下,利用反应混合物中的4种脱氧核苷三磷酸(dNTP),按5′→3′方向复制出互补DNA,即引物的延伸阶段。

上述3步为一个循环,即高温变性、低温退火、中温延伸3个阶段。从理论上讲,每经过一个循环,样本中的DNA量应该增加一倍,新形成的链又可成为新一轮循环的模板,经过25～30个循环后DNA可扩增10^6～10^9倍。

典型的PCR体系由如下组分组成:DNA模板、反应缓冲液、dNTP、$MgCl_2$、两个合成的DNA引物、耐热Taq聚合酶。

三、实验材料

模板DNA为0.05～1 mg小麦基因组DNA或0.002～0.02 mg含有TubuLin(微管蛋白)的质粒DNA。

四、仪器、器皿与试剂

1. 仪器与器皿

PCR扩增仪、电泳装置、微量离心机、微量移液器(1～10 μL和50～200 μL)。0.2 mL离心管、紫外检测仪及照相设备等。

2. 试剂

(1)引物:TubuLin 基因正向引物 5′-CTCCTTCCCCATTTCGC-3′(2 μmol)。

TubuLin 基因反向引物 5′-CCAGAGCCAGTTCCACCT-3′(2 μmol)。

(2)dNTPs(0.2 mmol/L)。

(3)Taq DNA 聚合酶(5 U/2 μL)。

(4)10×PCR 缓冲液(500 mmol/L KCl、15 mmol/L $MgCl_2$、100 mmol/L Tris-HCl pH 8.3)。

(5)矿物油。

(6)电泳所需试剂。

五、实验步骤

(1)在无菌的 0.2 mL 离心管内加入以下反应物:10×PCR 缓冲液 2.0 μL,dNTPs 0.8 μL,正向引物 2.0 μL,反向引物 2.0 μL,Taq DNA 聚合酶(5 U/μL)0.5 μL,模板 DNA 1.0 μL,用灭菌双蒸水补足至 20 μL。充分混匀,加 10 μL 矿物油,低转速离心后放入 PCR 扩增仪中。

(2)按照下列 PCR 反应程序进行目的基因的扩增。

①T=95℃	2 min
②T=95℃	20 s
③T=57℃	30 s
④T=72℃	1 min
⑤GO TO ②	REP 30
⑥T=72℃	5 min
⑦T=4℃	

六、结果与分析

取 1～5 μL PCR 反应产物进行 1% 琼脂糖凝胶电泳,经溴化乙锭染色检测扩增的情况。

附　　录

一、实验室安全及防护知识

(一)实验室安全知识

在生化实验室工作,经常与易燃烧、具有爆炸危险、有腐蚀性甚至毒性较强的化学药品直接接触,使用的器皿大都是易碎的玻璃和陶瓷制品,实验中也常使用煤气(天然气)、水、高温电热设备和各种高、低压仪器,因此安全操作是一个至关重要的问题。教师应当经常对学生进行实验室安全观念的教育,并十分重视安全工作。

1. 安全用电

(1)实验室管理人员必须经常检查电线线路,一旦发现有绝缘胶皮老化等隐患要及时更换和维修。

(2)切忌超负荷使用电器设备,切忌用铁丝、铜丝代替易熔保险丝。

(3)使用电学仪器时,要注意电压、电流是否符合仪器的要求,必要时尚需使用稳压设备。

(4)严格按照电器使用规程操作,不能随意拆卸,玩弄电器。

(5)严防触电。绝不可用湿手或在眼睛旁视时开关电闸和电器开关。检查电器设备是否漏电时,应使用试电笔,或将手背轻轻触及仪器表面。凡是漏电的仪器一律不能使用。

2. 防止火灾

(1)实验室起火的原因有电流短路,不安全地使用电炉、煤气灯和易燃易爆药物的着火。为防患未然,实验室必须配备一定数量的消防设备器材,并按消防规定保管使用。

(2)不安全用电引起实验室着火是最经常发生、危害性又很大的事故之一,每个实验者应时刻警惕这一点。

(3)实验室内严禁吸烟。使用煤气灯时,应先将火柴点燃,一手拿着火柴靠近灯口,一手慢慢打开煤气灯,不能先开煤气灯,后点燃火柴。火焰大小和火力强弱应根据实验的需要来调节。用火时应做到火着人在，人走火灭。严防煤气泄漏。

(4)冰箱内千万不能存放可燃液体。实验室内严禁贮存大量易燃物(如乙醚、丙酮、乙醇、苯、金属钠等)。必须存放的少量即将使用的易燃物，也应将它放在远离热源和电开关的地方，妥善保管。当使用这些试剂时，应特别小心。只有在远离火源处或将火焰熄灭后，才可大量倾倒这些液体。低沸点的有机溶剂不准在火焰上直接加热，只能利用带回流冷凝管的装置在水浴上加热或蒸馏。

(5)如果不慎撒出了相当量的易燃液体时，则应按下法处理：

立即切断室内所有的火源和电加热器的电源；关门，开启小窗及窗户；用毛巾或抹布擦拭洒出的液体，并将液体回收到大的带塞的瓶内。

(6)易燃和易爆炸物质的残渣(如金属钠、白磷、火柴头)不得倒入污物桶或水槽中，应收集在指定的容器内。易燃的有机溶剂废液也不能倒入下水槽，须回收在带塞的瓶内。

3. 严防中毒

(1)化学试剂有相对无毒、中度毒性和剧毒之分，在处理剧毒药物时要特别谨慎、小心。国际上常用某些标志表明不同类型的实验化学药品。生物危险品或放射性物质存放或操作的实验室也要有指定的瓶内。

(2)使用毒性物质和致癌物必须根据试剂瓶上标签说明严格操作，安全称量、转移和保管。操作时应戴手套，必要时戴口罩或防毒面罩，并在通风橱中进行。沾过毒性、致癌物的容器应单独清洗、处理。

(3)水银温度计、气量计等汞金属设备破损时。必须立即采取措施回收汞。并在污染处撒上一层硫磺粉以防汞蒸气中毒。

(4)毒物应按实验室的规定办理审批手续后领取，并妥善保管。

4. 避免烧伤和创伤

(1)使用玻璃、金属器材时注意防止割伤及机械创伤。

(2)浓酸、浓碱腐蚀性很强，必须极为小心地操作。用吸量管量取这些试剂(包括有毒物)时，必须使用橡皮球，绝对不能用口吸取。

5. 预防生物危害

(1)生物材料如微生物、动物的组织、细胞培养液、血液和分泌物都可能存在细菌和病毒感染的潜伏性危险。这虽不如上述伤害明显，但也绝不能忽视。如通过血液感染的血清性肝炎(澳大利亚抗原)就是最大的生物危害之一。感染主要途径除血液外，其他体液也能传递病毒，因此处理各种生物材料必须谨慎、小心。做完实验后必须用肥皂、洗涤剂或消毒液充分洗净双手。

(2)使用微生物作为实验材料时，尤其要注意安全和清洁卫生。被污染的物品必须进行高压消毒或烧成灰烬。被污染的玻璃用具应在清洗和高压灭菌之前立即浸泡在适当的消毒液中。

(3)进行遗传重组的实验室更应根据有关规定加强生物伤害的防范措施。

6. 警惕放射性伤害

同位素在生化实验中，应用愈来愈普遍，放射性伤害也应引起实验者的高度警惕。同位素的使用必须要在指定的具有放射性标志的专用实验室中进行，切忌在普通实验室中操作和存放带有同位素的材料和器具。

(二)实验室灭火法

实验中一旦发生了火灾切不可惊慌失措，应保持镇静。首先立即切断室内一切火源和电源。然后根据具体情况正确地进行抢救和灭火。常用的方法有：

(1)在可燃液体燃着时，应立即拿开着火区域内的一切可燃物质，关闭通风器，防止扩大燃烧。若着火面积较小，可用抹布、湿布、铁片或沙土覆盖，隔绝空气使之熄灭。但覆盖时要轻，避免碰坏或打翻盛有易燃溶剂的玻璃器皿，导致更多的溶剂流出而再着火。

(2)酒精及它可溶于水的液体着火时，可用水灭火。

(3)汽油、乙醚、甲苯等有机溶剂着火时，应用石棉布或砂土扑灭。绝对不能用水，否则反而会扩大燃烧面积。

(4)金属钠着火时，可把沙子倒在它的上面。

(5)导线着火时不能用水及二氧化碳灭火器，应切断电源或用四氯化碳灭火器。

(6)衣服烧着时切忌奔走，可用衣服、大衣等包裹身体或躺在地上滚动，以灭火。

(7)发生火灾时应注意保护现场。较大的着火事故应立即报警。

(三)实验室急救

在实验过程中不慎发生受伤事故，应立即采取适当的急救措施。

(1)受玻璃割伤及其他机械损伤：首先必须检查伤口内有无玻璃或金属等物碎片，然后用硼酸水洗净，再擦碘酒或紫药水，必要时用纱布包扎。若伤口较大或过深而大量出血，应迅速在伤口上部和下部扎紧血管止血，立即到医院诊治。

(2)烫伤：一般用浓的(90%～95%)酒精消毒后，涂上苦味酸软膏。如果伤处红痛或红肿(一级灼伤)，可用橄榄油或用棉花蘸酒精敷盖伤处；若皮肤起泡(二级灼伤)，不要弄破水泡，防止感染；若伤处皮肤呈棕色或黑色(三级灼伤)，应用干燥而无菌的消毒纱布轻轻包扎好，急送医院治疗。

(3)强碱(如氢氧化钠，氢氧化钾)、钠、钾等触及皮肤而引起灼伤时，要先用大量自来水冲洗，再用5%乙酸溶液或2%乙酸溶液涂洗。

(4)强酸、溴等触及皮肤而致灼伤时，应立即用大量自来水冲洗，再以5%碳酸氢钠溶液或5%氢氧化铵溶液洗涤。

(5)如酚触及皮肤引起灼伤，应该用大量的水清洗，并用肥皂和水洗涤，忌用乙醇。

(6)若煤气中毒时，应到室外呼吸新鲜空气，若严重时应立即到医院诊治。

(7)水银容易由呼吸道进入人体，也可以经皮肤直接吸收而引起积累性中毒。严重中毒的征象是口中有金属气味，呼出气体也有气味；流唾液，牙床及嘴唇上有硫化汞的黑色；淋巴腺及唾液腺肿大。若不慎中毒时，应送医院急救。急性中毒时，通常用碳粉或呕吐剂彻底洗胃，或者食入蛋白(如1 L牛奶加3个鸡蛋清)或蓖麻油解毒并使之呕吐。

(8)触电。触电时可按下述方法之一切断电路

①关闭电源。

②用干木棍使导线与被害者分开。

③使被害者和土地分离，急救时急救者必须做好防止触电的安全措施，手或脚必须绝缘。

二、实验室基本操作和实验室常识

(一)玻璃仪器的清洗

实验中所使用的玻璃仪器清洁与否，直接影响实验结果，往往由于仪器的不清洁或被污染而造成较大的实验误差，甚至会出现相反的实验结果。因此，玻璃仪器的洗涤清洁工作是非常重要的。

1. 初用玻璃仪器的清洗

新购买的玻璃仪器表面常附着有游离的碱性物质，可先用洗涤灵稀释液、肥皂水或去污粉等洗刷再用自来水洗净，然后浸泡在1%～2%盐酸溶液中过夜(不少于4 h)，再用自来水冲洗，最后用蒸馏水冲洗2～3次，在80～100℃烘箱内烤干备用。

2. 使用过的玻璃仪器的清洗

(1)一般玻璃仪器　如试管、烧杯、锥形瓶等(包括量筒)，先用自来水洗刷至无污物；再选用大小合适的毛刷蘸取洗涤灵稀释液或浸入洗涤灵稀释液内，将器皿内外(特别是内壁)细心刷洗，用自来水冲洗干净后，蒸馏水冲洗2～3次，烤干或倒置在清洁处，干后备用。凡洗净的玻璃器皿，不应在器壁上带有水珠，否则表示尚未洗干净，应再按上述方法重新洗涤。若发现内壁有难以去掉的污迹，应分别试用下

述各种洗涤剂予以清除，再重新冲洗。

(2)量器　如移液管、滴定管、量瓶等。使用后应立即浸泡于凉水中，勿使物质干涸。工作完毕后用流水冲洗，去附着的试剂、蛋白质等物质，晾干后浸泡在铬酸洗液中 4～6 h(或过夜)，再用自来水充分冲洗、最后用水冲洗 2～4 次，风干备用。

(3)其他　具有传染性样品的容器，如病毒、传染病患者的血清等沾污过的容器，应先进行高压(或其他方法)消毒后再进行清洗。盛过各种有毒药品，特别是剧毒药品和放射性同位素等物质的容器，必须经过专门处理，确知没有残余毒物存在方可进行清洗。

3. 洗涤液的种类和配制方法

(1)铬酸洗液(重铬酸钾-硫酸洗液，简称为洗液)　广泛用于玻璃仪器的洗涤。常用的配制方法有下述四种：

①取 100 mL 工业浓硫酸置于烧杯内，小心加热，然后小心慢慢加入 5 g 重铬酸钾粉末，边加边搅拌，待全部溶解后冷却，贮于具玻璃塞的细口瓶内。

②称取 5 g 重铬酸钾粉末置于 250 mL 烧杯中，加水 5 mL，尽量使其溶解。慢慢加入浓硫酸 100 mL，随加随搅拌。冷却后贮存备用。

③称取 80 g 重铬酸钾，溶于 1 000 mL 自来水中，慢慢加入工业硫酸 100 mL(边加边用玻璃棒搅动)。

④称取 200 g 重铬酸钾，溶于 500 mL 自来水中，慢慢加入工业硫酸 500 mL(边加边搅拌)。

(2)浓盐酸(工业用)　可洗去水垢或某些无机盐沉淀。

(3)5%草酸溶液　用数滴硫酸酸化，可洗去高锰酸钾的痕迹。

(4)5%～10%磷酸三钠($Na_3PO_4 \cdot 12H_2O$)溶液　可洗涤油污物。

(5)30%硝酸溶液　洗涤 CO_2 测定仪器及微量滴管。

(6)5%～10%乙二胺四乙酸二钠($EDTA\text{-}Na_2$)溶液　加热煮沸可洗脱玻璃仪器内壁的白色沉淀物。

(7)尿素洗涤液　为蛋白质的良好溶剂，适用于洗涤盛蛋白质制剂及血样的容器。

(8)酒精与浓硝酸混合液　最适合于洗净滴定管，在滴定管中加入 3 mL 酒精，然后沿管壁慢慢加入 4 mL 浓硝酸(比重 1.4)，盖住滴定管管口，利用所产生的氧化氮洗净滴定管。

(9)有机溶剂　如丙酮、乙醇、乙醚等可用于洗去油脂、脂溶性染料等污痕。二甲苯可洗脱油漆的污垢。

(10)氢氧化钾的乙醇溶液和含有高锰酸钾的氢氧化钠溶液　是两种强碱性的

洗涤液，对玻璃仪器的侵蚀性很强，清除容器内壁污垢，洗涤时间不宜过长。使用时应小心慎重。上述洗涤液可多次使用，但是使用前必须将待洗涤的玻璃仪器先用水冲洗多次，除去肥皂、去污粉或各种废液。若仪器上有凡士林或羊毛脂时，应先用纸擦去，然后用乙醇或乙醚擦净后才能使用洗液，否则会使洗涤液迅速失效。例如：肥皂水，有机溶剂（乙醇、甲醛等）及少量油污都会使重铬酸钾-硫酸洗液变成绿色，减低洗涤能力。

4. 其他常识

(1)挪动干净玻璃仪器时，勿使手指接触仪器内部。

(2)量瓶是量器，不要用量瓶作盛器。带有磨口玻璃塞的量瓶等仪器的塞子，不要盖错。带玻璃塞的仪器和玻璃瓶等，如果暂时不使用，要用纸条把瓶塞和瓶口隔开。

(3)洗净的仪器要放在架上或干净纱布上晾干，不能用抹布擦拭；更不能用抹布擦拭仪器内壁。

(4)除微生物实验操作要求外，不要用棉花代替橡皮塞或木塞堵瓶口或试管口。

(5)不要用纸片覆盖烧杯和锥形瓶等。

(6)不要用滤纸称量药品，更不能用滤纸作记录。

(7)不要用石蜡封闭精细药品的瓶口，以免掺混。

(8)标签纸的大小应与容器相称，或用大小相当的白纸，绝对不能用滤纸。标签上要写明物质的名称、规格和浓度、配制的日期及配制人。标签应贴在试剂瓶或烧杯的 2/3 处，试管等细长形容器则贴在上部。

(9)使用铅笔写标记时，要在玻璃仪器的磨砂玻璃处。如用玻璃蜡笔或水不溶性油漆笔，则写在玻璃容器的光滑面上。

(10)取用试剂和标准溶液后，需立即将瓶塞严，放回原处。取出的试剂和标准溶液，如未用尽，切勿倒回瓶内，以免带入杂质。

(11)凡是发生烟雾、有毒气体和有臭味气体的实验，均应在通风橱内进行。橱门应紧闭，非必要时不能打开。

(12)用实验动物进行实验时，不许戏弄动物。进行杀死或解剖等操作，必须按照规定方法进行。绝对不能用动物、手术器械或药物开玩笑。

(13)使用贵重仪器如分析天平、比色计、分光光度计、酸度计、冰冻离心机、层析设备等，应十分重视，加倍爱护。使用前，应熟知使用方法。若有问题，随时请指导实验的教师解答。使用时，要严格遵守操作规程。发生故障时，应立即关闭仪器，请告知管理人员，不得擅自拆修。

(14)一般容量仪器的容积都是在20℃下校准的。使用时如温度差异在5℃以内,容积改变不大,可以忽略不计。

(二)搅拌和振荡

(1)配制溶液时,必须随时搅拌或振荡混合。配制完后,必须充分搅拌或振荡混合。

(2)搅拌使用的玻璃搅棒,必须两头都烧圆滑。

(3)搅棒的粗细长短,必须与容器的大小和配制的溶液的多少呈适当比例关系。不能用长而粗的搅棒去搅拌小离心管中的少量溶液。

(4)搅拌时,尽量使搅棒沿着器壁运动,不搅入空气,不使溶液飞贱。

(5)倾入液体时,必须沿器壁倾入,以免有大量空气混入。倾倒表面张力低的液体(如蛋白质液体)时,更需缓慢仔细。

(6)振荡混合液时,应沿着圆圈转动容器,不应上下振荡。

(7)振荡混合小离心管中液体时,可将离心管握在手中,以手腕、肘或肩作轴来旋转离心管;也可由一手持离心管上端用另一只手弹动离心管;也可用一手大拇指和食指持管的上端,用其余三个手弹动离心管。手指持管的松紧要随着振动的幅度变化。还可以把双手掌心相对合拢,夹住离心管,来回搓动。

(8)在容量瓶中,混合液体时,应倒持容量瓶摇动,用食指或手心顶住瓶塞,并不时翻转容量瓶。

(9)在分液漏斗中振荡液体时,应用一手在适当斜度下倒持漏斗,用食指或手心顶住瓶塞,并用另一只于控制漏斗的活塞。一边振荡,一边开动活塞,使气体可以随时由漏斗泄出。

(10)研磨配制胶体溶液时,要使杵棒沿着研钵的单方向进行,不要来回研磨。

(三)沉淀的过滤和洗涤

(1)过滤沉淀一般使用滤纸。

(2)应根据沉淀的性质选择不同的滤纸。胶状沉淀,应使用质松孔大的滤纸。一般大小颗粒的结晶形成沉淀,应使用致密孔较小的滤纸。而极细的沉淀,则应使用密孔最小的滤纸,滤纸越致密,过滤就越慢。

(3)滤纸的大小要由沉淀量来决定。沉淀量应装到滤纸高度的1/3左右。最多不应超过1/2,通常使用直径9~11 cm的圆形滤纸。

(4)折叠滤纸应先整齐的对折,错开一点再对折,打开后形成一边一层,一边三层的圆锥体。折叠尖端时,不可过于用力,以免容易出洞。放入漏斗中时,滤纸边缘应完全吻合。撕去三层一边的外面两层部分的尖端,使滤纸上缘能更好地贴在漏斗的壁上,不留缝隙。而下面部分则有空隙,以利于提高过滤速度。

(5)滤纸上缘一般应低于漏斗口上周0.5～1 cm,湿润滤纸时,应用指尖轻压滤纸,赶净滤纸和漏斗间的气泡,使滤纸紧贴漏斗壁。同时漏斗颈内必须充满液体,这样,才可借液柱的重量而对于待滤液体产生吸滤作用。

(6)过滤时,为了防止沉淀堵塞滤纸的孔洞,通常采用倾斜法,即先小心地把液体倾入漏斗而不使沉淀流入,只在过滤的最后一步才把沉淀转移到漏斗上。

(7)过滤时,将玻璃棒直立在三层滤纸的中间部分,其下端接近但不能触及滤纸,并使盛器紧贴玻棒,使液体顺玻棒缓慢流入漏斗。液体最多加到距滤纸上缘3～4 mm处,过多则沉淀会因滤纸的毛细作用而爬到漏斗壁上去。

(8)在容器中洗涤沉淀一般采用倾注法。洗涤时,采用少量多次的方法最为有效。通常,容易洗涤的粗粒晶形沉淀洗2～3次,难洗涤的黏稠无定形沉淀则需洗5～6次。注意,每次都应尽量倾干以增加洗涤效率,并防止沉淀流失。

(9)转移沉淀时,先向沉淀中加入滤纸一次所能容纳量的洗涤液,搅拌成为混悬液,不要等待沉淀下沉,立即按倾注清液的同样方式倾入漏斗。容器内剩余的沉淀可以用少量洗涤液按上述方式重复数次,直到全部转移到漏斗内。

(10)在漏斗内洗涤沉淀时,先将沉淀轻轻摊开在漏斗下部,再用滴管或洗瓶将洗涤液加入到漏斗上缘稍下的地方,同时转动漏斗,并使洗涤液沿着漏斗不断向下移动,直到洗涤液充满滤纸一半时立即停止。待漏斗中洗涤液完全漏出后,再进行第二次洗涤。通常,完全洗去沉淀所吸附的不挥发物质,约需8～10次完成。确知沉淀已经洗净,需要进行必要的检验,必须注意,沉淀的过滤和洗涤工作一定要一次完成,不可间断。

(四)实验室常识

(1)进入实验室开始工作前应了解煤气总阀门、水阀门及电闸所在处。离开实验室时,一定要将室内检查一遍,应将水、电、煤气的开关关好,门窗锁好。

(2)使用煤气灯时,应先将火柴点燃,一手执火柴紧靠近灯口,一手慢开煤气门。不能先开煤气门,后燃火柴。灯焰大小和火力强弱,应根据实验的需要来调节。用火时,应做到火着人在,人走火灭。

(3)使用电器设备(如烘箱、恒温水浴、离心机、电炉等)时,严防触电;绝不可用湿手或在眼睛旁视时开关电闸和电器开关。应该用试电笔检查电器设备是否漏电,凡是漏电的仪器,一律不能使用。

(4)使用浓酸、浓碱,必须极为小心地操作,防止溅出。用移液管量取这些试剂时,必须使用橡皮球,绝对不能用口吸取。若不慎溅在实验台上或地面,必须及时用湿抹布擦洗干净。如果触及皮肤应立即治疗。

(5)使用可燃物,特别是易燃物(如乙醚、丙酮、乙醇、苯、金属钠等)时,应特别小心。不要大量放在桌上,更不要在靠近火焰处。只有在远离火源时,或将火焰熄灭后,才可大量倾倒易燃液体。低沸点的有机溶剂不准在火上直接加热,只能在水浴上利用回流冷凝管加热或蒸馏。

(6)如果不慎倾出了相当量的易燃液体,则应按下法处理:

①立即关闭室内所有的火源和电加热器。

②关门,开启小窗及窗户。

③用毛巾或抹布擦拭洒出的液体,并将液体拧到大的容器中,然后再倒入带塞的玻璃瓶中。

(7)用油浴操作时,应小心加热,不断用温度计测量,不要使温度超过油的燃烧温度。

(8)易燃和易爆炸物质的残渣(如金属钠、白磷、火柴头)不得倒入污物桶或水槽中,应收集在指定的容器内。

(9)废液,特别是强酸和强碱不能直接倒在水槽中,应先稀释,然后倒入水槽,再用大量自来水冲洗水槽及下水道。

(10)毒物应按实验室的规定办理审批手续后领取,使用时严格操作,用后妥善处理。

三、常用仪器的使用

(一)微量移液器

1. 标准操作

见附图1。

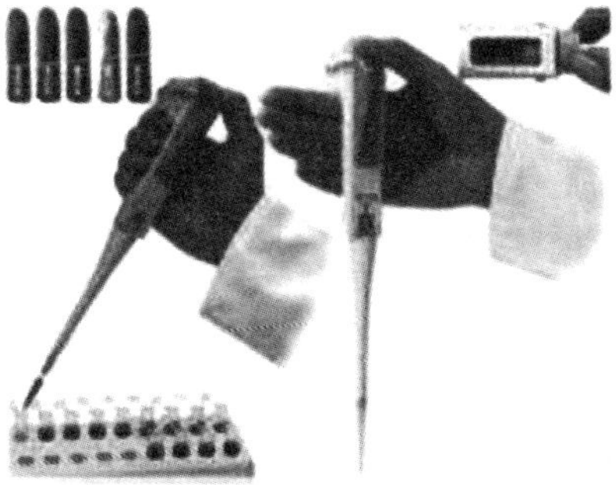

附图1　微量移液器

适用的液体:水、缓冲液、稀释的盐溶液和酸碱溶液。

(1)按到第一档,垂直进入液面几毫米。

(2)缓慢松开控制按钮,否则液体进入吸头过快,会导致液体倒吸入移液器内部吸入体积减少。

(3)打出液体时贴壁并有一定角度,先按到第一档,稍微停顿 1 s 后,待剩余液体聚集后,再按到第二档将剩余液体全部压出。

2. 黏稠或易挥发液体的移取

在移取黏稠或易挥发的液体时,很容易导致体积误差较大。为了提高移液准确性,建议采取以下方法:

(1)移液前先用液体预湿吸头内部,即反复吸打液体几次使吸头预湿,吸液或排出液体时最好多停留几秒。尤其对于移取体积大的液体,建议将吸头预湿后再移取。

(2)采用反相移液法:吸液时按到第一档,慢慢松开控制按钮,打液时按到第二档即可,部分液体残留在吸头内。

3. 常见的错误操作

(1)吸液时,移液器本身倾斜,导致移液不准确(应该垂直吸液,慢吸慢放)。

(2)装配吸头时,用力过猛,导致吸头难以脱卸(无需用力过猛,选择与移液器匹配的吸头)。

(3)平放带有残余液体吸头的移液器(应将移液器挂在移液器架上)。

(4)用大量程的移液器移取小体积样品(应该选择合适量程范围的移液器)。

(5)直接按到第二档吸液(应该按照上述标准方法操作)。

(6)使用丙酮或强腐蚀性的液体清洗移液器(应该参照正确清洗方法操作)。

(二)电子天平

如 FA1004N 电子分析天平。

用途:实验室等科研单位样品的精密测重,称量范围 100 g,可读性 $d=0.1$ mg,检定标尺 $e=10\ d$。

操作步骤:

1. 校准天平

(1)有必要校准的情形　天平首次使用;称重操作进行了一段时间;放置地点变更之后;环境温度强烈变化之后。

(2)校准操作　让天平空载后按:"TARE"键即清零。等天平稳定后,按"C"键,显示屏上出现"C"后,轻轻放上校准砝码至秤盘中心,关上玻璃门约 30 s 后,显示校准砝码值,听到"嘟"一声后,取出校准砝码,天平校准完毕。

2. 称重方法

(1)基本称重　按“TARE”键一下,天平清零,等待天平显示零后再将物体放置在秤盘中,称重稳定后,即可读取重量读数。

(2)使用容器称量　先将空的容器放在秤盘上,按“TARE”键清零;将待测物体放入容器中,称重稳定后,即可读取重量读数。

(3)称重模式切换

Ⅰ.称重模式选择　按住“M”键不放,天平在克、金盎司、克拉、计件、百分比称重模式之间循环切换,待天平显示所需称重模式时,放开“M”键,天平进入所选模式。

Ⅱ.计件称重:按“TARE”键清零,等待天平显示零;放上10件被称物件,待称重稳定后,选择计件称重模式PCS。

Ⅲ.百分比称重:按“TARE”键清零,等待天平显示零;放上标准样,待称重稳定后,选择百分比称重模式%。

(4)打印输出　按“M”键即可将当前显示的称重从RS232C接口输出。

(5)操作环境要求

①温度:15～25℃,且变化缓慢。

②湿度:50%～75%RH,超出此范围应增湿或去湿。

③没有振动或晃动;

④无强电磁干扰:拨打手机时应远离天平1 m以上等;

⑤无强气流干扰;

⑥室内无腐蚀性气体。

(6)被测物体的要求

①被测物加上盛合总称量应小于天平最大称量;

②被测物具有粉尘性、滚动性、颗粒性、黏滞性、流动性、腐蚀性之一,应该使用额外的盒子进行称量;

③被测物具有挥发性、吸水性、应使用带盒子的进行测量;

④被测物具有强磁性、或易带电、产生静电,应使用金属盒进行屏蔽测量;

⑤被测物带有水分时,应擦干并用不渗水的盒子盛装;

⑥被测物与环境温度不一致时,应使用保温盒盛装,保温盒外壳温度应尽可能与环境温度一致,并尽可能密封,防止吸收挥发水分。

(三)烘箱和恒温箱

用途:适宜作500℃以下加热干燥热处理用,不适用于挥发性物品及易燃易爆物品的烘烤。

操作：

1. 将物品放进箱内，关上箱门，并将箱顶上的风顶活门适当旋开，以利空气对流。

2. 设定温度至所需值。

3. 接通电源，开启选温开关。低温加热时只需要开第一档。

注意事项及维护：

1. 通电使用时，人体切忌触碰左侧内的电器部分，检修时应先切断电源。

2. 箱内物体放置不宜过挤，应留有对流空间，利于加热处理。

3. 本干燥箱无防爆装置，切勿放入易燃易爆物品。

4. 工作时箱门、风顶、拉手等处理温度较高，慎防烫伤，箱门打开时亦应防止热气烫伤。每次使用完毕，必须将电源全部切断，经常保持箱内处清洁。

(四)电热恒温水浴

电热恒温水浴用于恒温加热、消毒及蒸发等。常用的有单孔、3 孔、6 孔等。工作温度从室温以上至 100℃，恒温变动±(1～0.5℃)。

1. 使用方法

(1)关闭水浴底部外侧的放水阀门，向水浴锅内注入蒸馏水至适当的深度，加蒸馏水是为了防止水浴槽体(铝板活铜板)被腐蚀。

(2)将电源插头接在插座上，合上电闸。插座的粗孔必须安装地线。

(3)打开电源开关，接通电源，表示电炉丝通电开始加热。

(4)将调温旋钮调制适当的温度。

(5)使用完毕，关闭电源开关，拉下电闸，拔下插头。

(6)若较长时间不用，应将调温旋钮退回零位，并打开防水阀门，放尽水浴槽内的全部存水。

2. 注意事项

(1)水浴槽内的水位绝对不能低于电热管，否则电热管被烧坏。

(2)控制箱部分切勿受潮，以防漏电损坏。

(3)初次使用时，应加入与所需温度相近的水后再通电，并防止水箱内无水时接通电源。

(4)使用过程中注意随时盖上水浴槽盖，防止水箱内水被蒸发干。

(五)超速冷冻离心机

1. 离心机操作步骤

(1)接通电源，打开离心机盖。

(2)按要求装配好离心管。

(3)按要求安装离心转头。

(4)关上离心机盖。

(5)输入离心数据,编离心程序。

(6)抽真空,并开始运行程序。

(7)程序结束后,去真空。

(8)打开离心机盖,取出转头。

(9)取出离心管并进行分析。

2. 离心管的选用

(1)玻璃离心管绝对不能在高、超速离心机上使用。

(2)PA 管:化学性能稳定,半透明,能耐高温消毒。

(3)PP 管:化学性能稳定,半透明,能耐高温消毒。

(4)PC 管:透明度好,硬度大,能耐高温消毒。但不耐强酸强碱及某些有机溶剂。主要用于 5 万(r/min)以上离心。

(5)CN 管:质地较软,透明,但不耐强酸强碱及某些有机溶剂,不能高压消毒。适合于蔗糖、甘油等密度梯度离心。应透明,利于收集。

对称平衡:当离心转速达 1 万～5 万(r/min)时,如对称管相差 1 g,转头半径 5 cm,则离心力公式 $F=m\times\mathrm{RCF}$。

查表得:1 万(r/min)RCF=6 000 代入公式 $F=1\times6\ 000=6(\mathrm{kg})$

5 万(r/min)RCF=150 000 代入公式 $F=1\times150\ 000=150(\mathrm{kg})$

此时引起两边不平衡可达 6～150(kg),这对离心机的损伤是很大的,至少将缩短离心机的使用寿命。

如离心管盖子密封性差液体就不能加满(针对高速离心且使用角度头),以防外溢。外溢后果:污染转头和离心腔,影响感应器正常工作。

超速离心时,液体一定要加满离心管,应超离时需抽真空,只有加满才能避免离心管变形。

使用角度头时别忘盖转头盖,如未盖,离心腔内会产生很大的涡流阻力和摩擦升温,这等于给离心机的电机和制冷机增加了额外负担,影响离心机的使用寿命。

3. 保养注意事项

(1)清洁离心机腔体和转头,并擦干腔内冷凝水。

(2)使用完后要打开门,直至腔内恢复常温。

(3)离心之前要平衡样品。

(4)离心之后要注意消毒和灭菌。

(5)根据需要选用 tubes/bottles、adapters 以及 spacers,根据要求加样品量。

(6)必要时预冷转子。

(7)转头的维护和存放,注意保护底部的计数环。

(8)工具的准确使用和转头的正确安装。

(六)pH计

酸度计简称pH计,由电极和电计两部分组成。使用中若能够合理维护电极、按要求配制标准缓冲液和正确操作电极,可大大减小pH示值误差,从而提高化学实验、医学检验数据的可靠性。

(1)安装

①电源的电压与频率必须符合仪器铭牌上所指明的数据,同时必须接地良好,否则在测量时可能指针不稳。

②仪器配有玻璃电极和甘汞电极。将玻璃电极的胶木帽夹在电极夹的小夹子上,将甘汞电极的金属帽夹在电极夹的大夹子上。可利用电极夹上的支头螺丝调节两个电极的高度。

③玻璃电极在初次使用前,必须在蒸馏水中浸泡24 h以上。平常不用时也应浸泡在蒸馏水中。

④甘汞电极在初次使用前,应浸泡在饱和氯化钾溶液内,不要与玻璃电极同泡在蒸馏水中。不使用时也浸泡在饱和氯化钾溶液中或用橡胶帽套住甘汞电极的下端毛细孔。

(2)校正

①将"pH-mV开关拨到pH位置。

②打开电源开关,指示灯亮,预热30 min。

③取下放蒸馏水的小烧杯,并用滤纸轻轻吸去玻璃电极上的多余水珠。在小烧杯内加入选择好的,已知pH的标准缓冲溶液,将电极浸入。注意使玻璃电极端部小球和甘汞电极的毛细孔浸在溶液中。轻轻摇动小烧杯使电极所接触的溶液均匀。

④根据标准缓冲液的pH,将量程开关拧到0～7处或7～14处。

⑤调节控温钮,使旋钮指示的温度与室温同。

⑥调节零点,使指针指在pH7处。

⑦轻轻按下或稍许转动读数开关使开关卡住。调节定位旋钮,使指针恰好指在标准缓冲液的pH数值处。放开读数开关,重复操作,直至数值稳定为止。

⑧校正后,切勿再旋动定位旋钮,否则需重新校正。取下标准液小烧杯。用蒸馏水冲洗电极。

(3)测定

①将电极上多余的水珠吸干或用被测溶液冲洗2次,然后将电极浸入被测溶

液中，并轻轻转动或摇动小烧杯，使溶液均匀接触电极。

②被测溶液的温度应与标准缓冲溶液的温度相同。

③校正零位，按下读数开关，指针所指的数值即是待测液的 pH。若在量程 pH 0～7 范围内测定时指针读数超过刻度，则应将量程开关置于 pH 7～14 处再测定。

④测定完毕，放开读数开关后，指针必须指在 pH 7 处，否则重新调整。

⑤关闭电源，冲洗电极，并按照前述方法浸泡。

(七)分光光度计

(1)使用仪器前，使用者应该首先了解本仪器的结构和工作原理，以及各个操作旋钮的功能。在未接通电源前，应对仪器进行检查，电源线接线应牢固，通地要良好，各个调节旋钮的起始位置要正确，然后接通电源开关。

(2)开启电源，指示灯亮，选择开关置于“T”，波长调至测试用波长。仪器预热 20 min。

(3)打开试样室盖，调节“0”旋钮，使数字显示为“0.00”盖上试样室盖，将比色皿架处于蒸馏水校正位置，使光电管受光，调节透过率“100%”旋钮，使数字显示为“100.0”。

(4)预热后，按(3)连续几次调整“0”和“100%”，仪器即可进行测定工作。

(5)吸光度的测量：按(3)调整仪器的“00.0”和“100%”后，将选择开关置于“A”，调节吸光度调零旋钮，使数字显示为“.000”，然后将被测样品移入光路，显示值即为被测样品的吸光度值。

(6)每台仪器所配套的比色皿不能与其他仪器上的比色皿单个调换。

(7)本仪器数字显示后背部，带有外接插座，可输出模拟信号，插座 1 脚为正，2 脚为负接地线。

(8)如果大幅度改变测试波长时，需等数分钟后才能正常工作。因波长由长波向短波或短波向长波移动时，光能量变化急剧，光电管受光后响应较慢，需一段光响应平衡时间。

四、试剂的配制

(一)常用术语

1. 溶质

可均匀地分布在另一液体里的物质，称为溶质。

2. 溶剂

使溶质质点均匀分布的介质，称为溶剂。

3. 溶液

由两种或多种成分组成的液态的均匀系统，叫做液体溶液。而由两种或两种以上成分所组成的固态的均匀系统，则叫做固体溶液。试剂中多为液体溶液。通常把液体溶液称为溶液。

因为溶液是由溶质和溶剂相互均匀分布所组成的液体，所以往往不易区分溶质和溶剂。一般把单独存在时和组成的溶液的状态相同的那一组分叫做溶剂。如蔗糖的水溶液，水是溶剂，蔗糖是溶质；在制备试剂时，一般将要用的物质叫溶质，把溶解溶质的介质叫溶剂。如氢氧化钠溶液，配制的目的是要用氢氧化钠，所以氢氧化钠是溶质，水是溶剂。如果两种都是液体，也以要用的组分为介质，如在 20% 和 95% 的乙醇溶液中，则乙醇都是溶质，水都是溶剂。

(1)真溶液　溶液里的溶质，是以分子状态或离子状态均匀地分布在溶剂的分子之间，溶质颗粒的直径小于 1×10^{-8} mm，这种溶液叫做真溶液。

(2)乳浊液　由两种均匀地分布着但又互不相溶的液体微小珠滴组成的液体叫乳浊液。这些小珠滴的直径大于 1×10^{-4} mm。把乳浊液静置相当时间后，它的两个组分会互相分离开来。如将水和油经充分振荡或高速搅拌混合后，就成为微小的水滴和微小油滴相互均匀地分布的液体系统。但静置相当时间后，油和水仍会分开为两层。

(3)悬浊液　在这种液体的溶剂中散布着固体的微小颗粒(分子的集合体)，这些溶质颗粒的直径大于 1×10^{-4} mm。如把悬浊液静置相当时间，悬浮的固体颗粒就会下沉到容器底部。

(4)胶体溶液　在这种溶液里悬浮的小颗粒与前两种浊液一样。都是由许多分子集合体组成的。但是，它的直径大于真溶液的颗粒，而又小于浊液的颗粒，处于 $1\times10^{-8}\sim1\times10^{-4}$ mm 之间。所以，胶体溶液具有一些特点。如胶体溶液具有真溶液所没有的“丁达尔效应”，胶体溶液长期静置不会有颖粒分离出来，这一点又与浊液不同。因此，可以认为胶体溶液是真溶液和浊液之间的过渡状态。鸡蛋清的水溶液就是胶体溶液。淀粉和动物胶(如白明胶)在热水中都能形成胶体溶液。人及动物的血液和植物的浆汁都是复杂的胶体溶液。

4. 溶解

溶质均匀地分布在溶剂中，叫做溶解。

(1)溶解速度　在单位时间内，溶质的分子分布到溶剂里的数量叫溶解速度。各种溶质的溶解速度不同，并受外界条件如温度、压力、振动、搅拌等影响。

(2)溶解热　在溶质溶解于溶剂的过程中，所发生的能量变化(总的热效应)习惯上统称为溶解热。若溶解时放热，则溶解热是正值，若吸热则为负值。

以固体溶质为例，可溶解的固体都是以晶体状态存在的。溶质的质点从挣脱出晶格到均匀分布在溶剂里所需要的热能，叫做溶解热效应。另外，溶质的质点与溶剂还会相互结合成一种特殊的溶剂化合物。这种溶剂化的过程是一个放热的化学过程。所以，溶剂化所放出的热量。叫做溶剂化热效应。在溶解过程中，若溶解热效应大于溶剂化热效应，则溶解过程总的热效应表现为吸热；反之，若溶剂化热效应大于溶解效应，则溶解过程总的热效应表现为放热。

1 g 分子的物质，在溶解时(溶于大量的溶剂中)所放出(或吸收)的热量，称为该物质的溶解热。某些盐类的溶解热见附表 1。

附表 1　几种盐类的溶解热　　kJ/mol

化合物	$Na_2SO_4 \cdot 10H_2O$	KNO_3	NH_4NO_3	NaCl	KOH	$CaCl_2$
溶解热	−78.4	−35.6	−26.4	−5.0	+55.6	+71.5

因此，在配制试剂时，往往采取一些措施加快溶解速度，以提高工作效率。例如：

①溶质的块过大，要粉碎。以增加溶质与溶剂的接触面积。

②溶解时吸解，要加热。帮助破坏溶质的品质和质点的扩散。

③溶解时放热。要冷却，用冷水浴或冰浴等，加快水化物的生成。

④加以搅拌或振荡，使溶质分散，帮助散冷或散热，加快溶质分散程度。

(3)饱和溶液　在一定温度、压力下，溶剂中所溶解的溶质已达到最大量的溶液，叫做饱和溶液。若溶质在溶剂剂中溶解的量低于饱和溶液的量，该溶液称为不饱和溶液。生化工作中还使用“半饱和溶液”的术语，指的是溶质在溶剂中溶解的量相当于饱和溶液内该溶质的量的一半。如果在溶剂中溶质的量超过相应的饱和状态时，称为过饱和溶液。

5. 溶解度

在一定的条件(0℃、20℃或 100℃，一个大气压)下，在 100 g 水(溶剂)中所能溶解的溶质的最大量，称为该溶质的溶解度(g)。

一般规定在常温(20℃)下，某物质能溶解在 100 g 水中的量在 10 g 以上，称为易溶解物质；如果溶解的量少于 1 g，则称为难溶物质；若溶解的量少于 1/10 000 g，称为不溶解的物质(附表 2)。实际上绝对不溶的物质是没有的。这里讲的易溶、难溶和不溶，是相对的，而不是绝对的。

附表 2　各个溶解名词的含义

溶解名称	溶质/g	溶剂/g
极易溶解	1	在<1 中溶解
易溶	1	在 1～10 中溶解
溶解	1	在 10～30 中溶解
略溶	1	在 30～80 中溶解
微溶	1	在 100～1 000 中溶解
极微溶解	1	在 1 000～10 000 中溶解
几乎不溶解或不溶解	1	在 10 0 00 中不能完全溶解

6. 溶液浓度

在一定质量或一定体积的溶液中所含溶质的量，称为溶液的浓度。

(二)溶液浓度的表示及其配制

生物化学工作中常用浓度有：

1. 百分比浓度(简写%)

质量分数(w_B)：即每 100 g 溶液中所含溶质的克数。

溶质(g)＋溶剂(g)＝ 100 g 溶液。

配制质量分数(%)溶液时：

- 若溶质是固体：

  称取溶质的克数＝需配制溶液的总量×需配制溶液的质量分数

  需用溶剂的克数＝需配制溶液的总量－称取溶质的克数

- 若溶质是液体：

  $$应量取溶质的体积=\frac{需配置溶液总量}{溶质的比重\times溶质的质量分数}\times需配制溶液的质量分数$$

  需用溶剂的克数(或体积)＝需配制溶液总量－(需配制溶液总量×需配制溶液的质量分数)

一般配制溶质为固体的稀溶液时，有时也习惯用 100 mL 溶液中所含溶质的克数表示溶液的浓度。例如，配制 1.0%氢氧化钠溶液时，称取 1.0 g 氢氧化钠，用水溶解，稀释至 100 mL。

2. 体积分数(Φ_B:%)

每 100 mL 溶液中含溶质的毫升数。一般用于配制溶质为液体的溶液，如各种浓度的酒精溶液。

3. 物质的量(mol)和物质的量浓度(mol/L)

1 mol＝6.023×10^{23}分子(Avogardro 数)

如:1 mol 葡萄糖(M_r180)为 180 g;

1 mol 白蛋白(M_r68 000)为 68 000 g 或 68 kg。

它适用于包括原子、离子或自由基以及分子具有明确组成的其他质点。

物质的量浓度(mol/L):即在 1 L 溶液中含有溶质的量。

$$物质的量浓度=\frac{溶质的重量(g)}{溶质的相对分子质量}(溶解后定容至1\,000\ mL)$$

称取溶质的克数＝需配制溶液的物质的量浓度×溶质的相对分子质量×需配制溶液的毫升数/1 000

此外,对尚无明确分子组成,如存在于提取物中的蛋白质或核酸浓度,或一混合物中的生物活性化合物,如维生素 B_{12}和血清免疫球蛋白的分子量尚未被肯定的物质,其浓度以单位容积中溶质的质量(而非 mol/L)表示,如 g/L,mg/L 和 μg/L 等。

(三)溶液浓度的调整

1. 浓溶液稀释法

从浓溶液稀释成稀溶液可根据浓度与体积成反比的原理进行计算:

$$c_1\times V_1=c_2\times V_2$$

式中:V_1——浓溶液体积;

c_1——浓溶液浓度;

V_2——稀溶液体积;

c_2——稀溶液浓度。

2. 稀溶液浓度的调整

同样按照溶液的浓度与体积成反比的原理,或利用交叉法进行计算。

$$c\times(V_1+V_2)=c_2\times V_2+c_1\times V_1$$

式中:c——所需溶液浓度;

c_1——浓溶液的浓度;

V_1——浓溶液的体积;

c_2——稀溶液的浓度;

V_2——稀溶液的体积。

3. 溶液浓度互换公式

$$质量分数(\%)=\frac{溶质的量浓度\times相对分子质量}{溶液体积\times比重}$$

$$溶质的量浓度(mol/L)=\frac{质量分数\times 溶液体积\times 比重}{相对分子质量}$$

(四)试剂配制的一般注意事项

(1)称量要精确，特别是在配制标准溶液、缓冲液时，更应注意严格称量。有特殊要求的，要按规定进行干燥、恒重、提纯等。

(2)一般溶液都应用蒸馏水或无离子水(即离子交换水)配制，有特殊要求的除外。

(3)化学试剂根据其质量分为各种规格(品级)；如：纯度很高的光谱纯；层析纯；纯度较低的工业用；药典纯(相当于四级)等。配制溶液时，应根据实验要求选择不同规格的试剂。

(4)试剂应根据需要量配制；一般不宜过多，以免积压浪费，过期失效。

(5)试剂(特别是液体)一经取出，不得放回原瓶，以免因量器或药勺不清洁而沾污整瓶试剂。取固体试剂时，必须使用洁净干燥的药勺。

(6)配制试剂所用的玻璃器皿，都要清洁干净。存放试剂的试剂瓶应清洁干燥。

(7)试剂瓶上应贴标签。写明试剂名称、浓度、配制日期及配制人。

(8)试剂用后要用原瓶塞塞紧，瓶塞不得沾染其他污物或沾污桌面。

(9)有些化学试剂极易变质，变质后不能继续使用。

(五)试剂的保存

一般易变质和需要特殊方法保存的常用试剂见附表3。

附表3　易变质和需要特殊方式保存的常用试剂

保存方式	注意事项	试剂举例
需要密封	易潮解吸湿	氯化钙、氢氧化钠(钾)、碘化钾、三氯化铁、三氯乙酸
	易失水风化	结晶硫酸钠、硫酸亚铁、含水磷酸氢二钠、硫代硫酸钠
	易挥发	氨水、氯仿、醚、碘、麝香草酚、甲醚、乙醇、丙酮
	易吸收 CO_2	氢氧化钠(钾)
	易氧化	硫酸亚铁、醚、醛类、酚类、抗坏血酸和一切还原剂
	易变质	四苯硼钠、丙酮酸钠、许多生物制品(常需冷藏)
需要避光	见光变色	硝酸银(变黑)、酚(变红)、氯仿(产生光气)、茚三酮(变淡红)
	见光分解	过氧化氢、氯仿、漂白粉、氢氰酸
	见光氧化	乙醚、醛类、亚铁盐和一切还原剂
特殊方法保管	易爆炸	苦味酸、硝酸盐类、过氯酸、叠氮化钠
	剧毒	氰化钾(钠)、汞、砷化物、溴
	易燃	乙醚、甲醇、乙醇、丙醇、苯、石油醚、二甲苯、汽油
	腐蚀	强酸、强碱

需要密封的化学试剂，可以先加塞塞紧，然后再用蜡封口。有的平时还需要保存在干燥器内，干燥剂可以用生石灰、无水氯化钙和硅胶，一般不宜用硫酸。需要避光保存的化学试剂，可置于棕色瓶内，或用黑纸包装。

五、常用缓冲溶液的配制

由一定物质所组成的溶液，在加入一定量的酸或碱时，其氢离子浓度改变甚微或几乎不改变，此种溶液称为缓冲溶液，这种作用称为缓冲作用，其溶液内所含物质称为缓冲剂。

缓冲剂的组成，多为弱酸及这种弱酸与强碱所组成的盐，或弱碱及这种弱碱和强酸所组成的盐。调节二者的比例可以配制成各种 pH 的缓冲液。

1. 甘氨酸-盐酸缓冲液(0.05 mol/L)

X mL 0.2 mol/L 甘氨酸＋Y mL 0.2 mol/L 盐酸 再加水稀释至 200 mL。

附表 4　甘氨酸-盐酸缓冲液配制

pH	X/mL	Y/mL	pH	X/mL	Y/mL
2.2	50	44.0	3.0	50	11.4
2.4	50	32.4	3.2	50	8.2
2.6	50	24.2	3.4	50	6.4
2.8	50	16.8	3.6	50	5.0

注：甘氨酸相对分子质量 M_r＝75.07；0.2 mol/L 甘氨酸溶液含 15.01 g/L。

2. 邻苯二甲酸-盐酸缓冲液(0.05 mol/L)

X mL 0.2 mol/L 邻苯二甲酸氢钾＋Y mL 0.2 mol/L 盐酸 再加水稀释至 200 mL。

附表 5　邻苯二甲酸-盐酸缓冲液

pH	X	Y	pH	X	Y
2.2	5	4.670	3.2	5	1.470
2.4	5	3.960	3.4	5	0.990
2.6	5	3.295	3.6	5	0.597
2.8	5	2.642	3.8	5	0.263
3.0	5	2.032			

注：邻苯二甲酸氢钾相对分子质量 M_r＝204.23；0.2 mol/L 邻苯二甲酸氢钾溶液含 40.85 g/L。

3. 磷酸氢二钠-柠檬酸缓冲液

附表 6 磷酸氢二钠-柠檬酸缓冲液的配制

pH	Na_2HPO_4 /mL	0.1 mol/L 柠檬酸/mL	pH	Na_2HPO_4 /mL	0.1 mol/L 柠檬酸/mL
2.2	0.40	19.6	5.2	10.72	9.28
2.4	1.24	18.76	5.4	11.15	8.85
2.6	2.18	17.82	5.6	11.60	8.40
2.8	3.17	16.83	5.8	12.09	7.91
3.2	4.94	15.06	6.2	13.22	6.78
3.4	5.70	14.30	6.4	13.85	6.15
3.6	6.44	13.56	6.6	14.55	5.45
3.8	7.10	12.90	6.8	15.45	4.55
4.0	7.71	12.29	7.0	16.47	3.53
4.2	8.28	11.72	7.2	17.39	2.61
4.4	8.82	11.18	7.4	18.17	1.83
4.6	9.35	10.65	7.6	18.73	1.27
4.8	9.86	10.14	7.8	19.15	0.85
5.0	10.30	9.70	8.0	19.45	0.55

注：Na_2HPO_4 相对分子质量 M_r=141.98；0.2 mol 溶液含 28.40 g/L。

$Na_2HPO_4 \cdot 2H_2O$ 相对分子质量 M_r=178.05；0.2 mol/L 溶液含 35.61 g/L。

$C_6H_8O_7 \cdot H_2O$ 相对分子质量 M_r=210.14；0.1 mol/L 溶液含 21.01 g/L。

4. 柠檬酸-氢氧化钠-盐酸缓冲液

附表 7 柠檬酸-氢氧化钠-盐酸缓冲液配制

pH	钠离子浓度 /mol/L	柠檬酸 $C_6H_8O_7 \cdot H_2O$/g	氢氧化钠 NaOH/g	浓盐酸 HCl/mL	终体积/L
2.2	0.20	210	84	160	10
3.1	0.20	210	83	116	10
3.3	0.20	210	83	106	10
4.3	0.20	210	83	45	10
5.3	0.35	245	144	68	10
5.8	0.45	285	186	105	10
6.5	0.38	266	156	126	10

注：使用时可以每升中加入 1 g 酚，若最后 pH 有变化，再用少量 50%氢氧化钠溶液或浓盐酸调节，冰箱保存。

5. 柠檬酸-柠檬酸钠缓冲液(0.1 mol/L)

附表 8　柠檬酸-柠檬酸钠缓冲液配制

pH	0.1 mol/L 柠檬酸/mL	0.1 mol/L 柠檬酸钠/mL	pH	0.1 mol/L 柠檬酸/mL	0.1 mol/L 柠檬酸钠/mL
3.0	18.6	1.4	5.0	8.2	11.8
3.2	17.2	2.8	5.2	7.3	12.7
3.4	16.0	4.0	5.4	6.4	13.6
3.6	14.9	5.1	5.6	5.5	14.5
3.8	14.0	6.0	5.8	4.7	15.3
4.0	13.1	6.9	6.0	3.8	16.2
4.2	12.3	7.7	6.2	2.8	17.2
4.4	11.4	8.6	6.4	2.0	18.0
4.6	10.3	9.7	6.6	1.4	18.6
4.8	9.2	10.8			

注：$C_6H_8O_7 \cdot H_2O$ 相对分子质量 M_r=210.14 0.1 mol/L 溶液含 21.01 g/L。
$Na_3C_6H_5O_7 \cdot 2H_2O$ 相对分子质量 M_r=294.12 0.1 mol/L 溶液含 29.41 g/L。

6. 乙酸-乙酸钠缓冲液(0.2 mol/L)

附表 9　乙酸-乙酸钠缓冲液配制

pH	0.2 mol/L NaAc/mL	0.2 mol/L HAc/mL	pH	0.2 mol/L NaAc/mL	0.2 mol/L HAc/mL
3.6	0.75	9.25	4.8	5.90	4.10
3.8	1.20	8.80	5.0	7.00	3.00
4.0	1.80	8.20	5.2	7.90	2.10
4.2	2.65	7.35	5.4	8.60	1.40
4.4	3.70	6.30	5.6	9.10	0.90
4.6	4.90	5.10	5.8	9.40	0.60

注：NaAc 相对分子质量 M_r=136.09；0.2 mol/L 溶液为 27.22 g/L。

7. 磷酸盐缓冲液

附表 10　磷酸氢二钠-磷酸二氢钠缓冲液配制(0.2 mol/L)

pH	Na_2HPO_4/mL	NaH_2PO_4/mL	pH	Na_2HPO_4/mL	NaH_2PO_4/mL
5.8	8.0	92.0	7.0	61.0	39.0
5.9	10.0	90.0	7.1	67.0	33.0
6.0	12.3	87.7	7.2	72.0	28.0
6.1	15.0	85.0	7.3	77.0	23.0
6.2	18.5	81.5	7.4	81.0	19.0

续附表 10

pH	Na_2HPO_4/mL	NaH_2PO_4/mL	pH	Na_2HPO_4/mL	NaH_2PO_4/mL
6.3	22.5	77.5	7.5	84.0	16.0
6.4	26.5	73.5	7.6	87.0	13.0
6.5	31.5	68.5	7.7	89.5	10.5
6.6	37.5	62.5	7.8	91.5	8.5
6.7	43.5	56.5	7.9	93.0	7.0
6.8	49.5	51.0	8.0	94.7	5.3
6.9	55.0	45.0			

注：$Na_2HPO_4 \cdot 2H_2O$ 相对分子质量 M_r=178.05；0.2 mol/L 溶液含 35.61 g/L。

$Na_2HPO_4 \cdot 12H_2O$ 相对分子质量 M_r=358.22；0.2 mol/L 溶液含 71.64 g/L。

$NaH_2PO_4 \cdot H_2O$ 相对分子质量 M_r=138.01；0.2 mol/L 溶液含 27.6 g/L。

$NaH_2PO_4 \cdot 2H_2O$ 相对分子质量 M_r=156.03；0.2 mol/L 溶液含 31.21 g/L。

附表 11 磷酸氢二钠-磷酸二氢钾缓冲液(1/15 mol/L)配制

pH	1/15 mol/L Na_2HPO_4/mL	1/15 mol/L KH_2PO_4/mL	pH	1/15 mol/L Na_2HPO_4/mL	1/15 mol/L KH_2PO_4/mL
4.92	0.10	9.90	7.17	7.00	3.00
5.29	0.50	9.50	7.38	8.00	2.00
5.91	1.00	9.00	7.73	9.00	1.00
6.24	2.00	8.00	8.04	9.50	0.50
6.47	3.00	7.00	8.34	9.75	0.25
6.64	4.00	6.00	8.67	9.90	0.10
6.81	5.00	5.00	9.18	10.00	0
6.98	6.00	4.00			

注：$Na_2HPO_4 \cdot 2H_2O$ 相对分子质量 M_r=178.05；1/15 mol/L 溶液含 35.61 g/L。

KH_2PO_4 相对分子质量 M_r=136.09；1/15 mol/L 溶液含 9.078 g/L。

8. 磷酸二氢钾-氢氧化钠缓冲液(0.05 mol/L)

X mL 0.2 mol/L KH_2PO_4 + Y mL 0.2 mol/L NaOH 再加水稀释至 20 mL。

附表 12 磷酸二氢钾-氢氧化钠缓冲液配制(0.05 mol/L)

pH(20℃)	X/mL	Y/mL	pH(20℃)	X/mL	Y/mL
5.8	5	0.372	7.0	5	2.963
6.0	5	0.570	7.2	5	3.500
6.2	5	0.860	7.4	5	3.950

续附表 12

pH(20℃)	X/mL	Y/mL	pH(20℃)	X/mL	Y/mL
6.4	5	1.260	7.6	5	4.280
6.6	5	1.780	7.8	5	4.520
6.8	5	2.365	8.0	5	4.680

9. 巴比妥钠-盐酸缓冲液(18℃)

附表 13　巴比妥钠-盐酸缓冲液配制

pH	0.04 mol/L 巴比妥钠 /mL	0.2 mol/L 盐酸 /mL	pH	0.04 mol/L 巴比妥钠 /mL	0.2 mol/L 盐酸 /mL
6.8	100	18.4	8.4	100	5.21
7.0	100	17.8	8.6	100	3.82
7.2	100	16.7	8.8	100	2.52
7.4	100	15.3	9.0	100	1.65
7.6	100	13.4	9.2	100	1.13
7.8	100	11.5	9.4	100	0.70
8.0	100	9.39	9.6	100	0.35
8.2	100	7.21	100		

注：巴比妥钠相对分子质量 M_r=206.18；0.04 mol/L 溶液为 8.25 g/L。

10. Tris-盐酸缓冲液

50 mL 0.1 mol/L 三羟甲基氨基甲烷(Tris)溶液于 X mL 0.1 mol/L 盐酸混匀后，加水稀释至 100 mL。

附表 14　Tris-盐酸缓冲液配制

pH	X/mL	pH	X/mL
7.1	45.7	8.1	26.2
7.2	44.7	8.2	22.9
7.3	43.4	8.3	19.9
7.4	42.0	8.4	17.2
7.5	40.3	8.5	14.7
7.6	38.5	8.6	12.4
7.7	36.6	8.7	10.3
7.8	34.5	8.8	8.5
7.9	32.0	8.9	7.0
8.0	29.2		

注：三羟甲基氨基甲烷(Tris)相对分子质量 M_r=121.14；0.1 mol/L 溶液为 12.114 g/L。
Tris 溶液可以从空气中吸收二氧化碳，使用时注意将瓶盖严。

11. 硼酸-硼砂缓冲液(0.2 mol/L 硼酸根)

附表 15 硼酸-硼砂缓冲液(0.2 mol/L 硼酸根)配制

pH	0.05 mol/L 硼砂 /mL	0.2 mol/L 硼酸 /mL	pH	0.05 mol/L 硼砂 /mL	0.2 mol/L 硼酸 /mL
7.4	1.0	9.0	8.2	3.5	6.5
7.6	1.5	8.5	8.4	4.5	5.5
7.8	2.0	8.0	8.7	6.0	4.0
8.0	3.0	7.0	9.0	8.0	2.0

注:硼砂 $Na_2B_4O_7 \cdot 10H_2O$ 相对分子质量 M_r=381.43;0.05 mol/L(=0.2 mol/L 硼酸根)溶液为 19.07 g/L。
硼酸 H_3BO_3 相对分子质量 M_r=61.84;0.2 mol/L 溶液为 12.37 g/L。
硼砂易失去结晶水,必须在带塞的瓶中保存。

12. 甘氨酸-氢氧化钠缓冲液(0.05 mol/L)

X mL 0.2 mol/L 甘氨酸+Y mL 0.2 mol/L 氢氧化钠 再加水稀释至 200 mL。

附表 16 甘氨酸-氢氧化钠缓冲液(0.05 mol/L)配制

pH	X/mL	Y/mL	pH	X/mL	Y/mL
8.6	50	4.0	9.6	50	22.4
8.8	50	6.0	9.8	50	27.2
9.0	50	8.8	10.0	50	32.0
9.2	50	12.0	10.4	50	38.6
9.4	50	16.8	10.6	50	45.5

注:甘氨酸相对分子质量 M_r=75.07;0.2 mol/L 甘氨酸溶液含 15.01 g/L。

13. 硼砂-氢氧化钠缓冲液(0.05 mol/L 硼酸根)

X mL 0.05 mol/L 硼砂+Y mL 0.2 mol/L 氢氧化钠 再加水稀释至 200 mL。

附表 17 硼砂-氢氧化钠缓冲液(0.05 mol/L 硼酸根)配制

pH	X/mL	Y/mL	pH	X/mL	Y/mL
9.3	50	6.0	9.8	50	34.0
9.4	50	11.0	10.0	50	43.0
9.6	50	23.0	10.1	50	46.0

注:硼砂 $Na_2B_4O_7 \cdot 10H_2O$ 相对分子质量 M_r=381.43;0.05 mol/L(=0.2 mol/L 硼酸根)溶液为 19.07 g/L。

14. 碳酸钠-碳酸氢钠缓冲液(0.1 mol/L)

附表 18　碳酸钠-碳酸氢钠缓冲液(0.1 mol/L)配制

pH		0.1 mol/L 碳酸钠 /mL	0.1 mol/L 碳酸氢钠 /mL
20℃	37℃		
9.16	8.77	1	9
9.40	9.12	2	8
9.51	9.40	3	7
9.78	9.50	4	6
9.90	9.72	5	5
10.14	9.90	6	4
10.28	10.08	7	3
10.53	10.28	8	2
10.83	10.57	9	1

注：$Na_2CO_3 \cdot 10H_2O$ 相对分子质量 M_r=286.2；0.1 mol/L 溶液为 28.62 g/L。

$NaHCO_3$ 相对分子质量 M_r=84.0；0.1 mol/L 溶液为 8.40 g/L。

Ca^{2+}，Mg^{2+} 存在时不得使用。

六、常用酸碱指示剂

附表 19　常用的酸碱指示剂

指示剂名称		配制方法	颜色		变色 pH 范围
中文名称	英文名称	0.1 g 溶于 250 mL 下列溶剂	酸	碱	
甲酚红(酸范围)	cresol red(acid range)	水，含 2.62 mL 0.1 mol/L NaOH	红	黄	0.2～1.8
间苯甲酚紫(酸范围)	*m*-cresolpurple (acid range)	水，含 2.72 mL 0.1 mol/L NaOH	红	黄	1.0～2.6
麝香草酚蓝(酸范围)	thymol blue(acid range)	水，含 2.15 mL 0.1 mol/L NaOH	红	黄	1.2～2.8
甲基黄	methyl yellow	90%乙醇	红	黄	2.9～4.0
溴酚蓝	bromophenol blue	水，含 1.49 mL 0.1 mol/L NaOH	黄	紫	3.0～4.6
四溴酚蓝	tetrabromophenol blue	水，含 1.0 mL 0.1 mol/L NaOH	黄	蓝	3.0～4.6
刚果红	congo red	水或 80%乙醇	紫	红橙	3.0～5.0

续附表 19

指示剂名称		配制方法	颜色		变色 pH 范围
中文名称	英文名称	0.1 g 溶于 250 mL 下列溶剂	酸	碱	
甲基橙	methyl orange	游离酸:水 钠盐:水,含 3 mL 0.1 mol/L NaOH	红	橙黄	3.1～4.4
溴甲酚绿(蓝)	bromocresol green(blue)	水,含 1.43 mL 0.1 mol/L NaOH	黄	蓝	3.6～5.2
甲基红	methyl red	钠盐:水 游离酸:60%乙醇	红	黄	4.2～6.3
氯酚红	chlorophenol red	水,含 2.36 mL 0.1 mol/L NaOH	黄	紫红	4.8～6.4
溴甲酚紫	bromocresol puple	水,含 1.85 mL 0.1 mol/L NaOH	黄	紫	5.2～6.8
石蕊	litmus	水	红	蓝	5.0～8.0
溴麝香草酚蓝	bromothymol blue	水,含 1.6 mL 0.1 mol/L NaOH	黄	蓝	6.0～7.6
酚红	phenol red	水,含 1.82 mL 0.1 mol/L NaOH	黄	红	6.8～8.4
中性红	neutral red	70%乙醇	红	橙棕	6.8～8.0
甲酚红(碱范围)	cresol red	水,含 2.62 mL 0.1 mol/L NaOH	黄	红	7.2～8.8
间苯甲酚紫(碱范围)	*m*-cresol purple (basic range)	水,含 2.62 mL 0.1 mol/L NaOH	黄	红紫	7.6～9.2
麝香草酚蓝(碱范围)	thymol blue	水,含 2.15 mL 0.1 mol/L NaOH	黄	蓝	8.0～9.6
酚酞	phenolphthalein	70%～90%乙醇 (60%2-乙氧基乙醇)	无色	桃红	8.3～10.0
麝香草酚酞	thymol phthalein	90%乙醇	无色	蓝	9.3～10.5
茜素黄	alizarin yellow	乙醇	黄	红	10.1～12.0
金莲橙 O	tropeolin O	水	黄	橙	11.1～12.7

七、常用凝胶及层析过滤树脂的规格和性能

附表 20 纤维素离子交换剂和 sepharose 快速离子交换剂的类型与性能

交换剂(简写)	类型	交换基团	交换容量/(mg/g)	pK	备注
磷酸纤维素(P-C)	中强酸型阳离子交换剂	$—PO_4$	0.7～7.4	1.2 6.0～6.5	
磺酸甲基纤维素(SM-C)	强酸型阳离子交换剂	$—O—CH_2SO_3^-$			
磺酸乙基纤维素(SE-C)	强酸型阳离子交换剂	$—O(CH_2)_2SO_3^-$	0.2～0.3	很低	
羧甲基纤维素(CM-C)	弱酸型阳离子交换剂	$—O—CH_2—CO_2^-$	0.5～1.0	3.5	常用于分离碱性和中性蛋白质
三乙基氨基乙基纤维素(TEAE-C)	弱碱型阴离子交换剂	$—O(CH_2)_2—N^+(C_2H_5)_2$	0.5～1.0		
二乙基氨基乙基纤维素(DEAE-C 或 DEAE-sephacel)	弱碱型阴离子交换剂	$—O(CH_2)_2—NH^+(C_2H_5)_2$	0.1～1.1 1.1±0.1	9.5	广泛用于分离中性、酸性蛋白质
氨基乙基纤维素(AE-C)	中等碱型阴离子交换剂	$—O(CH_2)_2—NH_3^+$	0.3～1.0		
Ecteola 纤维素(ECTE-C)	中等碱型阴离子交换剂	$—O(CH_2)_2—N^+(C_2H_4OH)_3$			
DEAE-sepharose fast flow	弱碱型阴离子交换剂	同 DEAE—C			
CM-sepharose fast flow	弱酸型阳离子交换剂	同 CM—C			
Q-sepharose fast flow	强阴离子交换剂	$—CH_2—N^+(CH_3)_3$			
SP-sepharose fast flow	强阳离子交换剂	$—CH_2—SO_3^-$			

附表 21　常用国产离子交换树脂的物理常数

分类		产品牌号	功能基化学键	形状	粒度/目	含水量/%	全交换量/(mmol/g)	最高操作温度/℃	允许范围	视比重/(g/mL)	树脂母体或原料	相应的国际产品
阳离子交换树脂	强酸型	大孔型强酸1号	$—SO_3^-$	球形	16～50	45～55	4.5	Na^+与H^+ 130～1 50	0～14	—	交联聚苯乙烯	Amberlite200(美) Amberlyst 15
		上海化工学院强酸1×8	$—SO_3^-$	球形	100～200	44～50	4.8	Na^+与H^+ 120	0～14	—	同上	AmberliteIR-120
		强酸1×7(732)	$—SO_3^-$	球形	16～50	40～52	≥4.5	Na^+与H^+ 120	0～14	0.75～0.05	同上	AmberliteIR-120 Zerolit 225(英) Dowex 50
	弱酸型	上海化工学院强酸42号	$—SO_3^-$ —OH	粒状	16～50	29～32	2.0～2.2	Na^+ 90 H^+ 40	1～10	—	酚醛	AmberliteIR-100 Zerolit 315
		弱酸101×128(724)	—COO—(甲基丙烯酸型)	球状	16～50	≥60	≥9	Na^+与H^+ 150～190	5～14	—	聚丙烯酸	AmberliteIRC-50 Zerolit 226
		弱酸110	—COO—(丙烯酸型)	球状	16～50	—	≥12	—	4～14	—	交联聚甲基丙烯酸	AmberliteIRC-84
		弱酸122	—COO— —OH	球状	16～50	—	≥3.9	—	—	—	水杨酸、苯酚甲醛缩聚体	

续附表 21

分类		产品牌号	功能基化学键	形状	粒度（目）	含水量/(%)	全交换量/(mmol/g)	最高操作温度/(℃)	允许范围	视比重/(g/mL)	树脂母体或原料	相应的国际产品
阴离子交换树脂	强碱型	201×7(717)	$—N^+(CH_3)_3$	球状	16～50	40～50	≥3.0	Cl^- 70 OH^- 60	0～14	0.65～0.75	交联聚苯乙烯	AmberliteIRA-400 ZerolitFF
		201×4(711)	$—N^+(CH_3)_3$	球状	16～50	50～60	≥3.5	Cl^- 70 OH^- 60	0～14	—	同上	AmberliteIRA-401
		大孔强碱 201	$—N^+(CH_3)_3$	球状	16～50	40～50	2.7～3.5	Cl^- 70 OH^- 80	0～14	—	同上	AmberliteIRA-900
		上海化工学院强碱 1×8	$—N^+(CH_3)_3$	球状	100～200	40～50	≥3.0	Cl^- 70 OH^- 60	0～14	—	同上	AmberliteIRA-400
		大孔强碱 202(763)	$—N^+(CH_2—CH_2—OH)(CH_3)(CH_3)$	球状	16～50	48～58	≥3.4	OH^- 50	0～14	0.65～0.75	同上	AmberliteIRA-911
	弱碱型	弱碱 301	$—N^+(CH_3)_2$	球状	16～50	—	≥3.0	Cl^- 100	0～9	—	同上	
		大孔弱碱 301(701)	$—N^+(CH_3)_2$	球状	16～50	55～65	≥4.0	Cl^- 100	0～9	—	同上	AmberliteIRA-93
		弱碱 330 (701)	—N═ $—NH_2$	不规则粒度	16～50	≤65	≥9.0	OH^- 50	0～9	0.60～0.75	多乙胺，环氧氯丙烷缩聚体	DoμLite A-30B(美) ЭПЭ -10A(苏)
		大孔弱碱 (702)	—N═ $—NH_2$	球状	16～50	57～63	≥7.0	OH^- 50	0～9	0.65～0.75	聚丙烯酰胺	
		大孔弱碱 (703)	—N═ $—NH_2$	球形	16～50	58～64	≥6.5	OH^- 50	0～9	0.7～0.75	同上	

附表 22　各种离子交换树脂类似商品对照表

国内产品型号	相应国外树脂型号									树脂类型
	英国		美国			德国	日本	俄罗斯		
华东强酸阳＃42	Zerolit215	Zeo Karb 215 Zeo Karb 315	Amberlite IR-100	Duolite C_3	Dowex 30	Wofatit KS				磺化酚醛型
华东弱酸阳＃122	Zerolit216	Zeo Karb 216		Duolite CS-100		Wofatit C				水杨酸酚醛型
弱酸 101×1-20 或 724(101×4)	Zerolit226	Zeo Karb 226	Amberlite IRC-50			Wofatit CP-300		Kъ-4		丙烯酸型弱酸
强酸 1×1－24 或 732(1×7)	Zerolit225	Zeo Karb 255	Amberlite IR-120	Duolite C_{20}	Dowex 50	Wofatit KPS200	神胶 1 号	Ky-2		磺化聚苯乙烯
弱碱 320	Zerolit E	De Acidite E	Amberlite IR-48	Duolite A_2		Wofatit M Wofatit N		AH-21		酚醛型
强碱 201 或 717(201×7)	Zerolit FF	De Acidite FF	Amberlite IR-400		Dowex 1		神胶 800	AB-17		苯乙烯型强碱
强碱 202×1-24			Amberlite IR-410		Dowex 2		神胶 801	AB-18		
弱碱 311 或 704(311×2)	Zerolit G	De Acidite G	Amberlite IR-45	Duolite A_{30}	Dowex 3			AH-22		苯乙烯型弱碱
弱碱 301	Zerolit H	De Acidite H						AH-18		
701(弱碱 330)				Duolite A_{30}B	Wofatit L150			ЭдЭ-10П		环氧型弱碱
脱色树脂 1 号或通用 1 号	Decolorite									多孔弱碱
脱色树脂 2 号				Duolite S_{30}						多孔弱酸

1. 国产树脂编号:1～100 为强酸型树脂,101～200 为弱酸型树脂,201～300 为强碱型树脂,301～400 为弱碱型树脂。

2. 交联度的表示:如 201×7,201 为强碱型树脂编号,7 为交联度;又如 1×7,1 为强酸型树脂,7 为交联度;又如:101×1－20,101 为弱酸型树脂编号,1～20 为交联度。

附表 23 葡聚糖凝胶的技术数据

分子筛类型	干颗粒直径/μm	相对分子质量分级的范围		床体积/(mL/g 干胶)	得水值/(mL/干凝胶)	溶胀最少平衡时间/h		柱头压力/cm^2 H_2O 2.5 cm 直径柱
		肽及球形蛋白	葡萄糖线性分子			室温	沸水浴	
SephadexG-10	40～120	～700	～700	2～3	1.0±0.1	3	1	
SephadexG-15	40～120	～1 500	～1 500	2.5～3.5	1.5±0.2	3	1	
SephadexG-25				4～6	2.5±0.2	6	2	
粗级	100～300 (=50～100 目)	1 000～5 000	100～5 000					
中级	50～150 (=100～200 目)							
细级	20～80 (=200～400 目)							
超细	10～40					6	2	
SephadexG-50								
粗级	100～300							
中级	50～150	1 500～30 000	500～10 000	9～11	5.0±0.3			
细级	20～80							
超细	10～40							
SephadexG-75	40～120	3 000～70 000	1 000～50 000	12～15	7.5±0.5	24	3	40～160
超细	10～40							
SephadexG-100	40～120	4 000～150 000	1 000～100 000	15～20	10.0±1.0	48	5	24～96
超细	10～40							
SephadexG-150	40～120	5 000～400 000	1 000～150 000	20～30	15.0±1.5	72	5	9～36
超细	10～40			18～22				
SephadexG-200	40～120	5 000～800 000	1 000～200 000	30～40	20.0±2.0	72	5	4～16
超细	10～40			20～25				

注：1 mmH_2O=9.806 375 Pa。

八、常用数据表

附表 24　常用酸碱的质量分数、相对密度和摩尔浓度关系

质量分数/%	H_2SO_4		HNO_3		HCl		KOH		NaOH		氨溶液	
	相对密度	浓度/(mol/L)	相对密度	浓度/(mol/L)	相对密度	浓度/(mol/L)	相对密度	浓度/(mol/L)	相对密度	浓度/(mol/L)	相对密度	浓度/(mol/L)
2	1.013		1.011		1.009		1.016		1.023		0.992	
4	1.027		1.022		1.019		1.033		1.046		0.983	
6	1.040		1.033		1.029		1.048		1.069		0.973	
8	1.055		1.044		1.039		1.065		1.092		0.967	
10	1.069	1.1	1.056	1.7	1.049	2.9	1.082	1.9	1.115	2.8	0.960	5.6
12	1.088		1.068		1.059		1.100		1.137		0.953	
14	1.098		1.080		1.069		1.118		1.159		0.946	
16	1.112		1.093		1.079		1.137		1.181		0.939	
18	1.127		1.106		1.089		1.156		1.213		0.932	
20	1.143	2.3	1.119	3.6	1.100	6	1.176	4.2	1.225	6.1	0.926	10.9
22	1.158		1.132		1.110		1.196		1.247		0.919	
24	1.178		1.145		1.121		1.217		1.268		0.913	12.9
26	1.190		1.158		1.132		1.240		1.289		0.908	13.9
28	1.205		1.171		1.142		1.263		1.310		0.903	
30	1.224	3.7	1.184	5.6	1.152	9.5	1.268	6.8	1.332	10	0.898	15.8
32	1.238		1.198		1.163		1.310		1.352		0.893	
34	1.255		1.211		1.173		1.334		1.374		0.889	
36	1.273		1.225		1.183	11.7	1.358		1.395		0.884	18.7
38	1.290		1.238		1.194	12.4	1.384		1.416			
40	1.307	5.3	1.251	7.9			1.411	10.1	1.437	14.4		
42	1.324		1.264				1.437		1.458			
44	1.342		1.277				1.460		1.478			
46	1.361		1.290				1.485		1.499			

续附表 24

质量分数/%	H_2SO_4 相对密度	H_2SO_4 浓度/(mol/L)	HNO_3 相对密度	HNO_3 浓度/(mol/L)	HCl 相对密度	HCl 浓度/(mol/L)	KOH 相对密度	KOH 浓度/(mol/L)	NaOH 相对密度	NaOH 浓度/(mol/L)	氨溶液 相对密度	氨溶液 浓度/(mol/L)
48	1.380		1.303				1.511		1.519			
50	1.399	7.1	1.316	10.4			1.538	13.7	1.540	19.3		
52	1.419		1.328				1.564		1.560			
54	1.439		1.340				1.590		1.580			
56	1.460		1.351				1.616	16.1	1.601			
58	1.482		1.362						1.622			
60	1.503	9.2	1.373	13.3					1.643	24.6		
62	1.525		1.384									
64	1.547		1.394									
66	1.571		1.403	14.6								
68	1.594		1.412	15.2								
70	1.617	11.5	1.421	15.8								
72	1.640		1.429									
74	1.664		1.437									
76	1.687		1.445									
78	1.710		1.453									
80	1.732	14.1	1.460	18.5								
82	1.755		1.467									
84	1.776		1.474									
86	1.793		1.480									
88	1.808		1.486									
90	1.819	16.7	1.491	23.1								
92	1.830		1.196									
94	1.837		1.500									
96	1.840	18.0	1.504									
98	1.841	18.4	1.510									
100	1.838	18.7	1.522	24								

(二)硫酸铵饱和度常用表

附表 25 调整硫酸铵溶液饱和度计算表(25℃)*

硫酸铵起始浓度,饱和度/%	硫酸铵最终浓度,饱和度/%																
	10	20	25	30	33	35	40	45	50	55	60	65	70	75	80	90	100
	每升溶液需加入固体硫酸铵的量/g																
0	56	114	144	176	196	209	243	277	313	351	390	430	472	516	561	662	767
10		57	86	118	137	150	183	216	251	288	326	365	406	449	494	592	694
20			29	59	78	91	123	155	189	225	262	300	340	382	424	520	619
25				30	49	61	93	125	158	193	230	267	307	348	390	485	583
30					19	30	62	94	127	162	198	235	273	314	356	449	546
33						12	43	74	107	142	177	214	252	292	333	426	522
35							31	63	94	129	164	200	238	278	319	411	506
40								31	63	97	132	168	205	245	285	375	469
45									32	65	99	134	171	210	250	339	431
50										33	66	101	137	176	214	302	392
55											33	67	103	141	179	264	353
60												34	69	105	143	227	314
65														70	107	190	275
70														35	72	153	237
75															36	115	198
80																77	157
90																	79

*:在 25℃下,硫酸铵溶液由初浓度调到终浓度时,每升溶液所加固体硫酸铵的克数。

附表 26　调整硫酸铵溶液饱和度计算表(0℃)*

硫酸铵起始浓度,饱和度/%	在 0℃硫酸铵最终浓度,饱和度/%																
	20	25	30	35	40	45	50	55	60	65	70	75	80	85	90	95	100
	每 100 毫升溶液需加入固体硫酸铵的克数																
0	10.6	13.4	16.4	19.4	22.6	25.8	29.1	32.6	36.1	39.8	43.6	47.6	51.6	55.9	60.3	65.0	69.7
5	7.9	10.8	13.7	16.6	19.7	22.9	26.2	29.6	33.1	36.8	40.5	44.4	48.4	52.6	57.0	61.5	66.2
10	5.3	8.1	10.9	13.9	16.9	20.0	23.3	26.6	30.1	33.7	37.4	41.2	45.2	49.3	53.6	58.1	62.7
15	2.6	5.4	8.2	11.1	14.1	17.2	20.4	23.7	27.1	30.6	34.3	38.1	42.0	46.0	50.3	54.7	59.2
20	0	2.7	5.5	8.3	11.3	14.3	17.5	20.7	24.1	27.6	31.2	34.9	38.7	42.7	46.9	51.2	55.7
25		0	2.7	5.6	8.4	11.5	14.6	17.9	21.1	24.5	28.0	31.7	35.5	39.5	43.6	47.8	52.2
30			0	2.8	5.6	8.6	11.7	14.8	18.1	21.4	24.9	28.5	32.3	36.2	40.2	44.5	48.8
35				0	2.8	5.7	8.7	11.8	15.1	18.4	21.8	25.4	29.1	32.9	36.9	41.0	45.3
40					0	2.9	5.8	8.9	12.0	15.3	18.7	22.2	25.8	29.6	33.5	37.6	41.8
45						0	2.9	5.9	9.0	12.3	15.6	19.0	22.6	26.3	30.2	34.2	38.3
50							0	3.0	6.0	9.2	12.5	15.9	19.4	23.0	26.8	30.8	34.8
55								0	3.0	6.1	9.3	12.7	16.1	19.7	23.5	27.3	31.3
60									0	3.1	6.2	9.5	12.9	16.4	20.1	23.1	27.9
65										0	3.1	6.3	9.7	13.2	16.8	20.5	24.4
70											0	3.2	6.5	9.9	13.4	17.1	20.9
75												0	3.2	6.6	10.1	13.7	17.4
80													0	3.3	6.7	10.3	13.9
85														0	3.4	6.8	10.5
90															0	3.4	7.0
95																0	3.5
100																	0

*:在 0℃下,硫酸铵溶液由初浓度调到终浓度时,每 100 mL 溶液所加固体硫酸铵的克数。

(三)离心机转数(r/min)与离心力(RCF)的换算

R 为离心机头的半径(角头),或离心管中轴底部内壁到离心机转轴中心的距离(甩平头),单位为 cm,r/min 为离心机每分钟的转速。

RCF 为相对离心力,以地球引力即重力加速度的倍数来表示,一般用 g(或数字$\times g$)表示。下图由下述公式计算而来的:

$$\text{RCF}=1.119\times10^{-5}\times R\times(\text{转数})^2$$

将离心机转数换算为离心力时,在 r 标尺上取一直的半径和在 r/min 标尺上取已知的 离心机转数,然后,将这两点间划一条直线,在图中间 RCF 标尺上的交叉点即为相应的离心机数值。注意,若已知的转数值处于 r/min 标尺的右边,则应读取 RCF 标尺右边的数值。同样,转数值处于 r/min 标尺左边,则读取 RCF 标尺左边的数值。

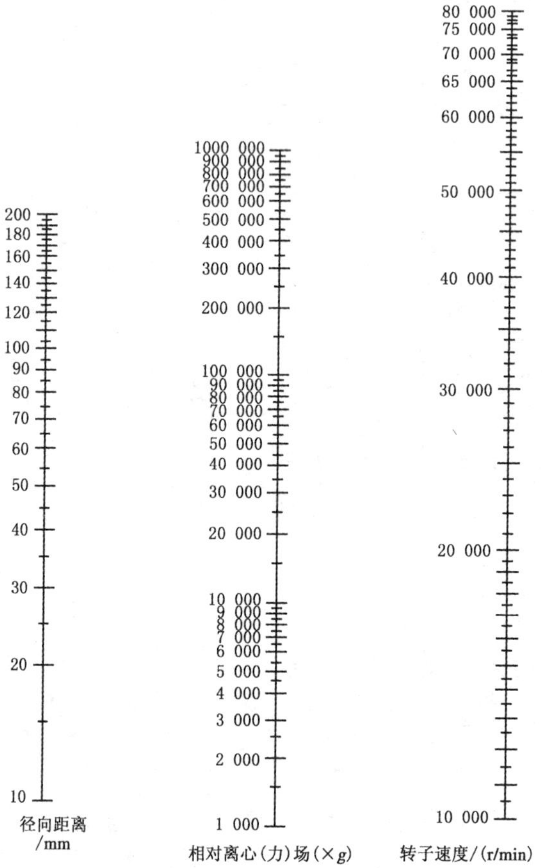

附图 2 低速转子的相对离心力列线图

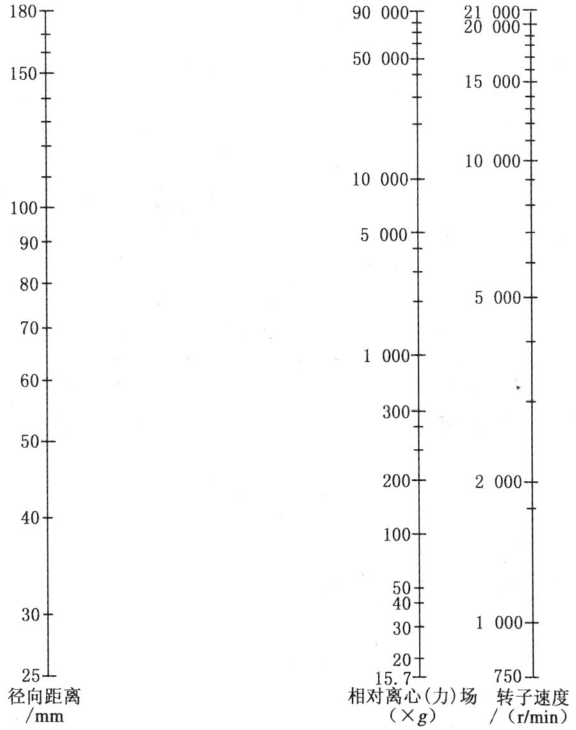

附图 3　高速转子的相对离心力列线图

要确定某一列上的未知值时，用尺子排列其他两列的已知值，所需值落在尺子与第三列的交切处。参看表的高速转子换算值和用以精确计算 RCF 的公式。

九、化学试剂的分级

附表 27　化学试剂的分级

规格标准和用途	一级试剂	二级试剂	三级试剂	四级试剂	生物试剂
我国标准	保证试剂 G. R. 绿色标签	分析纯 A. R. 红色标签	化学纯 C. P 蓝色标签	实验试剂 化学用 LR	BR 或 CR
国外标准	A. R. G. R. A. C. S. P. A. X. ч	C. P P. U. S. S. Puriss ч. д. A	L. R E. P ч	P. Pure	

续附表 27

规格标准和用途	一级试剂	二级试剂	三级试剂	四级试剂	生物试剂
用途	纯度最高，杂质含量最少的试剂，适用于最精确分析及研究工作	纯度较高，杂质含量较低，适用精确的微量分析工作，为分析实验室广泛使用	质量略低于二级试剂，适用于一般的微量分析实验，包括要求不高的工业分析和快速分析	纯度较低，但高于工业用的试剂，适用于一般定性检验	根据说明使用

十、常用单位及换算

附表 28　一些换算因子

长度	1 cm=10 mm=10^4 μm=10^7 nm=10^8 Å=0.394 inch	1 inch=2.54 cm
质量	1 g=10^{-3} kg=10^3 mg=10^6 μg=3.53×10^{-2} oz	1 oz=28.3 g
温度	℃=5/9(℉−32)	K=℃+273
时间	1 s=10^3ms=10 μs=10^9 ns=10^{12} ps	
电导率	1 S=10^3 mS=10^6 μS=10^9 nS=10^{12} pS (S: siemens 西门子)	
能量	1 J= 10^7 erg=0.239 cal	1 cal=4.184 J
压力	1 torr=1 mm Hg=1.32×10^{-3} atm=1.333×10^2 Pa	
	1 atm=758 torr=1.01×10^5 Pa	
放射性	1 Ci=3.7×10^{10}dps=37 GBq　1 000 dpm=16.7 Bq	

附表 29　一些物理常数、符号和取值

原子质量单位(dalton)	amu	1.661×10^{-24} g
亚佛加德罗常数	N	6.022×10^{23}/mol
贝可勒尔	Bq	1 dps
玻耳兹曼常数	k	1.381×10^{-23}J/K　3.298×10^{-24} cal/K
居里	Ci	3.70×10^{10} dps
电子伏特	eV	1.602×10^{-19} J　3.828×10^{-20} cal
法拉第常数	f	96 480 J/(V·mol)
气体常数	R	1.987 cal/(mol·K);8.315J/(mol·K)
普朗克常量	h	1.584×10^{-34} cal·s; 6.626×10^{-34}J·S
真空中的光速	c	2.998×10^{10}cm/s

附表 30　一些单位缩写

A	ampere	安培
Å	angstrom	埃
atm	atmosphere	大气压
Bq	becquerel	贝可勒尔
C	coulomb	库仑
℃	degree Celsius	摄氏度
cal	calorie	卡路里(卡)
Ci	curie	居里
cpm	counts per minute	每分钟计数
Da	dalton	道尔顿
dpm	disintegrations per minute	每分钟衰变数
dps	disintegrations per second	每秒钟衰变数
f	farady	法拉第常数
G	gauss	高斯
GBq	gigabecquerel	吉贝克(10 亿贝克)
J	joule	焦耳
K	kelvin	开(开尔文温标的计量单位)
kcal	kilocalorie	千卡
kDa	kilodalton	千道尔顿
kJ	kilojoule	千焦
kPa	kilopascal	千帕

附表 31　国际单位系统中使用的一些前缀

10^{9}	giga (十亿)	G
10^{6}	mega(百万)	M
10^{3}	kilo(千)	k
10^{-1}	deci(分)	d
10^{-2}	centi(厘)	c
10^{-3}	milli (毫)	m
10^{-6}	micro (微)	μ
10^{-9}	nano(纳)	n
10^{-12}	pico(皮)	p
10^{-15}	femto 毫微微(毫沙,尘)	f

参考文献

[1] 王冬梅，吕淑霞，王金胜. 生物化学实验指导. 北京：科学技术出版社，2009.

[2] 张云贵，刘祥云，李天俊. 生物化学实验指导. 3 版. 北京：中国农业出版社，2009.

[3] 魏群. 分子生物学实验指导. 北京：高等教育出版社，1999.

[4] 陈毓荃. 生物化学实验方法和技术. 北京：科学出版社，2002.

[5] 中华人民共和国国家标准（GB/T 15400—94）饲料中色氨酸测定方法—分光光度法.

[6] 张云贵，刘祥云，李天俊. 生物化学实验指导. 天津：天津科学技术出版社，2005.

[7] 黄德娟，徐晓晖. 生物化学实验教程. 上海：华东理工大学出版社，2007.

[8]中华人民共和国国家标准（GB/T 5532—2008）动植物油脂碘值的测定（ISO 3961:1996，MOD）.

[9] 陈钧辉，陶力，李俊，等. 生物化学实验. 北京：科学出版社，2003.

[10] 蒋立科，杨婉身. 现代生物化学实验技术. 北京：中国农业出版社，2003.

[11] 臧荣鑫，蔡勇. 卵黄卵磷脂提取纯化及纯度鉴定实验设计. 大学化学，2010，25(2)：46-48.

[12] 曾照芳，洪秀华. 临床检验仪器. 北京：人民卫生出版社，2007.

[13] 刘志国. 生物化学实验. 武汉：华中科技大学出版社，2007.

[14] 朱利泉. 基础生物化学实验原理与方法. 成都：成都科技大学出版社，1997.

[15] Robert Switzer, Liam Garrity. Experimental biochemistry: theory and exercises in fundamental methods W. H. Freeman and Company, 1999.

[16] Boyer, Rodney F. Modern experimental biochemistry Third edition, Addison-Wesley Publishing Co，1986.

[17] Shawn O Farrell, Ryan T. Ranallo. Experiments in biochemistry: a hands-on approach: a manual for the undergraduate laboratory. Florida: Harcourt Brace, 2000.

[18] Bryan L Williams, Keith Wilson. A Biologist's Guide to Principles and Techniques of Practical Biochemistry. znd edition Edward Arnold, 1981.